ARITHMÉTIQUE ÉLÉMENTAIRE

THÉORIQUE ET PRATIQUE

OU

COURS DE CALCUL

A L'USAGE DES ÉCOLES PRIMAIRES

comprenant

LA NUMÉRATION ET LES OPÉRATIONS
SUR LES NOMBRES ENTIERS ET LES NOMBRES DÉCIMAUX ;
LE SYSTÈME MÉTRIQUE ; LES RÈGLES DE TROIS, D'INTÉRÊT, D'ESCOMPTE,
DE SOCIÉTÉ, DE MÉLANGE ; LE TOISÉ ET LES RACINES ;
LES FRACTIONS ORDINAIRES, ETC.

AVEC

des Exercices oraux et 1850 Problèmes
distribués dans l'ordre des Règles et gradués avec soin

ET SUIVI DE QUESTIONNAIRES

Ouvrage adopté par les Conseils académiques de Caen et de Rennes

AVEC APPROBATION DE S. EXC. M. LE MINISTRE DE L'INSTRUCTION PUBLIQUE

PAR PLUSIEURS INSTITUTEURS

—

NOUVELLE ÉDITION, REVUE

—

LIVRE DE L'ÉLÈVE

—

PRIX, CARTONNÉ . 1 FR.

—

PARIS

LIBRAIRIE CH. DELAGRAVE

15, RUE SOUFFLOT, 15

CAEN

CHÉNEL, CO-ÉDITEUR | Mlle VILLAIN, LIBRAIRE
Rue Saint-Jean, 16   Rue de Strasbourg, 4

AVERTISSEMENT

Le motif qui nous a déterminés, il y a quelques années, à publier notre petite Grammaire pratique, nous a également engagés à composer une Arithmétique du même genre, destinée aux enfants des Écoles élémentaires.

Nous parlons d'abord des quatre opérations fondamentales et du système métrique ; viennent ensuite des problèmes de récapitulation sur la première partie, puis de nombreuses applications sur les règles de trois, d'intérêt, d'escompte, de société, de mélange, et le toisé ; enfin nous terminons par les racines, les fractions, quelques questions sur les nombres complexes encore en usage et des problèmes de récapitulation générale, suivis de notions particulières sur les contributions, l'enregistrement, les placements de fonds, l'agriculture, etc.

Autant que possible, les exercices destinés à être faits aux tables sont disposés, dans notre livre, comme ils devront l'être sur les cahiers des élèves. Nos collègues apprécieront les avantages de cette disposition.

En fait de théorie, nous nous bornons, la plupart du temps, à donner les définitions et la manière d'opérer, avec un exemple ; nous ajoutons parfois, il est vrai, quelques explications fort simples, mais nous croyons toujours qu'il est à peu près impossible de suppléer, dans un livre élémentaire, aux développements oraux dans lesquels le maître est obligé d'entrer s'il veut bien faire comqrendre à ses élèves le mécanisme et la raison des règles générales.

Au reste, ces règles elles-mêmes, que nous présentons, ne sont pas toutes destinées à être apprises par les plus jeunes enfants. On verra que, comme dans la Grammaire, il y a deux textes différents : le *grand*, destiné aux commençants, et le *petit*, pour les élèves les plus avancés.

La partie pratique, c'est-à-dire les problèmes, ont appelé toute notre attention. Non-seulement nous en avons donné un grand nombre, mais encore nous avons fait tous nos efforts pour les graduer convenablement, les rendre intéressants et présenter surtout des questions relatives aux usages ordinaires de la vie.

Car, nous devons le dire, notre intention a été de composer un ouvrage qui, sous un petit volume, offrit aux jeunes élèves auxquels il est destiné, un résumé à la fois simple, facile, méthodique, complet, mais essentiellement pratique, de ce qu'on nomme vulgairement le calcul ; un livre qui les mît à même de résoudre tous les problèmes du genre de ceux que nous donnons, et qu'ils pussent même utilement consulter dans la suite si, par oubli ou par défaut d'instruction, il leur arrivait de se trouver embarrassés en présence d'une question de calcul ordinaire.

La *partie du maître* est la reproduction textuelle du livre de l'élève, seulement les solutions des problèmes s'y trouvent intercalées ; de cette manière, lorsque l'Instituteur fait rendre compte de la leçon ou corriger un devoir, il a sous les yeux le texte de cette leçon et l'énoncé des problèmes avec la réponse à la suite. Cette innovation présente, on le conçoit, un avantage précieux, que l'on ne rencontre pas lorsque les solutions forment un volume à part ; aussi croyons-nous qu'elle sera très-favorablement accueillie.

CHIFFRES ROMAINS.

I	V	X	L	C	D	M
1	5	10	50	100	500	1000

I	1	XXI	21	LXXX	80
II	2	XXII	22	LXXXVI	86
III	3	XXIII	23	XC	90
IV	4	XXIV	24	XCVII	97
V	5	XXV	25	XCIX	99
VI	6	XXVI	26	C	100
VII	7	XXVII	27	CIC	199
VIII	8	XXVIII	28	CC	200
IX	9	XXIX	29	CCC	300
X	10	XXX	30	CD ou CCCC	400
XI	11	XXXI	31	D	500
XII	12	XXXIX	39	DC	600
XIII	13	XL	40	DCC	700
XIV	14	XLII	42	DCCC	800
XV	15	L	50	CM	900
XVI	16	LIII	53	M	1000
XVII	17	LX	60	MD	1500
XVIII	18	LXIV	64	MDCCLXXXIX	1789
XIX	19	LXX	70	MDCCCXXX	1830
XX	20	LXXV	75	MDCCCLVI	1856

L'écriture des nombres en chiffres romains repose sur ces trois principes :
1° Un chiffre placé à droite d'un autre qui lui est égal ou qui est plus fort, s'ajoute avec lui ;
2° Un chiffre placé à gauche d'un autre qui est plus fort, doit en être retranché ;
3° Un chiffre placé entre deux autres de plus grande valeur, doit être retranché de celui qui le suit, et le reste être ajouté à celui qui précède.

Nombres à lire ou à écrire.

VII	CI	4	109
XI	IC	6	111
IX	CIC	14	150
XV	CCXL	21	215
XIX	CDIV	76	695
XXIX	DCIV	84	1500
XL	MCXV	97	1789
LX	MDCCC	49	1793
LXIX	CMXLIX	36	1840
XC	MDCCCLVII	88	1848

ARITHMÉTIQUE

NOTIONS PRÉLIMINAIRES

1. — On appelle *grandeur* ou *quantité* tout ce qui peut être augmenté ou diminué. La longueur d'un mur, la surface d'un champ, etc., sont des grandeurs.

2. — L'*unité* est l'objet dont on se sert pour mesurer une grandeur.

3. — Il y a six unités principales (*) :

1º Le *mètre*, pour la mesure des longueurs (p. 57);
2º L'*are*, pour la mesure des champs (p. 58);
3º Le *stère*, pour la mesure du bois (p. 63);
4º Le *litre*, pour la mesure des liquides et des grains;
5º Le *gramme*, pour les poids (p. 70);   (p. 69);
6º Le *franc*, pour les monnaies (p. 73).

4. — Un *nombre* est ce qui indique combien une grandeur contient de fois l'unité. Quand on dit *cinq* mètres, *dix* francs, *cinq* et *dix* sont des nombres.

5. — Un nombre *entier* est un nombre composé d'unités entières, comme *cinq* mètres, *deux* heures.

6. — Une *fraction* est un nombre plus petit que l'unité, comme *un demi*-mètre, *un quart* d'heure.

7. — L'*arithmétique* est la science des nombres.

8. — Le *calcul* est l'art d'augmenter et de diminuer les nombres au moyen de diverses opérations.

9. — Le calcul se borne à la pratique des opérations, l'arithmétique y joint la théorie ou explication des procédés.

NUMÉRATION (**).

10. — La *numération* apprend à lire et à écrire tous les nombres.

11. Les neuf premiers nombres sont :
     un, deux, trois, quatre, cinq, six, sept, huit, neuf.
Ils s'écrivent 1,   2,   3,   4,   5,   6,   7,   8,   9.

On les nomme *unités simples*.

(*) Il est très-utile de familiariser de bonne heure les enfants avec la connaissance de ces unités ; pour cela, on les leur montre et on leur en fait distinguer la forme et remarquer la grandeur. (*V. notre Tableau de poids et mesures.*)
(**) La théorie de la numération se trouve au *Supplément.*

12. — Après *neuf* vient le nombre *dix* ou une *dizaine*.

13. — Une dizaine vaut *dix* unités, deux dizaines font *vingt*, trois dizaines font *trente*, quatre dizaines font *quarante*, cinq dizaines font *cinquante*, six dizaines font *soixante*, sept dizaines font *soixante-dix*, huit dizaines font *quatre-vingts*, neuf dizaines font *quatre-vingt-dix*, et dix dizaines font *cent*.

14. — Depuis *dix* jusqu'à *cent*, les nombres se composant de *dizaines* et d'*unités*, on les écrit avec *deux* chiffres : un pour les dizaines, l'autre pour les unités. Le chiffre des dizaines est à gauche du chiffre des unités. — Ainsi :

dix s'écrit	**10**	**quarante**	**40**	**soixante-dix**	**70**
onze	11	quarante-un	41	soixante-onze	71
douze	12	quarante-deux	42	soixante-douze	72
treize	13	quarante-trois	43	soixante-treize	73
quatorze	14	quarante-quatre	44	soixante-quatorze	74
quinze	15	quarante-cinq	45	soixante-quinze	75
seize	16	quarante-six	46	soixante-seize	76
dix-sept	17	quarante-sept	47	soixante-dix-sept	77
dix-huit	18	quarante-huit	48	soixante-dix-huit	78
dix-neuf	19	quarante-neuf	49	soixante-dix-neuf	79
vingt	**20**	**cinquante**	**50**	**quatre-vingts**	**80**
vingt-un	21	cinquante-un	51	quatre-vingt-un	81
vingt-deux	22	cinquante-deux	52	quatre-vingt-deux	82
vingt-trois	23	cinquante-trois	53	quatre-vingt-trois	83
vingt-quatre	24	cinquante-quatre	54	quatre-vingt-quatre	84
vingt-cinq	25	cinquante-cinq	55	quatre-vingt-cinq	85
vingt-six	26	cinquante-six	56	quatre-vingt-six	86
vingt-sept	27	cinquante-sept	57	quatre-vingt-sept	87
vingt-huit	28	cinquante-huit	58	quatre-vingt-huit	88
vingt-neuf	29	cinquante-neuf	59	quatre-vingt-neuf	89
trente	**30**	**soixante**	**60**	**quatre-vingt-dix**	**90**
trente-un	31	soixante-un	61	quatre-vingt-onze	91
trente-deux	32	soixante-deux	62	quatre-vingt-douze	92
trente-trois	33	soixante-trois	63	quatre-vingt-treize	93
trente-quatre	34	soixante-quatre	64	quatre-vingt-quatorze	94
trente-cinq	35	soixante-cinq	65	quatre-vingt-quinze	95
trente-six	36	soixante-six	66	quatre-vingt-seize	96
trente-sept	37	soixante-sept	67	quatre-vingt-dix-sept	97
trente-huit	38	soixante-huit	68	quatre-vingt-dix-huit	98
trente-neuf	39	soixante-neuf	69	quatre-vingt-dix-neuf	99

15. — On voit que dans les nombres 10, 20, 30, 40, etc., le *zéro* (0) sert à conserver aux chiffres 1, 2, 3, etc., le rang de dizaines.

[Le maître pourra se servir de ce tableau pour apprendre aux enfants à compter jusqu'à cent. Les commençants devront écrire chaque jour, soit sur l'ardoise, soit sur le tableau noir, une partie des nombres ci-dessus, par exemple de 10 à 50, de 50 à 100 ; on les exercera ensuite à compter de 2 en 2, de 3 en 3, de 4 en 4, etc., sur le boulier compteur.] — *V. nos Tableaux d'arithmétique.*

16. — Après 99 vient le nombre *cent* ou une *centaine*.

17. — Une centaine vaut *cent* unités, deux centaines font *deux cents*, trois centaines font *trois cents*, quatre centaines font *quatre cents*, cinq centaines font *cinq cents*......, dix centaines font *mille*.

18. Depuis cent jusqu'à *mille*, les nombres se composant de *centaines*, de *dizaines* et d'*unités*, on les écrit avec trois chiffres : un pour les *centaines*, un pour les *dizaines*, un pour les *unités*.

(Les centaines se mettent à gauche des dizaines.)

EXERCICES.

[Le maître, après avoir fait compter de 100 à 1000, fera lire les nombres suivants, en y ajoutant, au besoin, le nom d'une unité connue et faisant observer que le 1er chiffre à gauche est celui des *centaines* ou des *cents*; il dictera ensuite ces mêmes nombres aux élèves qui les écriront sur l'ardoise ou sur le tableau noir, d'abord par colonnes et ensuite par lignes.]

100	200	300	400	500	600	700	800	900
101	202	301	404	506	603	705	809	908
102	207	305	406	508	604	706	817	909
103	209	307	409	510	606	710	819	911
105	210	312	410	515	610	713	820	912
109	215	317	414	519	611	714	822	913
110	216	322	416	520	614	715	825	915
111	218	333	419	522	615	716	830	916
112	225	340	420	531	618	722	838	917
114	240	350	430	554	620	725	841	919
119	250	355	436	565	640	747	872	937
120	265	361	440	569	648	748	873	939
130	270	363	450	571	652	750	875	942
145	271	368	456	573	661	760	878	950
160	276	370	460	578	666	766	879	959
161	277	372	463	580	670	777	881	960
164	280	374	468	582	676	780	885	965
169	283	375	470	585	677	782	887	969
170	287	377	473	587	679	787	888	970
171	290	379	475	589	682	790	890	973
179	291	380	480	591	683	792	892	975
180	293	384	486	593	685	793	894	979
184	294	390	489	595	689	795	895	980
190	296	393	492	596	695	796	896	990
197	298	395	497	598	696	707	897	991
198	299	397	499	599	697	709	898	999

19. — On voit que dans les nombres 100, 200, 300, etc., les *zéros* servent à conserver aux chiffres 1, 2, 3, etc., le rang de *centaines*.

20. — Après 999 vient le nombre *mille*, qui s'écrit ainsi : 1 000
21 — Mille fois mille font *un million*   1 000 000
Mille millions font *un billion* ou *un milliard*   1 000 000 000
Mille billions font *un trillion*   1 000 000 000 000

Pour lire et écrire les nombres entiers plus grands que *mille*, on a recours aux règles suivantes :

22. — *Pour lire un nombre entier, on le partage d'abord en* TRANCHES *de trois chiffres chacune, à partir de la droite : la tranche à gauche peut bien n'avoir qu'un ou deux chiffres.*

On dit ensuite, à partir de la droite : tranche des *unités*, tranche des *mille*, des *millions*, des *billions*, etc.

Puis, commençant par la gauche, on lit chaque tranche comme si elle était seule, et on lui donne le nom qui lui convient.

23. — *Pour écrire en chiffres un nombre entier, on écrit, en allant de gauche à droite, les différentes* TRANCHES *qui composent ce nombre, en commençant par les plus élevées et en ayant soin de remplacer par des* ZÉROS *les tranches ou les ordres d'unités (*) qui manquent.*

Quand le nombre est grand, on le lit pour vérifier si on l'a bien écrit.

Nombres à lire et à écrire,
en y ajoutant le nom d'une unité connue.

[Le maître fera d'abord *lire* les nombres suivants (par *colonnes* et par *lignes*); il pourra ensuite les dicter et les faire écrire sur l'ardoise ou le tableau noir, en faisant *remarquer que la première tranche qu'on écrit peut bien n'avoir qu'un ou deux chiffres, mais que toutes les autres doivent nécessairement en avoir* TROIS, *et que pour cela on emploie des zéros quand il est nécessaire.*]

1 000	3 000	10 000	50 000	100 000	500 000
1 866	4 414	15 317	58 417	117 560	586 500
3 978	6 875	16 819	54 515	179 445	615 497
4 787	9 456	18 767	71 419	234 300	717 725
6 693	7 237	30 175	75 572	372 617	770 347
9 999	2 222	46 186	90 918	457 317	999 996
2 003	4 025	11 205	60 045	102 097	504 001
3 104	6 450	17 609	70 001	200 009	550 403
1 309	7 008	25 078	71 090	308 507	560 098
7 400	3 027	40 005	76 080	460 030	604 200
8 005	5 000	45 073	82 304	478 078	709 709
9 068	6 900	47 057	99 099	480 000	900 000
9 405	7 095	49 204	99 999	499 100	999 999

(*) Chaque *tranche* se compose de 3 ordres : *unités, dizaines, centaines.*
Les différents ordres d'unités sont donc :
Unités simples, dizaines, centaines ; unités de *mille*, dizaines de mille, centaines de mille ; unités de *millions*, dizaines de millions, centaines de millions ; unités de *billions*, dizaines de billions, centaines de billions ; *trillions*, etc.

1 415 260	17 408 519	134 017 245	548 360 430
3 417 574	45 386 513	177 472 548	671 908 347
7 409 518	79 437 316	375 208 500	248 572 518
9 512 493	93 535 470	496 411 543	999 999 999
1 000 000	40 000 000	100 000 000	500 000 000
2 310 000	73 304 003	126 004 000	512 000 004
6 004 009	90 070 070	200 000 000	805 002 000
8 000 075	97 040 010	480 080 060	900 000 000

1 430 316 480	14 776 450 817	176 950 482 002
5 418 374 985	50 470 582 612	586 470 517 013
7 435 768 476	87 438 575 719	679 593 471 547
9 880 760 507	99 908 707 438	999 999 999 999
1 000 000 000	50 000 000 000	100 000 000 000
4 000 205 004	75 056 004 001	293 072 011 009
8 002 009 000	97 000 000 002	591 014 000 000
9 700 000 075	99 000 020 000	900 000 000 000

1 365 906 896 909	480 430 504 119 793
5 549 716 690 459	748 612 519 760 493
7 565 409 113 548	999 990 999 999 999
1 000 000 000 000	70 906 005 003 001
87 060 508 780 600	478 400 000 000 200
79 400 020 002 000	999 999 007 091 900

On a pu voir, par ce qui précède, que dix unités font une dizaine, dix dizaines font une centaine ; donc

24. — *Dix unités d'un ordre quelconque font une unité de l'ordre immédiatement supérieur*, et réciproquement. C'est ce qu'on appelle le *principe de la numération parlée*.

On a vu aussi que le chiffre des dizaines se met à gauche des unités, le chiffre des centaines à gauche des dizaines, etc. ; donc

25. — *Tout chiffre placé à gauche d'un autre représente des unités dix fois plus grandes que cet autre chiffre*, et réciproquement. C'est ce qu'on appelle le *principe de la numération écrite*.

26. — *Avec 9 chiffres seulement et le 0, on peut représenter tous les nombres*, car on n'a jamais à écrire plus de 9 unités, 9 dizaines, 9 centaines, etc. ; et ces unités, ces dizaines, ces centaines ont chacune leur place déterminée, facile à reconnaître : le 1er chiffre à droite représente les *unités simples* ; le 2e, les *dizaines* ; le 3e, les *centaines* ; le 4e, les *mille*, etc. — On peut donc dire :

Les chiffres représentent des unités de 10 en 10 fois plus grandes en allant vers la gauche, et de 10 en 10 fois plus petites en allant vers la droite.

1.

Nombres à écrire en chiffres.

1. — Cent vingt-neuf *francs* (*),
Deux cent trente-huit *francs*,
Quatre-vingt-dix-sept *francs*,
Cent soixante-seize *francs*,
Huit cent vingt-neuf *francs*,

2. — Neuf cents *mètres*,
Six cent quatre-vingt-dix-sept *mètres*,
Soixante-dix-neuf *mètres*,
Trois cent huit *mètres*,
Quatre-vingt-quinze *mètres*,

3. — Deux *mille* cent quarante *litres*,
Quatre *mille* **cent soixante-douze** *litres*,
Six *mille* **neuf cent quarante-un** *litres*,
Mille **huit cent quatre-vingt-quinze** *litres*,
Neuf *mille* **neuf cent quatre-vingt-dix-neuf** *litres*,

4. — Dix *mille* trois cent vingt *soldats*,
Quinze *mille* **cent quatre-vingt-dix-sept** *soldats*,
Vingt-neuf *mille* **quatre-vingt-dix-neuf** *soldats*,
Soixante-dix *mille* **six cent soixante-dix** *soldats*,
Quatre-vingt-dix-neuf *mille* **neuf cents** *soldats*,

5. — Cent *mille* huit cent quarante-un *habitants*,
Cent soixante-dix *mille* **six cent soixante-dix** *habi*.,
Cinq *mille* **quatre-vingt-dix-huit** *habitants*,
Sept cent vingt *mille* **trente-huit** *habitants*,
Dix *mille* **quatre-vingt-dix-neuf** *habitants*,

6. — Onze *mille* huit cent soixante-seize *œufs*,
Quatre *mille* **quatre-vingt-dix-huit** *œufs*,
Cent huit *mille* **deux cent quinze** *œufs*,
Mille **six cent soixante-onze** *œufs*,
Neuf cent deux *mille* **dix-sept** *œufs*,

7. — Deux *mille* deux cent neuf *lettres*,
Cent un *mille* **cent une** *lettres*,
Dix-huit *mille* **soixante-dix-neuf** *lettres*,
Six cent dix-huit *mille* **sept cent neuf** *lettres*,
Mille **cent soixante-dix-sept** *lettres*,

(*) Il importe que les élèves s'habituent de bonne heure à écrire des nombres concrets.

8. — Un million cent vingt mille six cent trente
francs,
Trois millions dix-neuf mille cent vingt-un,
Vingt millions cinq mille deux cent seize,
Cent millions quarante mille cent quatre,
Dix-neuf mille neuf cent seize,

9. — Quatre cents millions deux cent mille
mètres,
Sept cent soixante-onze mille deux cents,
Deux millions six mille vingt-quatre,
Quatre-vingt-quinze mille neuf cents,
Cent millions cent mille cent,

10. — Deux billions cent deux millions de
litres,
Quinze billions cent douze millions mille,
Sept cent vingt billions mille cent,
Un billion un million sept cent mille,
Cent deux millions quatre-vingt mille,

11. — Huit cent quatre-vingt-dix-neuf
mille minutes,
Dix-neuf millions huit cent quatre,
Dix billions cent quarante-sept millions,
Neuf cent quatre-vingt-dix-neuf,
Quatre millions quatre mille quatre,

12. — Cinq cents millions huit mille vingt
secondes,
Cinq cents billions neuf cent mille,
Quarante-cinq millions cinq cents,
Trois billions neuf cent cinq millions,
Sept millions quatre-vingt-treize mille,

13. — Un trillion un billion un million
d'oiseaux,
Dix trillions dix millions dix mille,
Cent trillions cent billions cent mille,
Neuf trillions neuf cents billions,
Dix milliards neuf millions cent mille,

14. — Cinq cent soixante-dix-neuf jours,
Mille trois cent soixante-dix-sept,
Vingt millions neuf cent soixante-onze,
Seize billions huit mille cent soixante-dix,
Neuf trillions quatre billions cent vingt-
huit,

27. — On appelle *décimales* ou *fractions décimales* des parties 10 fois, 100 fois, 1 000 fo s, etc., plus petites que l'*unité*, et de dix en dix fois plus petites les unes que les autres.

28. — Les parties 10 fois plus petites que l'unité se nomment *dixièmes*. On les place au 1er rang à droite des unités, dont on les sépare par une virgule.

Les parties 100 fois plus petites que l'unité se nomment *centièmes*. On les place au 2e rang à droite des unités.

Les parties 1 000 fois plus petites que l'unité se nomment *millièmes*. On les met au 3e rang à droite des unités.

Après les millièmes viennent les *dix-millièmes*, puis les *cent-millièmes*, les *millionièmes*, les *dix-millionièmes*, les *cent-millionièmes*, les *billionièmes*, etc.

29. — Il ne faut pas confondre les *dixièmes* avec les *dizaines :* un *dixième* est dix fois plus petit que l'unité; mais une *dizaine* vaut dix unités. — De même un *centième* est cent fois plus petit que l'unité, et une *centaine* vaut 100 unités.

30. — On appelle *nombre décimal* un nombre composé d'unités entières et d'une fraction décimale, comme 3 unités 5 dixièmes, 9 unités 15 centièmes.

31. — *Pour lire un nombre décimal, on énonce d'abord la partie entière (à gauche de la virgule), puis on lit la partie décimale (à droite de la virgule) comme si c'était un nombre entier, et on lui donne le nom de la dernière subdivision de l'unité* (*).

Pour trouver ce nom, on dit, à partir de la virgule : *dixièmes, centièmes, millièmes, dix-millièmes, cent-millièmes, millionièmes,* etc. (n° 28).

32. — *Pour écrire un nombre décimal, on écrit d'abord les entiers, à droite desquels on met une virgule; on écrit ensuite la fraction décimale en ayant soin de placer son dernier chiffre au rang de la plus petite subdivision d'unité donnée.*

Les dixièmes se mettent au premier rang à droite de la virgule, les centièmes au second rang, les millièmes au troisième, etc. (28).

Si la fraction décimale est seule, on remplace la partie entière par un zéro.

33. — On appelle *chiffres décimaux* ceux qui sont à droite de la virgule.

(*) On peut encore lire un nombre décimal de plusieurs autres manières Soit, par exemple, le nombre 4,215 qu'on a lu 4 unités 215 millièmes : on pourrait dire aussi, en lisant chaque chiffre séparément : 4 *unités*, 2 *dixièmes*, 1 *centième*, 5 *millièmes ;* ou bien encore, en réduisant les unités en décimales pour ne faire du tout qu'un seul nombre *quatre mille deux cent quinze millièmes*.

Nota. — Il est bon d'accoutumer les élèves à lire les nombres de ces différentes manières.

Nombres à lire et à écrire en toutes lettres,

en y ajoutant le nom d'une unité connue.

7,8	7,45	456,726
15,7	0,17	84,324
6,3	25,29	0,226
345,4	3,04	562,045
0,0	0,05	10,008
76,1	26,45	0,709
1 008,9	457,03	76,875

4,3264	52,34568	0,846745
0,8429	0,00748	74,007436
17,0745	215,00009	740,080008
8,0017	76,45292	70,845672
2,0005	0,00074	0,007008
748,7002	86,15407	4 056,060705
9 072,0009	468,70056	97 211,001074

2,5484497	0,07074562	34,845674562
10,0000007	13,23567891	0,000000009
0,0080456	1,00740056	10,007456784
23,7456234	7,00000008	179,456728645
718,0740892	0,05400756	0,007298642
0,0002457	0,00075564	0,150000040
5 004,1000000	109,40421051	80,400001000

674,8	38,45	87,4
69,25	0,246	8,45
0,06	8,4	0,0445
75,254	0,7456	740,0074
0,075	32,14	29,0007
0,01	7,0245	1 456,345678
900,0004	78,0024	1 709,0170049

8,74567	136,487	0,845673456
0,000845	0,00745672	17,00054
9,45	8,48452	0,00010745
0,0028	12,00074841	0,08467
0,464	3,4	25,000009125
0,080456	0,074569	10,070070074
1 008,3542	13,019	10 001,074

Nombres à écrire en chiffres (*).

15. — Dix unités neuf *dixièmes*,
Cent soixante-une unités cinq *dixièmes*,
Dix mille unités quarante-cinq *centièmes*,
Cent soixante-dix-huit unités sept *dixièmes*,
Quatre mille cent soixante unités douze *centièmes*,

16. — Trois *dixièmes*,
Quatre-vingt-dix-neuf *centièmes*,
Sept cent soixante-dix-huit *millièmes*,
Cinq cent quatre-vingt-cinq *millièmes*,
Soixante-dix-sept *centièmes*,

17. — Trente unités huit *centièmes*,
Cent dix-huit unités soixante-quinze *millièmes*,
Six mille vingt unités quatre *dixièmes*,
Soixante-dix-neuf unités sept *millièmes*,
Douze unités cent soixante-cinq *millièmes*,

18. — Une unité mille cent quinze *dix-millièmes*,
Sept cent quarante-un *dix-millièmes*,
Trente unités soixante-quatorze *dix-millièmes*,
Quatre-vingt-onze unités neuf *dix-millièmes*,
Cinq unités mille douze *dix-millièmes*,

19. — Huit unités seize *centièmes*,
Soixante-dix-neuf unités douze *millièmes*,
Trois mille dix-sept unités cinq *dixièmes*,
Deux mille cinq cent quatre *dix-millièmes*,
Cent vingt-neuf unités neuf *centièmes*,

20. — Cinquante-neuf unités cinq *millièmes*,
Deux unités cinq mille sept *dix-millièmes*,
Sept cent une unités cinq *centièmes*,
Quatre-vingt-dix-sept unités cinq *dixièmes*,
Trois cent neuf unités cinq *millièmes*,

21. — Quatre-vingt-dix-neuf *millièmes*,
Mille quatre-vingt-dix-neuf *dix-millièmes*,
Cinquante-quatre *centièmes*,
Trois mille dix-neuf *dix-millièmes*,
Cinq *millièmes*,

(*) Au tableau noir et sur les cahiers.

22. — Cent quinze unités neuf *dixièmes*,
Deux mille trente-cinq unités quatorze *centièmes*,
Cent soixante-dix unités cent quinze *millièmes*,
Vingt-six unités trois cent douze *dix-millièmes*,
Neuf cent quatre-vingt-dix-neuf *millièmes*.

23. — Dix-huit unités cinq *dix-millièmes*,
Cent douze unités cent douze *dix-millièmes*,
Mille quatre-vingt-dix-sept *dix-millièmes*,
Dix mille cent vingt-un *cent-millièmes*,
Mille unités mille trente *cent-millièmes*.

24. — Sept unités quarante-cinq *dix-millièmes*,
Neuf cents unités sept cent quinze *millièmes*,
Dix-huit mille cinq unités trente-trois *centièmes*,
Vingt unités vingt mille soixante *cent millièmes*,
Huit mille quatre-vingt-neuf *dix-millièmes*,

25. — Quinze unités trente-un *millionièmes*,
Une unité deux millions seize *dix-millionièmes*,
Douze millions mille trois cent un *cent-millionièmes*,
Deux unités sept mille cent treize *dix-millionièmes*,
Six cents unités huit cent mille douze *millionièmes*,

26. — Dix millions mille quinze *billionièmes*,
Seize unités cent millions dix mille *billionièmes*,
Quatre unités un billion soixante-un *dix-billionièmes*,
Seize billions un million seize *cent-billionièmes*,
Trois unités sept mille soixante-six *billionièmes*,

27. — Quinze unités quatre dixièmes six *centièmes*,
Trois unités dix millièmes cinq millionièmes,
Cinq centièmes vingt-cinq dix-millièmes,
Un dixième quatre millionièmes un billionième,
Cent quarante-neuf unités huit millionièmes,

28. — Douze mille cent six dix-millièmes,
Cent trente-trois dixièmes sept millionièmes,
Deux mille cinquante-un millièmes,
Vingt dix-millièmes seize dix-billionièmes,
Trois cent dix-sept millions quinze cent-millièmes,

Rendre un nombre 10, 100, 1 000... fois plus grand.

34. — NOMBRES ENTIERS. — *On rend un nombre entier 10 fois plus grand en écrivant 1 zéro sur sa droite, 100 fois en écrivant 2 zéros, etc.* (*).

Rendre 100 fois plus grand le nombre   15
J'écris 2 zéros à sa droite, ce qui donne 1500.

EXPLICATION. J'avais précédemment 15 unités, j'ai maintenant 15 centaines ; or les centaines sont 100 fois plus grandes que les unités, donc le nombre 15 a été rendu 100 fois plus grand.

35. — NOMBRES DÉCIMAUX. — *On rend un nombre décimal 10 fois plus grand en déplaçant la virgule de 1 rang vers la droite, 100 fois en la déplaçant de 2 rangs, etc.*

Rendre 10 fois plus grand le nombre   3,45.
Je déplace d'un rang la virgule vers la droite : 34,5.

J'avais précédemment 345 centièmes, j'ai maintenant 345 dixièmes ; or les dixièmes sont dix fois plus grands que les centièmes, donc le nombre 3,45 a été rendu dix fois plus grand.

Rendre un nombre 10, 100, 1 000... fois plus petit.

36. — NOMBRES ENTIERS. — *On rend un nombre entier 10 fois plus petit en séparant 1 chiffre sur sa droite par une virgule, 100 fois en séparant 2 chiffres, etc.*

Rendre 100 fois plus petit le nombre   425.
Je sépare 2 chiffres sur sa droite par une virgule : 4,25.

J'avais précédemment 425 unités, j'ai maintenant 425 centièmes ; or les centièmes sont 100 fois plus petits que les unités, donc le nombre 425 est rendu 100 fois plus petit.

37. — NOMBRES DÉCIMAUX. — *On rend un nombre décimal 10 fois plus petit en déplaçant la virgule de 1 rang vers la gauche, 100 fois en la déplaçant de 2 rangs, etc.*

Rendre 1 000 fois plus petit le nombre   3 456,2.
Je déplace la virgule de 3 rangs, et j'ai   3,4562.

J'avais précédemment 34 562 dixièmes, j'ai maintenant 34 562 dix-millièmes ; or les dix-millièmes sont 1 000 fois plus petits que les dixièmes, donc le nombre 3 456,2 est rendu 1 000 fois plus petit.

38. — REMARQUE. — *On ne change pas la valeur d'un nombre décimal en écrivant ou en supprimant un ou plusieurs zéros à droite de la partie décimale.*

Soit 3,45 ; si j'écris deux zéros à droite de la partie décimale 45, j'obtiens 3,4500, nombre qui est égal au premier.

En effet, la virgule étant toujours à la même place, il y a, dans le 2ᵉ nombre, 3 unités 4 dixièmes 5 centièmes, absolument comme dans le 1ᵉʳ. — Ou bien : s'il y a dans le 2ᵉ nombre 100 fois plus de parties que dans le 1ᵉʳ, ces parties (des dix-millièmes) sont 100 fois plus petites que les 1ʳᵉˢ (des centièmes).

(*) Autant de zéros qu'il y en a dans 10, 100, 1 000, etc.

Exercices.

29.—Rendre 10 fois plus grand le nomb. 3 *fr.*
        1000 fois plus grand   75

30.—Rendre 100 fois plus grand   7,856
        10000 fois plus grand   0,451

31.—Rendre 10 fois plus petit   32
        1000 fois plus petit   74

.32.—Rendre 100 fois plus petit   45,25
        10000 fois plus.petit   122,3

33.—Rendre 10 fois plus grand   92
        10 fois plus grand   8,4

34.—Rendre 10 fois plus petit   12,9
        100 fois plus grand   214

35.—Rendre 1000 fois plus grand   8,215
        1000 fois plus petit   8215

36.—Rendre 10 fois plus grand   0,5
        100 fois plus grand   0,05

37.—Rendre 10000 fois plus grand   114
        10000 fois plus petit   24176
        1000000 fois plus grand   37

38.—Rendre 100000 fois plus grand   2,74567
        10000 fois plus grand   0,07456
        100000 fois plus petit   245670,8

39.—Rendre 10 fois plus grand   0,1
        100 fois plus grand   3,4
        100 fois plus petit   2,4

40.—Rendre 1000 fois plus grand   8,15
        100000 fois plus grand   0,25
        10000 fois plus petit   45,2

41.—Rendre 1000 fois plus grand   2876
        1000 fois plus grand   2,876
        1000 fois plus petit   2876

42.—Rendre 1000000 de f. plus grand   1
        1000000 de f. plus petit   0,1
        100000000 de f. plus petit   0,45

43.—Rendre 100 fois plus grand   0,004
        100 fois plus petit   1,5
        1000 fois plus grand   0,007

44.—Rendre 10000 fois plus petit   21
        100000 fois plus petit   0,75
        10000 fois plus grand   0,000007

45.—Rendre 10 fois plus petit   81
        10 fois plus grand   0,05
        1000 fois plus grand   2,25

Exercices oraux sur la numération.

(On peut aussi faire écrire les réponses.)

1° Dans un nombre entier, que représente la 2ᵉ tranche à partir de la droite? la 4ᵉ tranche? — le 3ᵉ chiffre? le 4ᵉ? le 6ᵉ? le 7ᵉ?

2° Dans un nombre entier, à quel rang place-t-on la tranche des mille? des billions?—le chiffre des dizaines? des unités de mille?

3° Dans un nombre décimal, que représente le 1ᵉʳ chiffre à gauche de la virgule? le 3ᵉ? le 5ᵉ? — le 1ᵉʳ chiffre à droite de la virgule? le 3ᵉ? le 5ᵉ?

4° Dans un nombre décimal, à quel rang place-t-on les dizaines? les dixièmes? les centaines? les centièmes? les mille? les millièm.?

5° Combien une dizaine vaut-elle d'unités? Combien une centaine vaut-elle de dizaines? Combien une dizaine de mille vaut-elle de dizaines? de centaines?

6° Combien faut-il de dizaines pour faire un cent? de centaines pour faire un mille? une dizaine de mille? Combien de mille pour faire un million? Qu'est-ce qu'un million? et un milliard?

7° Combien une unité vaut-elle de dixièmes? de centièmes? de millièmes? Comb. un dixième vaut-il de centièm.? de millièm.?

8° Combien faut-il de dixièmes pour faire une unité? de centièmes pour faire un dixième? de millièmes pour faire un centième? un dixième?

9° Combien une dizaine vaut-elle de dixièmes? de centièmes? Combien une centaine vaut-elle de dixièmes? de centièmes? de dix-millièmes ?

10° Combien faut-il de centièmes pour faire une dizaine? un mille? Combien faut-il de millièmes pour faire un dixième? une dizaine? un mille?

11° Combien les centaines sont-elles de fois plus grandes que les dizaines? Combien les mille sont-ils de fois plus petits que les millions? que les billions?

12° Combien les dixièmes sont-ils de fois plus grands que les millièmes? Combien les millionièmes sont-ils de fois plus petits que les dix-millièmes? que les centièmes?

13° Rendez, par la pensée, le nombre 4 dix fois plus grand, dix f. plus petit. — Le nombre 200 dix f. plus grand, cent f. plus petit.

14° Rendez le nombre 0,25 cent fois plus grand; dix f. plus petit. — Le nombre 4,5 dix fois plus grand, cent fois plus petit.

15° Combien font 10 fois 15? 100 fois 18? 10 f. 32? 100 f. 48? 10 fois 0,50? 100 fois 0,25? 10 fois 4,50? 100 f. 12,4? 1000 f. 0,001?

16° Quel est le dixième de 150, de 340, de 1320, de 25, de 124? quel est le 100ᵉ de 300, de 4000, de 5100, de 425, de 2150, de 3145?

17° Si le mètre vaut 8 fr. combien valent 10ᵐ?—100ᵐ?—1000ᵐ? — Lorsqu'un ouvrier gagne 2 fr. 50 par jour, que gagne-t-il en 10 jours? en 100 jours?

18° Si 1000 briques coûtent 40 fr., combien une brique? 10 briques? 100 briques? Lorsqu'un ouvrier gagne 35 fr. en 10 jours, que gagne-t-il en 1 jour? en 100 jours?

OPÉRATIONS FONDAMENTALES DE L'ARITHMÉTIQUE.

39. — Les opérations fondamentales de l'arithmétique sont l'*addition*, la *soustraction*, la *multiplication* et la *division*.

ADDITION

Quand on dit : 4 et 5 font 9, on fait une addition ; donc

40 — L'*addition* est une opération par laquelle on *réunit* plusieurs nombres de même espèce en un seul qu'on appelle *somme* ou *total*.

Soit à additionner 84 281 *fr.*+562+80+54 201+7 033 (*).

41. — RÈGLE. — *Pour additionner plusieurs nombres,* on les écrit les uns sous les autres, unités sous unités, dizaines sous dizaines, centaines sous centaines, et l'on tire un trait sous le dernier nombre.

    84 281 *fr.*
       562
        80
    54 201
     7 033
TOTAL 146 157 *fr.*

Puis, commençant par le haut, on fait la somme de la première colonne à droite ; si cette somme ne surpasse pas 9, on l'écrit telle au-dessous de la première colonne ; si elle surpasse 9, on écrit seulement les unités et on retient les dizaines pour les reporter à la deuxième colonne, sur laquelle on opère comme sur la première, et ainsi des autres jusqu'à la dernière, au-dessous de laquelle on écrit le résultat tel qu'on le trouve.

Preuve de l'addition.

42. — On appelle *preuve* d'une opération une seconde opération que l'on fait pour s'assurer de l'exactitude de la première.

43. — La preuve de l'addition se fait en recommençant à additionner de bas en haut, si cette opération donne le même total que la première, l'addition est exacte.

(Voir au *Supplément*, page 8, d'autres preuves de l'addition.)

Addition des nombres décimaux.

Soit à additionner 14ᵐ25+2,4+0,259+748,14+76.

44. — *Pour additionner plusieurs nombres décimaux,* on les écrit les uns sous les autres de manière que les unités de même espèce ou simplement les virgules soient les unes sous les autres. Commençant ensuite par la droite, on additionne comme si les nombres étaient entiers, et on place la virgule sous la colonne des virgules.

  14ᵐ25
   2, 4
   0, 259
 748,14
  76,
841ᵐ049

(*) Ce signe (+) s'énonce *plus,* on le place entre plusieurs nombres à additionner.

Exercices sur l'addition.

[Après l'exercice indiqué page 2 et qui consiste à faire compter les enfants de
2 en 2, de 3 en 3, etc., il importe que les élèves soient exercés de bonne heure
à faire les additions orales qui doivent les préparer aux additions écrites. Voi
nos *Premiers Exercices de calcul oral et écrit*, p. 14 et 15.]

Dans les exercices suivants, le maître expliquera oralement la manière d'opérer.

46. — 2 421 *fr.*	**47.** — 54 213	**48.** — 4 345	**49.** — 34 102
3 202	4 562	686	8 451
2 113	849	62 232	36
1 262	46 521	8 164	543 024
		156	81 800

50.—3 462 + 2 465 + 3 150 + 6 104 + 2 521 *francs*
51.—243 + 5 201 + 54 321 + 724 + 1 567 + 26 *francs*
52.—54 892 + 264 + 30 + 7 456 + 31 467 + 846 *francs*
53.—64 280 + 37 456 + 645 + 8 429 + 724 315 *francs*
54.—37 + 645 + 8 246 + 76 549 + 325 673 *francs*
55.—672 986 + 54 281 + 3 456 + 294 + 67 *francs*
56.—2 749 + 678 428 + 24 789 + 34 562 + 834 *mètres*
57.—34 681 + 245 383 + 5 482 + 137 482 + 74 802 *mètres*
58.—732 184 + 567 482 + 6 720 + 945 391 + 676 452 *mèt.*
59.—67 450 + 248 976 + 6 528 + 54 936 + 948 073 *mèt.*
60.—2 740 + 54 869 + 645 + 694 302 + 7 450 + 429 *mètres*
61.—645 820 + 5 436 + 84 986 + 742 084 + 6 480 *mètres*
62.—548 672 + 389 + 26 213 + 438 876 + 54 326 + 6 734 *f.*
63.—98 145 + 639 + 2 432 816 + 23 485 + 676 734 + 27 *f.*
64.—648 620 + 834 + 5 400 + 325 898 + 67 453
      + 845 676 + 52 843 *litres*
65.—51 847 + 98 245 671 + 876 + 10 745 620 + 84 290
      + 676 + 32 541 + 17 489 *litres*
66.—300 412 + 845 + 12 867 454 + 90 621 + 2 861
      + 345 079 + 2 049 217 + 385 672 *litres*
67.—84 500 + 72 864 567 + 34 528 + 674 580 + 984
      + 17 456 729 + 82 347 + 120 675 *litres*
68.—274 560 + 715 + 82 945 067 + 7 485 300 + 1 270
      + 87 542 + 914 510 654 + 527 456 *litres*
69.—54 892 674 + 98 456 742 + 54 842 456 + 1 645
      + 64 824 210 + 74 320 000 + 34 568 672 *heures*
70.—045 674 + 8 265 + 984 + 72 486 729 + 654
      + 87 000 + 9 845 679 + 26 528 456 *minutes*
71.—912 674 + 9 280 056 + 74 127 254 + 174
      + 1 009 227 + 742 867 + 215 070 092 + 9 845 *f.*
72.—7 486 917 + 89 654 + 215 + 18 456 925 + 6 748
      + 7 215 714 + 84 677 + 834 615 + 29 146 127 *m.*
73.—326 + 49 276 + 408 674 + 24 508 + 28 945
      + 64 126 275 + 645 684 + 645 286 + 5 684 *litres*
74.—3 484 672 + 84 935 689 + 82 456 + 9 145 689
      + 84 567 + 945 670 + 8 456 784 + 54 608 256 *f.*

75.—450 314 + 800 163 + 9 254 076 + 84 510 600 + 90 106 712
    + 914 567 842 + 325 486 + 7 800 409 *fr.*
76.—92 + 679 + 88 + 99 + 6 + 945 + 896 + 679 + 349
    + 709 + 608 + 149 + 8 + 17 + 548 + 7 *points.*
77.—7 899 + 109 + 74 + 586 + 6 784 + 159 + 889 + 779
    + 548 + 6 789 + 54 289 + 987 + 689 + 8 989 *jours.*
78.—548 + 67 898 + 5 489 + 6 589 + 787 + 9 458 + 489
    + 9 489 + 289 + 6 967 + 749 + 78 + 876 + 8 765 *écoliers.*

Nombres décimaux.

(Y ajouter le nom d'une unité connue.)

79.	**80.**	**81.**	**82.**
348,125	645,82	9,48	0,05
20,4	0,725	21,05	0,265
214,54	7 482,1	0,075	0,0426
81,126	186,	8,7275	0,7
9,21	9,825	86,12	0,008

83.—94,56 + 8,751 + 815,8 + 9,48 + 85,759
84.—540,4 + 67,845 + 15,8972 + 0,742
85.—36;584 + 12,40 + 5,154 + 0,48 + 17,5
86.—54,3456 + 0,8496 + 1,0542 + 9,876 + 0,4
87.—0,456 + 745,254 + 87 + 14,005 + 64,26
88.—7,649 + 346 + 0,842 + 31,005 + 7,2
89.—10,54 + 82,75 + 0,3482 + 0,75 + 2,745
90.—9,154 + 6,218 + 17,5 + 0,849 + 754
91.—0,849 + 0,075 + 0,15 + 0,9 + 6,423 + 0,743
92.—8,456 + 0,3 + 0,0075 + 24,56 + 0,17 + 0,9
93.—0,456 + 0,12 + 74,154 + 0,8 + 748,14565
94.—0,07654 + 0,845 + 0,45678 + 0,284 + 54,82176
95.—0,8 + 0,125 + 0,7245 + 0,63 + 0,715684 + 0,17
96.—5,4862 + 0,84 + 24,054 + 346,2 + 84,5483
97.—0,534 + 6,25 + 49 + 548,9 + 2,25 + 0,74 + 100
    + 0,2756 + 5,8 + 64,25 + 780
98.—0,87 + 0,075 + 9,15 + 72,45 + 0,0286 + 75 + 101
    + 2,7246 + 3,25 + 0,2745 + 17,4
99.—456,826 + 4,15 + 8 245,0078 + 3,4567 + 10
    + 182,740 + 6 728,24567 + 5,170074
100.—45,145 + 0,810 + 0,9 + 13,4567 + 814,54
    + 9 215,72656 + 8,45 + 192,215 + 0,276
101.—36,4 + 0,89 + 345 + 17,325 + 1,426 + 6,25 + 0,9
    + 0,7156 + 640 + 246,5 + 39
102.—0,456 + 0,12 + 84,54 + 0,8762 + 8,256 + 74,154
    + 0,8 + 74,154 + 748,14565
103.—36,4 + 0,89 + 345 + 17,325 + 6,25 + 39 + 0,7156
    + 640 + 246,5 + 0,9
104.—0,4567 + 0,05 + 7 456,9 + 18,00475 + 314,84
    + 0,8765 + 24,05 + 6 450,254 + 56,84565

105.—0,17 + 0,745684 + 0,125 + 0,8 + 0,000752 + 0,74
       + 0,008 + 0,6456 + 0,27 + 0,56708   R.   4,072116
106.—0,8762 + 74,154 + 0,8 + 748,14565 + 84,54 + 8,256
       + 780,127564 + 89,602   1 786,501414

(Outre les exercices qui précèdent, on pourra faire additionner les nomb. n°ˢ 1 à 28).

Problèmes sur l'addition.

45.—Un *problème* est une question que l'on résout par le calcul.

46. — Un problème se résout au moyen d'une addition lorsqu'il s'agit de réunir plusieurs nombres en un seul.

[Ne pas oublier d'exercer les enfants à résoudre de vive voix de petites questions du genre de celles qui suivent. Ces simples questions font comprendre aux commençants l'usage d'une opération mieux que n'importe quelle explication.
1° Quand on a déjà 9 plumes et qu'on en achète 5, combien cela fait-il de plumes?
2° Paul a gagné lundi 6 bons points, mardi 5, mercredi 7, vendredi 6 et samedi 4 ; combien Paul a-t-il de bons points pour sa semaine?
3° Quand le mois commence le lundi, quelles sont les dates de tous les lundis du mois?] (Voir nos *Premiers Exercices*, page 18.)

107. — Quel est le total d'un mémoire qui porte les sommes suivantes : 4 fr., 15 fr., 25 fr., 3 fr. et 1 fr.?

108. — Une cave renferme 4 tonneaux pleins : le 1ᵉʳ contient 1549 litres ; le 2ᵉ, 1275 ; le 3ᵉ, 1073, et le dernier, 1680 ; combien de litres en tout dans la cave?

109. — J'ai déposé à la Caisse d'épargne, d'abord 90 fr., puis 35 fr., ensuite 105 fr., enfin 70 fr. ; combien ai-je déposé en tout?

110. — Janvier a 31 jours, février 28, mars 31, avril 30, mai 31, juin 30, juillet 31, août 31, septembre 30, octobre 31, novembre 30 et décembre 31 ; combien de jours dans l'année?

111. — Je dois 35 fr. 15 à mon boulanger, 17 fr. 25 à mon boucher, 25 fr. à mon tailleur et 93 fr. à d'autres personnes ; quelle somme me faudra-t-il pour m'acquitter?

112. — J'ai 120 fr. ; si l'on me payait 75 fr. qui me sont dus, combien aurais-je?

113. — Une personne vient de payer 115 fr. 75 cent. et on lui a dit qu'elle doit encore 94 fr. ; combien devait-elle en tout?

114. — Une maison a coûté 1560 fr., j'y ai fait pour 265 fr. de réparations ; combien dois-je la revendre pour gagner 230 fr.?

115. — Je suis né en 1858 ; en quelle année aurai-je 25 ans?

116. — Une personne, née en 1804, est morte à l'âge de 39 ans ; en quelle année est-elle décédée?

117. — On a payé 5 ouvriers : le premier avait gagné 17 fr. 85 ; le second, 40 fr. ; le troisième, 32 fr. 50 ; le quatrième, 19 fr. 05 ; et le dernier, 00 fr. 75 ; combien a-t-il fallu d'argent pour les payer tous?

118. — Que faut-il pour payer deux paires de souliers à raison de 10 fr. 75 pour chaque paire?

Quand on dit 3 de 7 reste 4, on fait une soustraction ; donc

47. — La *soustraction* est une opération par laquelle on *retranche* un nombre d'un autre nombre de même espèce. Le résultat de la soustraction se nomme *reste* ou *différence*.

Soit à soustraire 54 290 *fr.* de 96 392 *fr.* (*).

48. — RÈGLE. — *Pour faire une soustraction,* on écrit d'abord le plus grand nombre, et au-des-

De   96 392 *fr.* sous le plus petit, unités sous unités,
J'ôte 54 290 *fr.* dizaines sous dizaines, centaines sous
Reste 42 102 *fr.* centaines, etc., et l'on tire un trait.

Commençant ensuite par la droite, on ôte chaque chiffre du nombre inférieur de celui qui est au-dessus et l'on écrit le reste au-dessous.

Soit à soustraire 456 724 *fr* de 694 816 *fr.*

De   694 816 *fr.*   **49.** Quand un chiffre du nombre inférieur
J'ôte   456 724 *fr.* est plus grand que celui qui est au-dessus,
Reste   238 092 *fr.* on augmente ce dernier de 10, et l'on ajoute
Preuve 694 816   1 au chiffre suivant du nombre inférieur.

En compensant ainsi, la différence reste la même, car les deux nombres ont été augmentés l'un et l'autre d'une même quantité (**).

Preuve de la soustraction.

50. — *Pour faire la preuve de la soustraction,* on additionne le reste avec le plus petit nombre ; si la somme est égale au plus grand nombre, l'opération est bien faite.

Voir au Supplément, page 8, une autre preuve de la soustraction.

Soustraction des nombres décimaux.

Soit à soustraire 9^{mt},241 de 24^{mt},425.

51. — *Pour faire la soustraction des nombres décimaux,* on

De   24^{mt},425 écrit le plus grand nombre, au-dessous le
J'ôte   9^{mt},241 plus petit, de manière que les deux virgu-
Reste   15^{mt},184 les soient l'une sous l'autre ; ensuite on
                opère comme dans les nombres entiers, et on
Preuve 24^{mt},425 met la virgule sous la colonne des virgules.

Soit à soustraire 0^{mt},475 de 74^{mt},8.

52. — Si l'un des nombres a moins de chiffres décimaux

De   74^{mt},8   que l'autre, on écrit à la droite de celui qui
J'ôte   0^{mt},475 en a le moins assez de zéros pour que le
Reste   74^{mt},325 nombre des décimales soit le même dans
Preuve 74^{mt},800 les deux nombres.

(*) La soustraction s'indique au moyen d'un trait (—) qui s'énonce *moins* et que l'on place entre les 2 nombres, le plus grand étant le premier écrit.

(**) Ceci repose sur ce principe que le maître fera facilement comprendre aux enfants : *La différence entre deux nombres ne change pas quand on les augmente ou qu'on les diminue d'une même quantité.*

Exercices sur la soustraction.

(Le maître expliquera oralement la manière d'opérer.)

[On prépare utilement les enfants à la pratique de la soustraction en leur faisant faire un grand nombre de soustractions orales. (Voir nos *Premiers Exercices*, pages 19 et 20.)]

119. — De 8 469 *fr.*   **120**. — De 189 450   **121**. — De 74 258
    Otez 1 054   Otez   1 340   Otez 61 023

    Reste   Reste   Reste

    Preuve   Preuve   Preuve

122.—De	897 *francs* ôtez	123 *fr.*
123.—	9 956 *francs*	7 424
124.—	89 941 *francs*	72 410
125.—	65 489 *francs*	61 034
126.—	8 497 *francs*	3 165
127.—	254 874 *mètres*	102 320 *mèt.*
128.—	1 894 567 *mètres*	749 234
129.—	8 456 700 *mètres*	1 456 900
130.—	12 498 654 *mètres*	9 134 569
131.—	694 598 *mètres*	48 216
132.—	74 925 670 *litres*	19 241 290 *litr.*
133.—	100 745 689 *id.*	9 452 765
134.—	74 567 894 *id.*	24 567 020
135.—	945 670 291 *id.*	14 576 202
136.—	1 049 876 *id.*	74 980
137.—	187 749 *hommes*	7 989 *hom.*
138.—	2 456 789 450 *id.*	1 784 567 890
139.—	94 567 804 *id.*	645 679
140.—	210 700 745 *id.*	100 024 760
141.—	2 849 458 *femmes*	48 970 *fem.*
142.—	8 694 560 *id.*	1 234 567
143.—	145 678 925 *id.*	48 567 894
144.—	264 589 709 *id.*	107 124 575
145.—	8 888 880 *arbres*	1 749-910 *arbr.*
146.—	542 007 000 *id.*	189 008 000
147.—	6 541 745 691 *id.*	849 675
148.—	99 000 745 *id.*	11 990 312
149.—	12 345 678 *francs*	3 456 789 *fr.*
150.—	9 456 024 *id.*	8 942 075
151.—	8 456 729 *mètres*	949 187 *mèt.*
152.—	245 678 456 *id.*	197 694 815
153.—	484 967 654 *id.*	123 456 789
154.—	84 567 925 670 *litres*	21 749 813 456 *lit.*
155.—	9 450 007 456 *id.*	9 060 058 297
156.—	77 777 777 777 *id.*	8 989 898 989

157.—De	100 000 000	*fr*	Ôtez 84 567 241 *fr.*	
158.—	100 000 000	*id.*	18 000 740	
159.—	10 000 000	*gr.*	84 563 *gram.*	
160.—	1 000 000	*id.*	9	
161.—	1 000 000 000	*id.*	728	
162.—	1 000 000	*noix*	1 *noix.*	
163.—	4 200 100 901	*id.*	90 100 992	
164.—	5 042 700 600	*fr.*	2 987 000 909 *fr.*	
165.—	6 000 045 600	*id.*	999 999 999	
166.—	1 000 000 000	*id.*	999 999 999	
167.—	10 940 200 010	*mèt.*	9 940 290 919 *mèt.*	
168.—	5 000 007 400	*id.*	98 709	
169.—	642 840 000	*id.*	29 800 010	

Nombres décimaux.

(Y ajouter le nom d'une unité connue.)

170.—De 84,75	**171.**—De 470,725	**172.**—De 1 450,8
j'ôte 31,10	j'ôte 137,69	j'ôte 929,925
reste	reste	reste

173. — De 1 648,87	Ôtez 1 215,25
174. —	6 450,19	3 451,05
175. —	184,3	96,6
176. —	5 481,725	194,127
177. —	2,48456	1,17250
178. —	0,845672	0,145715
179. —	0,0007	0,0003
180 —	0,07458	0,00473
181. —	184,428	67,95
182 —	0,8467	0,6
183. —	714,8	18,45
184. —	9,36	2,965
185. —	146,875	94,1864
186. —	24,84	0,0029
187. —	0,845	0,0946
188. —	1 754,849	1 127,215
189. —	64,007	18,9
190. —	80 567,54	3 456,007
191. —	12 300,74	194,81764
192. —	74,01	8,001
193. —	1 767,94557	196,849
194. —	84,20075	0,374567
195. —	5,	0,5
196. —	4,	0,40
197. —	45,	0,45
198. —	0,6	0,06

199. —	De	1,	ôtez	0,01
200. —		0,1		0,001
201. —		7 445,		23,456
202. —		84 567,		34 567,9
203. —		845,		0,246
204. —		456,008		329,0007
205. —		945,		0,945
206. —		0,84		0,0084
207. —		0,0006		0,00006
208. —		174,15		173,
209. —		1 000,		999,999

Problèmes sur la soustraction.

53. — *Un problème se résout au moyen d'une soustraction* lorsqu'il s'agit de retrancher ou d'ôter un nombre d'un autre, ce qui a lieu *toutes les fois qu'on demande un* RESTE *ou la* DIFFÉRENCE *entre deux nombres.*

[Avant de passer aux problèmes proprement dits, ne pas oublier de faire résoudre aux enfants et de vive voix des questions de ce genre :

1° Louis avait 8 plumes, il en a usé 3, que lui en reste-t-il ?

2° Je devais 15 fr., j'en ai payé 9, combien dois-je encore ?

3° J'avais 12 pommes, j'en ai donné 3 à Jules et 2 à Alexis ; combien me reste-t-il de pommes ?]

(Voir nos *Premiers Exercices*, page 23.)

210. — Une pièce de toile contenait 120 mètres, on en a coupé 73 mètres, dites ce qui reste.

211. — Un écolier a gagné dans son année 954 bons points ; un autre n'en a gagné que 796 ; combien le premier en a-t-il de plus que le second ?

212. — Un homme qui me devait 180 fr. vient de me payer 75 fr., que me doit-il encore ?

213. — On a payé 120 fr. à compte d'un mémoire montant à 215 fr. ; que doit-on encore ?

214. — J'avais 310 fr. 80 à la caisse d'épargne ; aujourd'hui j'en ai retiré 139 ; combien y ai-je encore ?

215. — J'ai un livre qui contient 135 pages, j'en ai déjà lu 56 ; combien m'en reste-t-il à lire ?

216. — Que faut-il ajouter à 63 pour avoir 100 ?

217. — En quelle année est né un enfant qui avait 11 ans en 1854 ?

218. — Une femme est morte en 1855 à l'âge de 85 ans ; on demande l'année de sa naissance.

219. — Une pièce de terre contenait 170 ares ; on en a pris 5 ares pour construire une maison et 11 ares pour faire un jardin ; combien d'ares contient encore la pièce ?

Quand on dit 3 fois 4 font 12, on fait une multiplication ; donc

54. — La *multiplication* est une opération par laquelle on *répète* un nombre appelé *multiplicande* autant de fois que l'indique un autre nombre appelé *multiplicateur*.

Le résultat de la multiplication se nomme *produit* (*).

55. — Le multiplicande et le multiplicateur se nomment *facteurs* du produit.

56. — TABLE DE MULTIPLICATION.

[Si les élèves ont été bien exercés suivant les procédés indiqués pages 2 et 16, ils savent ajouter les 10 premiers nombres à eux-mêmes jusqu'à 10 fois, de cette manière : 6 et 6 font 12, et 6 font 18, et 6 font 24, etc. ; ils doivent maintenant pouvoir dire : 6, 12, 18, 24, 30, etc., et enfin trouver combien font 3 fois 6, 6 fois 6..... 9 fois 6, etc. Dès lors, l'étude de la table de multiplication ne présente aucune difficulté.]

2 fois 2 font 4.	5 fois 5 font 25.
2 fois 3 font 6.	5 fois 6 font 30.
2 fois 4 font 8.	5 fois 7 font 35.
2 fois 5 font 10.	5 fois 8 font 40.
2 fois 6 font 12.	5 fois 9 font 45.
2 fois 7 font 14.	5 fois 10 font 50.
2 fois 8 font 16.	
2 fois 9 font 18.	6 fois 6 font 36.
2 fois 10 font 20.	6 fois 7 font 42.
	6 fois 8 font 48.
3 fois 3 font 9.	6 fois 9 font 54.
3 fois 4 font 12.	6 fois 10 font 60.
3 fois 5 font 15.	
3 fois 6 font 18.	7 fois 7 font 49.
3 fois 7 font 21.	7 fois 8 font 56.
3 fois 8 font 24.	7 fois 9 font 63.
3 fois 9 font 27.	7 fois 10 font 70.
3 fois 10 font 30.	
	8 fois 8 font 64.
4 fois 4 font 16.	8 fois 9 font 72.
4 fois 5 font 20.	8 fois 10 font 80.
4 fois 6 font 24.	
4 fois 7 font 28.	9 fois 9 font 81.
4 fois 8 font 32.	9 fois 10 font 90.
4 fois 9 font 36.	10 fois 10 font 100.
4 fois 10 font 40.	

La multiplication peut présenter 2 cas.

1er CAS. — Le multiplicateur n'ayant qu'un seul chiffre, comme 728 fr. $\times$ 6 (**).

(*) On trouvera, p. 149 de l'*Arithmétique élémentaire,* une définition plus générale.

(**) Ce signe $\times$ s'énonce *multiplié par.*

57. — Règle. — *Pour faire la multiplication quand le multiplicateur n'a qu'un seul chiffre,* on écrit le multiplicande, au-dessous le multiplicateur, et l'on tire un trait. Ensuite, commençant par la droite, on multiplie les unités, dizaines, centaines, etc. du multiplicande par le multiplicateur ; si le produit ne surpasse pas 9, on l'écrit tel à son rang ; s'il surpasse 9, on écrit seulement les unités et l'on retient les dizaines pour les ajouter au produit suivant, et ainsi de suite jusqu'au dernier produit, qu'on écrit tel qu'on le trouve.

Multiplicande.   728 *fr.*
Multiplicateur.   6
Produit   4 368 *fr.*

Explication. — En opérant ainsi, on obtient bien le produit cherché, 6 fois 728, car on a répété 6 fois les unités, 6 fois les dizaines, 6 fois les centaines, c'est-à-dire toutes les parties de 728, exactement comme si l'on eût écrit ce nombre 6 fois l'un au-dessous de l'autre et qu'on eût additionné. La multiplication n'est qu'une addition abrégée.

2ᵉ Cas. — Le multiplicateur ayant plusieurs chiffres, comme 8 765 fr. × 543.

58 — Règle. — *Pour faire la multiplication quand le multiplicateur a plusieurs chiffres,* on écrit le multiplicande, au-dessous le multiplicateur, et on tire un trait.

Puis, commençant par la droite, on multiplie tout le multiplicande par chaque chiffre du multiplicateur, en ayant soin de poser le 1ᵉʳ chiffre de chaque produit partiel au même rang que le chiffre qui sert de multiplicateur.

    8 765 *fr.*
      543
    26 295
    350 60
   4 382 5
   4 759 395 *fr.*

Ensuite on additionne tous les produits partiels, et le total est le produit demandé.

Explication. — Dans la multiplication ci-dessus, je dois répéter le multiplicande 543 fois ; pour y arriver, je le répète d'abord 3 fois, puis 40 fois, puis 500 fois, ce qui fera *cinq cent quarante-trois* fois. 1° En répétant le multiplicande 3 fois, j'obtiens 26 295 — 2° Pour le répéter 40 fois, je le répète d'abord 4 fois, puis le produit 10 fois, ce qui fait 10 fois 4 fois ou 40 fois ; c'est en vue de cette multiplication par 10 que je laisse la place d'un zéro ; j'obtiens 35 060 dizaines. — 3° Pour répéter le multiplicande 500 fois, je le répète d'abord 5 fois, puis le produit 100 fois, ce qui fait bien 100 fois 5 fois ou 500 fois, c'est en vue de cette multiplication par 100 que je laisse la place de deux zéros ; j'obtiens 43 825 centaines. Faisant la somme, j'ai donc bien 543 fois le multiplicande, et le produit cherché est 4 759 395 francs.

59. — Remarque. — Quand, dans le multiplicateur, il se trouve des zéros placés entre les autres chiffres, on multiplie seulement par les chiffres significatifs (*) ; mais il faut avoir bien soin de placer le premier chiffre de chaque produit partiel au même rang que le chiffre par lequel on multiplie.

____

(*) Les chiffres significatifs sont tous les chiffres excepté 0.

Ce que devient le produit quand on multiplie ou qu'on divise le multiplicande et le multiplicateur.

60. — 1° Lorsqu'on multiplie ou qu'on divise l'un des facteurs par 2, 3 ou 4,... le produit est simplement multiplié ou divisé par 2, 3 ou 4,...

Expl. — Le produit de 6 × 4 se compose de 4 fois 6 ; mais si je multiplie le facteur 6 par 2, le nouveau produit (6 × 2) × 4 se composera de 4 fois 2 fois 6, ou 8 fois 6 ; il sera donc bien 2 fois plus grand que le 1er qui ne contient que 4 fois 6.

De même, si j'avais multiplié le facteur 4 par 2, le nouveau produit serait composé de 2 fois 4 fois 6 ou 8 fois 6 ; il serait donc bien aussi 2 fois plus grand que le 1er.

D'un autre côté, si je divise le facteur 6 par 2, je répéterai 4 fois un nombre 2 fois plus petit ; le produit deviendra donc nécessairement 2 fois plus petit.

De même, si j'avais divisé le facteur 4 par 2, j'aurais répété 2 fois moins de fois le facteur 6 ; le produit serait donc encore nécessairement devenu 2 fois plus petit.

D'où il suit que

2° Lorsqu'on multiplie l'un des facteurs par 2, 3 ou 4, ... et qu'on divise l'autre facteur par 2, 3 ou 4, ... le produit ne change pas de valeur.

Expl. — La multiplication d'un facteur par 2, 3 ou 4 a pour effet de rendre le produit 2, 3 ou 4 fois plus grand ; mais la division de l'autre facteur par 2, 3 ou 4 ayant pour effet contraire de rendre le produit 2, 3 ou 4 fois plus petit, il y a compensation, et le produit reste le même.

Mais

3° Si l'on multiplie ou si l'on divise à la fois les deux facteurs par 2, 3, 4, ... le produit est multiplié ou divisé non pas par 2, 3, 4, ... mais par 2 fois 2 ou 4, 3 fois 3 ou 9, etc.

Expl. — Soit 6 × 5 ; si je multiplie 5 par 2, le produit contiendra 2 fois 5 fois 6 ou 10 fois 6, et si, de plus, je multiplie le facteur 6 par 2, le nouveau produit contiendra 10 fois 2 fois 6 ou 20 fois 6 ou 4 fois 5 fois 6 ; le produit sera donc bien rendu 2 fois 2 ou 4 fois plus grand.

Il suit de là que

61. — Si l'un des facteurs ou tous les deux sont terminés par des zéros, on multiplie sans faire attention à ces zéros, et, quand l'opération est faite, on écrit à la droite du produit autant de zéros qu'il y en a sur la droite des deux facteurs.

62. — Remarque. — *Multiplier un nombre par* 10, 100, 1000,... *c'est le rendre* 10, 100, 1000,... *fois plus grand.*

Pour effectuer la multiplication dans ce cas, on se sert des moyens indiqués nos 34 et 35.

Preuve de la multiplication.

63. — *Pour faire la preuve d'une multiplication,* on recommence l'opération en changeant l'ordre des facteurs. Si les opérations sont bien faites, elles donnent le même produit (*).

(*) Cette manière d'opérer résulte de ce principe (*Supplém.* n° 17) :
On ne change pas la valeur d'un produit en changeant l'ordre de ses facteurs.
Ainsi 5 × 4 donne le même produit que 4 × 5.
On peut aussi faire la preuve de la multiplication en doublant, triplant, etc., le multiplicande, et prenant la moitié, le tiers, etc., du multiplicateur, ou réciproquement. — Ceci résulte du n° 60, 2°.

Preuve par 9.

64. — Pour faire la preuve par 9, on commence par tracer deux lignes qui se coupent sous la forme d'un X ; cela fait, 1° on additionne les chiffres du multiplicande en retranchant 9 à mesure qu'il se trouve dans la somme. et on écrit à la fin le reste dans l'angle supérieur de l'X;— 2° on additionne de même les chiffres du multiplicateur et on écrit le reste dans l'angle inférieur ; 3° on multiplie un reste par l'autre, on retranche du produit les 9 qu'il contient, et on écrit le reste dans l'angle de gauche ; — 4° enfin on additionne les chiffres du produit comme on a additionné ceux des facteurs, et on écrit le reste dans l'angle de droite. Si l'opération est bien faite, les deux restes écrits l'un à gauche et l'autre à droite sont les mêmes.

(Pour la théorie, v. *Supplém.*, p. 14.)

```
          482
          627
          ────
          3374
          964
          2892
          ──────
          302214
```

Multiplication des nombres décimaux.

Soit à multiplier 4^{fr},25 par 37.

65. — *On fait la multiplication des nombres décimaux* sans faire attention aux virgules, et, quand l'opération est faite, on sépare sur la droite du produit autant de chiffres décimaux qu'il y en a dans les deux facteurs.

```
  4fr,25
  3 ,7
  ──────
  2975
  1275
  ───────
  15fr,725
```

EXPLICATION — En supprimant la virgule du multiplicande, je le rends 100 fois plus grand ; en supprimant celle du multiplicateur, je le rends 10 fois plus grand ; le produit est donc rendu 100 fois 10 fois ou 1000 fois trop grand (EXPL. n° 60, 3°) ; je le ramène à sa juste valeur en séparant 3 chiffres sur sa droite.

Soit à multiplier 0^{fr},504 par 0,025.

66. — Si le produit n'avait pas autant de chiffres qu'il y a de décimales dans les deux facteurs, on écrirait à gauche assez de zéros pour que l'on pût séparer le nombre de décimales voulu.

```
  0fr,504
  0 ,025
  ──────
  2520
  1008
  ──────────
  0fr,012600
```

Exercices sur la multiplication.

Ne pas oublier que l'on ne doit passer aux exercices suivants que lorsque les enfants savent parfaitement la table de multiplication et qu'ils sont familiarisés avec les exercices oraux qu'elle comporte. (Voir 1ers *Exerc.*, pages 24-25-26.)

Le maître expliquera oralement la manière d'opérer.

220. —	34 *fr*.	×	2
221. —	184	×	4
222. —	1 278	×	5
223. —	7 140	×	3
224. —	27 015	×	4
225. —	80 075	×	6
226. —	32 934	×	7
227. —	54 087	×	8
228. —	74 845	×	9

229. —	452 mètr.	×	23
230. —	675	×	45
231. —	897	×	56
232. —	1 423	×	32
233. —	7 526	×	41
234. —	5 438	×	35
235. —	2 564	×	24
236. —	689	×	543
237. —	8 451	×	627
238. —	988	×	472
239. —	5 482	×	546
240. —	2 934	×	325
241. —	887	×	764
242. —	1 276	×	635
243. —	938	×	172
244. —	1 807	×	2 073
245. —	6 784	×	289
246. —	39 076	×	7 298
247. —	6 743 litres.	×	6 584
248. —	8 960	×	3 764
249. —	8 877	×	9 336
250. —	23 789	×	68 745
251. —	9 978	×	8 976
252. —	25 506	×	9 875
253. —	320 060	×	280 054
254. —	26 500	×	170 800
255. —	3 986	×	7 896
256. —	8 976	×	6 789
257. —	74 082	×	6 789
258. —	5 498	×	6 709
259. —	8 769	×	59 084
260. —	6 798	×	8 597
261. —	38 790	×	7 956
262. —	98 765	×	86 497
263. —	67 408	×	1 947
264. —	33 704 gram.	×	3 894
265. —	58 370	×	9 869
266. —	64 987	×	74 968
267. —	47 085	×	62 076
268. —	27 996	×	64 809
269. —	13 998	×	129 618
270. —	72 908	×	64 590
271. —	54 890	×	98 076
272. —	67 809	×	87 986
273. —	135 618	×	43 993
274. —	7 690 580	×	53 980
275. —	456 789	×	987 654
276. —	9 208 706	×	6 509 087
277. —	4 604 353	×	6 509 087

Nombres terminés par des zéros (nº 84).

278. —	93 700 *fr.* ✕	2 705
279. —	684 050 ✕	3 270
280. —	320 090 ✕	5 260
281. —	83 760 ✕	2 500
282. —	620 850 ✕	4 750
283. —	280 700 ✕	12 005
284. —	5 400 ✕	6 700
285. —	87 900 ✕	98 000
286. —	694 500 ✕	984 500
287. —	256 700 ✕	2 987
288. —	184 560 ✕	384 600
289. —	54 878 ✕	9 760

Nombres décimaux.

290. —	81 fr. 55 ✕	37
291. —	74 ,35 ✕	975
292. —	6 ,840 ✕	367
293. —	784 , ✕	2,65
294. —	1 568 , ✕	1,375
295. —	163 ,3 ✕	18,5
296. —	148 ,7 ✕	487,5
297. —	7 625 , ✕	45,6
298. —	680 ,05 ✕	249
299. —	272 ,02 ✕	124,5
300. —	43 ,85 ✕	876,5
301. —	21 ,925 ✕	3 505
302. —	64 ,09 ✕	8,0075
303. —	0 ,648 ✕	384
304. —	2 592 m. ✕	1,92
305. —	784 ,5 ✕	3 486
306. —	1 743 , ✕	784,5
307. —	3 ,28 ✕	0,08
308. —	0 ,0948 ✕	2,49
309. —	0 ,0474 ✕	1,245
310. —	2 ,486 ✕	0,054
311. —	4 ,972 ✕	0,108
312. —	1 ,496 ✕	0,001375
313. —	0 ,748 ✕	0,00275
314. —	0 ,496 ✕	7 693
315. —	426 ,005 ✕	7,301
316. —	0 ,00548 ✕	0,00752
317. —	0 ,000990 ✕	318,5
318. —	0 ,00376 ✕	0,00548
319. —	0 ,75 ✕	9

320. —	0,00375^m. $\times$	45,
321. —	83 litres $\times$	0,003906
322. —	41,5 $\times$	0,001953
323. —	7,82 $\times$	0,3456
324. —	0,3456 $\times$	3,91
325. —	342,857 $\times$	2,45
326. —	0,0097 $\times$	0,01087
327. —	0,0526 $\times$	0,007048
328. —	34,86 $\times$	8 451,
329. —	0,001 $\times$	0,0001
330. —	0,1 $\times$	0,1

Problèmes sur la multiplication.

67. — *Pour résoudre un problème, on fait une multiplication quand il s'agit de répéter un nombre plusieurs fois.* Par exemple, quand on connaît le prix d'un mètre, on trouve le prix de plusieurs mètres par une multiplication.

[Il importe qu'avant de passer aux problèmes sur la multiplication, les élèves soient exercés à résoudre de vive voix des questions du genre de celles-ci :

1° Si Paul gagne 7 bons points par jour, combien en gagnera-t-il dans les 5 jours d'école de la semaine ?

2° Quand le mètre de toile vaut 2 fr., combien paye-t-on pour 8 mètres ?

3° Le litre de cidre vaut 20 cent., combien vaut le double litre ?

4° Il y a 8 tables dans la classe, et 9 élèves à chaque table ; combien d'élèves dans toutes les tables ?] Voir *Premiers Exercices*, page 20.

331. — Le mètre de drap vaut 16 fr. ; trouvez le prix de 7 mètres de ce drap.

332. — Un ouvrier gagne 15 fr. par semaine ; combien gagne-t-il en six semaines ?

333. — Lorsqu'un stère de bois vaut 16 fr., quel est le prix de 12 stères ?

334. — Un commis reçoit 125 fr. par mois ; combien reçoit-il dans l'année ?

335. — L'année étant de 365 jours, combien un enfant âgé de 12 ans a-t-il vécu de jours ?

336. — Une famille dépense 7 fr. 50 par jour, combien dépense-t-elle dans l'année ?

337. — Combien y a-t-il de litres de cidre dans 9 tonneaux qui en contiennent chacun 1 450 litres ?

338. — On a acheté une pièce de terre de 46 ares à raison de 35 fr. l'are ; quel est le prix de cette pièce ?

339. — Quel est le prix d'un tonneau de cidre de 1 600 litres à raison de 0 fr. 15 le litre ?

340. — Une chemise coûte 4 fr. 25 ; quel est le prix de 3 douzaines de ces chemises ?

2.

Quand je dis en 8 combien de fois 4, il y est 2, je fais une division ; donc

68. — La *division* est une opération par laquelle on cherche combien de fois un nombre appelé *dividende* en contient un autre appelé *diviseur*.

Le résultat de la division se nomme *quotient* (combien de fois).

On peut dire aussi :

69. — La *division* est une opération par laquelle on partage un nombre appelé *dividende* en autant de parties égales que l'indique un autre nombre appelé *diviseur*.

On dit encore :

70. — La *division* est une opération par laquelle, connaissant un produit de deux facteurs et l'un des facteurs, on trouve l'autre.

Ou, ce qui revient au même :

La *division* est une opération par laquelle on cherche un nombre appelé *quotient* qui, étant multiplié par un nombre donné appelé *diviseur*, reproduit un troisième nombre donné appelé *dividende*.

La division des nombres entiers présente deux cas.

1er CAS. — Le diviseur n'ayant qu'un seul chiffre.

Soit à diviser 873 fr. par 3 (*).

71. — Pour diviser un nombre par 2, 3, 4..., on prend la moitié, le tiers, le quart... de ce nombre (**).

$$\frac{873^{fr.}}{3} = 291^{fr.}$$

Dans l'exemple ci-dessus, on dit : le tiers de 8 est 2 pour 6, reste 2 centaines qui font 20 dizaines plus les 7 dizaines du nombre font 27 dizaines dont le tiers est 9 ; enfin le tiers de 3 unités est 1 unité. Le quotient est donc 291, puisqu'il exprime le tiers de chacune des parties du dividende.

Au lieu de 873, si l'on avait eu à diviser 1873, on aurait commencé par prendre le tiers de 18.

2e CAS. — Le diviseur ayant plusieurs chiffres.

Soit à diviser 3968 fr. par 32.

72. — RÈGLE. — *Pour faire une division,* on écrit le dividende, et, à sa droite, le diviseur, en les séparant par un trait vertical ; puis on souligne le diviseur, au-dessous duquel on devra écrire les chiffres du quotient.

```
3968fr. | 32
  76    | ----
 128    | 124fr.
  00    |
```

On prend ensuite sur la gauche du dividende assez de chiffres pour contenir le diviseur ; — on cherche combien ce premier dividende partiel contient de fois le diviseur, et on écrit le chiffre au quotient ; — on multiplie le diviseur par ce chiffre et on retranche le pro-

---

(*) Pour indiquer une division, on place le dividende au-dessus d'un trait horizontal et le diviseur au-dessous : $\frac{\cdot}{\cdot}$; ou bien on place 2 points entre le dividende et le diviseur : 873 : 3.

(**) Quand un objet ou un nombre est divisé en 2 parties, chaque partie en est la moitié ; s'il est divisé en 3 parties, chaque partie en est le tiers.

duit du premier dividende partiel ; — on obtient ainsi un premier reste à droite duquel on abaisse le chiffre suivant du dividende, ce qui donne un second dividende partiel sur lequel on opère comme sur le premier, et l'on continue ainsi jusqu'à ce que tous les chiffres du dividende aient été abaissés.

EXPLICATION. — Diviser 3968 par 32, c'est chercher combien de fois 3968 contient 32. Pour cela, il suffit de chercher combien de fois les différentes parties du dividende (mille, centaines, dizaines, unités) contiennent le diviseur. Or, 3968 se compose de 3 *mille* + 9 *centaines* × 6 *dizaines* + 8 *unités* (fr.). Le chiffre des mille 3, ne contenant pas 32, je le joins aux 9 centaines, ce qui donne 39 centaines, et je dis : 39 unités contiendraient 32 *une fois*, donc 39 centaines (c'est-à-dire 100 fois plus que 39 unités) contiennent 32 *une centaine* de fois, et il reste 7 centaines. Ces 7 centaines ajoutées aux 6 dizaines qui suivent donnent 76 dizaines : 76 dizaines contiennent 32 *deux dizaines* de fois, et il reste 12 dizaines qui, ajoutées aux 8 unités suivantes, donnent 128 unités, lesquelles contiennent 32 *quatre fois* exactement. Le quotient est donc 1 centaine + 2 dizaines + 4 unités, c'est-à-dire 124.

NOTA. Lorsque, comme ci-dessus, la division se fait sans reste, on dit qu'elle se fait exactement ou que le quotient est entier. Mais si, au lieu de diviser 3968, on avait divisé 3972, il serait évidemment resté 4 unités. Alors on eût opéré comme il est dit au n° 77. — On pourrait aussi dire : il reste 4 unités, or 1 unité divisée par 32 donne 1 trente-deuxième, 4 unités donnent donc 4 trente-deuxièmes (qui s'écrivent $\frac{4}{32}$), et le quotient complet est 128 $\frac{4}{32}$. (V. *Supplém.*, page 9, la théorie générale.)

73. — 1re REMARQUE. — Pour trouver combien de fois un dividende partiel contient le diviseur, on cherche combien de fois le premier ou les deux premiers chiffres de ce dividende contiennent le premier chiffre du diviseur. (V. Rem., p. 33, ligne 36.)

74. — 2° REMARQUE. — On reconnaît qu'un chiffre placé au quotient est *trop fort* lorsque la soustraction ne peut s'effectuer.

On reconnaît qu'un chiffre placé au quotient est *trop faible* quand, une fois la soustraction faite, le reste n'est pas plus petit que le diviseur. — Donc

75. — Un chiffre placé au quotient est exact lorsque la soustraction peut s'effectuer et que le reste est plus petit que le diviseur.

76. — 3e REMARQUE. — Chaque fois qu'on abaisse un chiffre du dividende, on doit poser un chiffre au quotient. Si donc, après avoir abaissé un chiffre du dividende à droite d'un reste, le dividende partiel ne contenait pas le diviseur, il faudrait écrire zéro au quotient et abaisser ensuite le chiffre suivant du dividende (*).

Manière d'opérer quand la division donne un reste.

77. — *Si la division donne un reste*, on place une virgule au quotient ; puis on écrit un zéro à droite du reste, que l'on convertit ainsi en dixièmes qui, divisés par le diviseur, donnent un chiffre de *dixièmes*, que l'on place au quotient. S'il y a encore un reste, en écrivant à sa droite un nouveau zéro, on obtient les *centièmes* du quotient, et ainsi de suite pour les *millièmes*, les *dix-millièmes*, etc.

(*) Il doit y avoir au quotient autant de chiffres plus un qu'il en reste à abaisser dans le dividende lorsque le premier chiffre du quotient est trouvé.

Manière d'opérer
quand le dividende est plus petit que le diviseur.

78. — *Pour faire la division lorsque le dividende est plus petit que le diviseur*, on opère sur le dividende comme sur le reste d'une division pour obtenir des *dixièmes*, des *centièmes*, etc. — Ou bien :

On écrit à la droite du diviseur autant de zéros que l'on veut avoir de chiffres décimaux au quotient, puis on opère comme pour les nombres entiers, et, quand l'opération est terminée, on sépare sur la droite du quotient autant de chiffres décimaux qu'on a écrit de zéros au dividende.

EXPLICATION. — Si, par exemple, on écrit 3 zéros à la droite du nombre, on le convertira en millièmes ; par suite, le quotient sera exprimé en millièmes, et c'est pour cela que l'on sépare trois chiffres.

Ce que devient le quotient quand on multiplie ou qu'on divise le dividende ou le diviseur.

79.—Lorsqu'on *multiplie* le *dividende* par 2, 3, 4..., le *quotient* est aussi *multiplié* par 2, 3, 4..., c'est-à-dire qu'il est rendu 2, 3, 4... fois *plus grand*.

EXPL. — En effet, le dividende rendu 2, 3 ou 4 fois plus grand contiendra le diviseur 2, 3 ou 4 fois plus de fois ; le quotient sera donc bien rendu 2, 3 ou 4 fois plus grand.

80. — Lorsqu'on *divise* le *dividende* par 2, 3, 4..., le *quotient* est aussi divisé par 2, 3, 4..., c'est-à-dire qu'il est rendu 2, 3, 4... fois *plus petit*.

Explication semblable à la précédente.

81. — Lorsqu'on *multiplie* le *diviseur* par 2, 3, 4..., le *quotient* est *divisé* par 2, 3, 4..., ou rendu 2, 3, 4... fois *plus petit*.

EXPL. — En effet, le diviseur rendu 2, 3 ou 4 fois plus grand sera contenu 2, 3 ou 4 fois moins de fois dans le dividende ; le quotient sera donc rendu 2, 3 ou 4 fois plus petit.

82. — Lorsqu'on *divise* le *diviseur* par 2, 3, 4..., le *quotient* est *multiplié* par 2, 3, 4..., ou rendu 2, 3, 4 fois *plus grand*.

Explication semblable à la précédente.

Mais

83. — Lorsqu'on multiplie et qu'on divise à la fois le dividende et le diviseur par le même nombre, le quotient reste toujours le même.

Car, si, d'un côté, le quotient a été rendu 3 ou 4 fois plus grand, de l'autre, il est devenu 3 ou 4 fois plus petit.

Il suit de ce dernier principe que

84. — Lorsque le dividende et le diviseur sont *terminés par des zéros*, on peut, sans changer la valeur du quotient, en supprimer un égal nombre sur la droite de l'un et de l'autre.

85. — REMARQUE. — *Diviser un nombre par* 10, 100, 1000, c'est rendre ce nombre 10, 100, 1000... fois plus petit.

Pour effectuer la division dans ce cas, on suit les procédés indiqués n°ᵈ 36,37.

86. — *Pour faire la preuve de la division,* on multiplie le diviseur par le quotient; on ajoute le reste, quand il y en a un, et l'on doit retrouver le dividende si l'opération est bien faite.

En effet, le diviseur et le quotient sont les facteurs du dividende (n° 70).

Division des nombres décimaux.

Soit à diviser 253ᶠʳ,75 par 7,25.

87. — *Pour faire la division des nombres décimaux,*

1° Lorsque le nombre de chiffres décimaux est le même dans le dividende et le diviseur, on supprime la virgule dans les deux nombres et l'on divise comme dans les nombres entiers.

253ᶠʳ,75 : 7,25

253 75 | 7 25
36 25 | 35ᶠʳ
0 00 |

Soit à diviser 74ᶠʳ,5 par 0,25.

2° Lorsque le dividende et le diviseur n'ont pas le même nombre de chiffres décimaux, on écrit à la droite de celui qui en a le moins assez de zéros pour qu'il en ait autant que l'autre : alors on supprime la virgule et l'on opère comme dans les nombres entiers.

74ᶠʳ,5 : 0,25

74 50 | 0 25
24 5 | 298ᶠʳ
2 00 |
. 00 |

Voici une autre règle qui abrége les calculs et s'applique à tous les cas ·

87 *bis*. — *Pour faire la division des nombres décimaux,* on supprime la virgule du diviseur et on déplace celle du dividende d'autant de rangs vers la droite qu'il y avait de chiffres décimaux dans le diviseur; on opère comme dans les nombres entiers, et lorsqu'on arrive à la virgule du dividende on la met au quotient.

EXPLICATION. — En supprimant la virgule dans le dividende et dans le diviseur ou en la déplaçant d'autant de rangs dans l'un et dans l'autre, on les multiplie par le même nombre et le quotient reste le même (n° 83).

Exercices sur la division.

[Avant de passer aux divisions proprement dites, les élèves doivent savoir trouver de tête la moitié, le tiers, le quart, etc. des nombres de un et de deux chiffres et répondre sans hésiter à toutes les questions du genre de celles que l'on trouve dans nos *Premiers exercices*, pages 30, 31, 32.

Le maître expliquera la manière d'opérer.

Il importe, en outre, de remarquer la gradation des exercices suivants : du n° 349 au n° 390, les chiffres du quotient se trouvent en se servant du 1ᵉʳ chiffre du diviseur (remarque n°73); il en est de même du n° 390 au n° 400, mais le deuxième chiffre du diviseur étant 8 ou 9, on augmente de 1 le premier chiffre.]

341. —	$\dfrac{3\ 458\ fr.}{2}$		345. —	$\dfrac{74\ 526\ fr.}{6}$
342. —	$\dfrac{6\ 456\ fr.}{3}$		346. —	$\dfrac{52\ 381\ fr.}{7}$
343. —	$\dfrac{9\ 724\ fr.}{4}$		347. —	$\dfrac{65\ 400\ fr.}{8}$
344. —	$\dfrac{25\ 605\ fr.}{5}$		348. —	$\dfrac{8\ 406\ fr.}{9}$

349. —	$\dfrac{54\,380 \ fr.}{20}$		363. —	$\dfrac{107\,406 \ fr.}{51}$
350. —	$\dfrac{64\,080 \ fr.}{30}$		364. —	$\dfrac{61\,008 \ fr.}{12}$
351. —	$\dfrac{87\,620 \ fr.}{52}$		365. —	$\dfrac{392\,800 \ fr.}{13}$
352. —	$\dfrac{135\,240 \ fr.}{60}$		366. —	$\dfrac{980\,160 \ fr.}{32}$
353. —	$\dfrac{27\,636 \ fr.}{21}$		367. —	$\dfrac{578\,170 \ fr.}{34}$
354. —	$\dfrac{45\,952 \ fr}{32}$		368. —	$\dfrac{45\,684 \ fr.}{81}$
355. —	$\dfrac{10\,535 \ fr.}{43}$		369. —	$\dfrac{60\,168 \ fr.}{92}$
356. —	$\dfrac{67\,456 \ fr.}{31}$		370. —	$\dfrac{286\,433 \ fr.}{83}$
357. —	$\dfrac{96\,516 \ fr.}{63}$		371. —	$\dfrac{968\,760 \ fr.}{104}$
358. —	$\dfrac{59\,042 \ fr.}{53}$		372. —	$\dfrac{380\,730 \ fr.}{210}$
359. —	$\dfrac{13\,410 \ fr.}{90}$		373. —	$\dfrac{8\,945\,118 \ fr.}{819}$
360. —	$\dfrac{24\,921 \ fr.}{71}$		374. —	$\dfrac{3\,446\,322 \ fr.}{517}$
361. —	$\dfrac{36\,654 \ fr.}{82}$		375. —	$\dfrac{9\,132\,186 \ fr.}{721}$
362. —	$\dfrac{672\,038 \ fr.}{73}$		376. —	$\dfrac{548\,600 \ fr.}{325}$

OBSERVATION. — Dans les exercices suivants, lorsqu'il y aura un reste, l'élève trouvera les décimales du quotient jusqu'aux millièmes, à moins qu'il ne reste zéro dès le chiffre des dixièmes ou celui des centièmes.

377. —	5 469	*mèt.*	:	8
378. —	784	*mèt.*	:	9
379. —	57 855	*lit.*	:	12
380. —	54 825	*pommes.*	:	34
381. —	748 450	*noix.*	:	25
382. —	754 720	*œufs*	:	80
383. —	54 841	*mèt.*	:	31
384. —	945 678	*mèt.*	:	63
385. —	6 532 184	*fr.*	:	92
386. —	945 678	*mèt.*	:	630
387. —	27 481 356	*mèt.*	:	913
388. —	421 199	*lit.*	:	92
389. —	66 825 050	*fr.*	:	835
390. —	72 008	*mèt.*	:	19
391. —	640 240	*mèt.*	:	18
392. —	745 280	*mèt.*	:	29

393. —   845 627 *mèt.* :   39
394. —   156 408 *fr* :   28
395. —   200 426 *mèt.* :   38
396. —   6 679 925 *œufs* :   49
397. —   346 038 *mèt.* :   48
398. —   5 299 889 *mèt.* :   99
399. —   9 064 928 *mèt.* :   189
400. —   845 600 705 *mèt.* :   999
401. —   134 548 *fr.* :   16
402. —   197 456 *noix* :   14
403. —   28 762 215 *fr.* :   15
404. —   2 680 240 *lit.* :   64
405. —   5 486 820 *mèt.* :   129
406. —   1 548 924 *mèt.* :   841
407. —   2 748 768 *lit.* :   548
408. —   27 450 141 *fr.* :   964
409. —   64 507 476 *mèt.* :   156
410. —   41 005 650 *lit.* :   1 715
411. —   19 455 392 *fr.* :   2 432
412. —   36 882 261 *lit.* :   6 708
413. —   17 456 709 *mèt.* :   2 432
414. —   78 456 078 *mèt.* :   8 709
415. —   845 608 056 *mèt.* :   8 395
416. —   2 456 816 700 *mèt.* :   30 951
417. —   1 814 392 764 *fr.* :   129 618
418. —   5 621 662 900 *lit.* :   74 968
419. —   1 814 399 433 *mèt.* :   27 996
420. —   4 709 160 015 *lit.* :   64 590
421. —   5 487 645 609 *mèt.* :   154 908
422. —   59 940 273 115 785 *mèt.* :   9 208 706

Nombres terminés par des zéros (N° 84).

423. —   4 567 500 *fr.* :   700
424. —   32 456 600 *mèt.* :   7 100
425. —   94 000 540 *mèt.* :   84 000
426. —   524 250 000 *lit.* :   750 000
427. —   90 000 000 *mèt.* :   45 090 000
428. —   8 400 070 000   :   7 000 500 000
429. —   949 900 000 600   :   74 000 050

Dividende plus petit que le diviseur (N° 78).

430. —   16 *fr.*   :   25
431. —   111 *mèt.*   :   125
432. —   63 *mèt.*   :   64
433. —   4 526 *mèt.*   :   5200
434. —   94 *mèt.*   :   1215
435. —   654 *mèt.*   :   9210
436. —   3 486 *fr.*   :   13944
437. —   1 100 *mèt.*   :   14254
438. —   84 945 *lit.*   :   169890
439. —   281 *mèt.*   :   54673
440. —   345 676 *mèt.*   :   2765408

Nombres décimaux.

441. —	5 *fr.* 6	:	0,8
442. —	457,2	:	1,2
443. —	643,8	:	5,3
444. —	1 542,6	:	9,6
445. —	770,4	:	4,8
446. —	784,05	:	0,71
447. —	1 840,50	:	1,25
448. —	24,54	:	0,27
449. —	92,80	:	3,25
450. —	1 608,75	:	82,50
451. —	412,50	:	9,15
452. —	634,52	:	0,58
453. —	1,708	:	0,025
454. —	0,436	:	0,176
455. —	54,246	:	0,125
456. —	2,4584	:	0,0025
457. —	1 540,608	:	38,40
458. —	1 715,25	:	34,20
459. —	64,296	:	7,2
460. —	210,38	:	13,4
461. —	4,845	:	1,9
462. —	35,175	:	17,5
463. —	54,825	:	2,45
464. —	84,725	:	9,75
465. —	456,850	:	12,5
466. —	136,875	:	42,6
467. —	5 216,02	:	41
468. —	7 673^{mt},4	:	52
469. —	673,20	:	18
470. —	486,525	:	104
471. —	7 456,05	:	315
472. —	14 912,1	:	63
473. —	3 139,245	:	248
474. —	45	:	0,18
475. —	17	:	24,2
476. —	840	:	2,45
477. —	225	:	54,8
478. —	2 156	:	1,375
479. —	347 700	:	45,6
480. —	34,6	:	1,45
481. —	146,80	:	74,6
482. —	245	:	1,24
483. —	849	:	0,0056
484. —	0,5248	:	0,32
485. —	150	:	74,4
486. —	0,315315	:	318,5
487. —	3 264	:	0,625
488. —	224,9540	:	54,8
489. —	839,99965	:	2,45
490. —	0,315315	:	637,
491. —	637	:	0,315315

492. —	0,0810495	:	0,001953
493. —	0,01 *litre*.	:	0,01
494. —	0,001	:	0,01
495. —	0,002	:	0,0002
496. —	0,6	:	0,06
497. —	0,5	:	5
498. —	0,004	:	0,0002
499. —	5	:	0,025
500. —	0,0001	:	0,01
501. —	0,7	:	70
502. —	0,05	:	0,0017
503. —	0,0007	:	14
504. —	36 *gram.*	:	0,00045
505. —	0,1	:	0,0001
506. —	0,162199	:	0,001953
507. —	0,16875	:	0,00375
508. —	1,378028	:	148
509. —	0,0003707248	:	0,007048
510. —	0,01087	:	0,000105439
511. —	1,377880	:	29,6
512. —	0,689014	:	74
513. —	54,3452	:	105
514. —	0,315315	:	0,00495
515. —	2 540	:	65,8

Problèmes sur la division.

88. — *On fait une division pour résoudre un problème :*
1º Quand il faut trouver combien de fois un nombre en contient un autre ;

2º Quand il faut partager un nombre en plusieurs parties égales, par exemple, une somme entre plusieurs personnes. — (Si l'on connaît le prix de plusieurs mètres, on trouve le prix d'un mètre seul par une division.)

3º Quand on cherche l'un des facteurs d'un produit connaissant ce produit et l'autre facteur.

[Avant de faire faire les problèmes sur la division, il faut exercer les élèves à résoudre oralement des questions de ce genre :
1º Combien faut-il de pièces de 2 fr. pour faire 10 fr. ?
2º Six enfants doivent se partager 42 pommes ; combien chacun d'eux aura-t-il de pommes ?
3º 4 mètres de marchandises ont coûté 12 fr. ; quel est le prix du mètre ?
4º Quel est le nombre qui, étant multiplié par 6, donne 30 au produit ?]
Voir *Premiers exercices*, page 36.

516. — Combien faut-il de pièces de 5 fr. pour faire un sac de 1000 fr. ?

517. — Un homme qui dépense 14 fr. par semaine veut savoir en combien de semaines il dépensera 728 fr.

518. — Partagez 720 fr. entre six personnes et dites la part qui revient à chaque personne.

519. — Sept mètres de drap viennent d'être payés 112 fr.; combien est-ce le mètre?

520. — Un ouvrier a gagné 105 fr. en quinze jours; combien a-t-il gagné par jour?

521. — Une pièce de 5 fr. pèse 25 grammes; combien y **a-t-il** de ces pièces dans une somme qui pèse 2725 grammes?

522. — Quelqu'un possède un revenu annuel de 1460 fr.; **combien** peut-il dépenser par jour, l'année étant de 365 jours?

523. — A raison de 17 fr. le mètre, combien aura-t-on de **mètres** pour 357 fr.?

524. — Donnez-moi la douzième partie de 306 fr.

525. — Combien, avec 306 fr., peut-on acheter de mètres de drap à 12 fr. 75 le mètre?

526. — Vingt-trois pêcheurs ont à se partager une somme de 8450 fr.; dites la part de chacun.

527. — Par quel nombre a-t-on multiplié 24 pour trouver **au** produit 936?

Exercices de calcul mental.

[La solution des problèmes offre souvent de grandes difficultés aux commençants; le moyen qui nous a le mieux réussi pour vaincre ces difficultés consiste à calquer sur l'énoncé du problème une question que les enfants puissent résoudre à l'instant par le calcul mental. En voici quelques exemples appropriés aux problèmes nos 528 et suivants. Le maître pourra très-utilement appliquer ce procédé à toute la série; il pourra même obliger les élèves à calquer eux-mêmes la question sur le problème en employant de petits nombres. Il importe, en outre, de faciliter aux enfants la parfaite intelligence des énoncés, en donnant tous les développements qu'ils comportent et en adressant aux élèves un grand nombre de questions analogues à celles que l'on trouvera à la suite de quelques problèmes.]

1° — Une personne me doit 8 fr. et une autre 3 fr.; si elles me payent, quelle somme recevrai-je?

2° — Quelqu'un doit 6 fr. à son boulanger, 8 fr. à son boucher, 5 fr. à son tailleur, 7 fr. à son bottier, que doit-il en tout?

3° — Un homme en mourant a donné 200 fr. aux pauvres et 1800 fr. pour des fondations pieuses; que reste-t-il à ses héritiers sachant que sa fortune est de 8000 fr.?

4° — J'avais 15 billes, j'en ai perdu 4, puis j'en ai gagné 7, enfin j'en ai donné 6; combien ai-je de billes après cela?

5° — Un enfant reçoit 2 fr. de son papa tous les mois, combien reçoit-il par an?

6° — Cinq paniers pleins de pommes en contiennent chacun 2 douzaines, quel est le nombre total des pommes contenues dans les cinq paniers?

7° — 4 ouvriers ont travaillé pendant 3 jours à raison de 2 fr. par jour pour chaque ouvrier; quelle somme faut-il pour les payer tous?

8° — Partagez entre 4 pêcheurs le prix de 2 barils de harengs à raison de 34 fr. le baril

Problèmes sur l'addition, la soustraction, la multiplication et la division.

528. — Une personne me doit 78 fr. et une autre 105 fr. 80; si elles me paient, quelle somme recevrai-je?

529. — Quelqu'un doit 45 fr. à son boulanger, 18 fr. 25 à son boucher, 30 fr. à son tailleur, et enfin 18 fr. 75 à son bottier; on demande ce qu'il doit en tout.

530. — Un homme, en mourant, a donné 5400 fr. aux pauvres et 12045 fr. pour des fondations pieuses; que reste-t-il à ses héritiers, sachant que sa fortune est de 87645 fr. ?

531. — J'avais 156 fr. 40, j'ai perdu 54 fr. 60, j'ai gagné 157 fr., et enfin j'ai payé 165 fr. 45 que je devais; dites ce que je possède.

532. — Un domestique reçoit 36 fr. par mois; combien gagne-t-il par an?

533. — Cinq paniers pleins de pommes en contiennent chacun 8 douzaines; quel est le nombre total des pommes contenues dans les 5 paniers?

534. — 28 ouvriers ont travaillé pendant 12 jours à raison de 2 fr. 25 par jour pour chaque ouvrier, quelle somme faut-il pour les payer tous?

535. — Partagez entre 17 pêcheurs le prix de 64 barils de harengs, à raison de 34 fr. le baril.

536. — On a récolté 3,000 bottes de foin et l'on en a déjà vendu 1250; combien en reste-t-il encore à vendre?

Exercice oral. — Combien 3 mille font-ils de cents? et 1250? si de 30 cents on ôte 12 cents et demi, que reste-t-il?

537. — Un bateau armé pour la pêche du maquereau en a pris 42000; quel est le prix de cette pêche à raison de 0 fr. 23 chaque maquereau?

À 0 fr. 23 le poisson, combien la dizaine? le cent? le mille?

538. — Un maître emploie 84 ouvriers dont 26 sont payés 2 fr. par jour; 30, 1 fr. 75, et les autres, 1 fr. 50; à combien s'élève par jour le salaire de tous ces ouvriers?

539. — Un marchand a acheté une pièce de drap de 47 m. 20, à raison de 16 fr. 50 le mètre; il la revend 18 fr. 25 le mètre; combien gagne-t-il?

540. — Un marchand de vin en a acheté 1500 litres à raison de 0 fr. 35 le litre; il les a revendus 0 fr. 45 le litre; combien a-t-il gagné?

Que gagne-t-on sur 1 litre? sur 1500 litres?

541. — Avec un hectolitre de blé qui coûtait 21 fr. 60, on a fait 12 pains de chacun 6 kilogrammes. A combien revient le kilogramme de ce pain?

542. — A 45 fr. le mille de briques, combien est-ce le cent, la dizaine et la pièce?

543. — Lorsqu'un objet revient à 0 fr. 15, combien est-ce la dizaine, le cent, le mille?

Résoudre ces deux derniers problèmes de vive voix et par écrit.

544. — On veut savoir le poids de l'huile contenue dans un vase qui pèse vide 3 kil. 5, et 29 kil. quand il est rempli.

545. —Une maison coûtait 6840 fr. ; combien l'a-t-on revendue, sachant qu'on a perdu 560 fr. 50?

546. — Quel est le prix de 18 kilogrammes de beurre à 1 fr. 10 le demi-kilogramme ?

Combien de demi kilo pour faire un kilo ? A 1 fr. 10 le demi-kilo, comb. le kilo?

547. — Trois ouvriers se sont partagé une certaine somme : le 1ᵉʳ a reçu 90 fr., le second, 27 fr. de plus que le 1ᵉʳ, et le 3ᵉ, 8 fr. de plus que le second ; quelle est la somme partagée et la part de chacun?

548. — Un épicier reçoit cinq paniers de chacun 7 douzaines d'oranges ; quelle somme doit-il si chaque orange vaut 0 fr. 075?

549. — Un particulier a donné 150 fr. en espèces et un billet de 200 fr. ; on lui a rendu 7 fr. 25 ; combien devait-il ?

550. — On vient de me livrer 42 fagots à raison de 95 fr. le cent: combien dois-je payer?

A 95 fr. le cent, combien la pièce? combien la dizaine ? le mille ?

551. — Si l'on prend 1 fr. 75 pour la confection d'une chemise, combien en coûtera-t-il pour trois douzaines et demie ?

Combien tont 3 douzaines et demie ? 4 douzaines ? 6 douzaines et demie ? etc.

552. — Un journalier me devait 17 fr. ; il m'a fait 7 journées de chacune 0 fr. 90; que me doit-il encore ?

553. — Pour tapisser un appartement, on a employé 7 mains de papier gris à 0 fr. 55 la main, et 18 rouleaux de papier de tenture à 1 fr. 25 le rouleau; combien pour le tout ?

554. — Un tailleur m'a fait 7 journées de travail à 1 fr. 25 par journée ; il a fourni 2 m. 40 de doublure à 0 fr. 85 le mètre et une garniture de boutons de 2 fr. 25 ; combien dois-je lui payer pour le tout ?

555. — J'ai acheté 65 m. de toile à 1 fr. 75 le mètre et 13 mètres d'une autre toile à 2 fr. 15 le mètre ; combien dois-je payer ?

556. — Pour faire un tonneau de cidre, on a acheté 32 hectolitres de pommes à 1 fr. 75 l'hectolitre ; les frais de pressurage se montent à 12 fr. 25. On demande le prix du tonneau de cidre ainsi obtenu.

557. — Combien y a-t-il de lignes dans un volume de 375 pages, chaque page étant de 29 lignes?

558. — Quel est le prix de trois douzaines de fagots à 1 fr. 15 la pièce?

559. — Un ouvrier gagne 2 fr. 90 par jour; combien gagne-t-il en quatre semaines de chacune 6 jours?

560. — Quelqu'un offre une pièce de toile de 24 m. à 2 fr. 50 le mètre contre 5 m. d'un drap estimé 15 fr. le mètre ; combien doit-il payer en sus?

561. — 8 ouvriers travailleront chez moi toute la semaine ; je donne à chacun 1 fr. 45 par jour; quelle somme me faudra-t-il pour les payer samedi soir?

562. —Je dois payer 2 paires de bas de chacune 1 fr. 85 et une paire de souliers de 8 fr. 50; quelle somme me faut-il ?

563. — Deux barriques de cidre, l'une de 260 litres et l'autre de 240, sont vendues à raison de 0 fr. 075 le litre, combien le tout ?

564. — Un individu dépense pour 0 fr. 05 de tabac par jour ; à combien se monte par an sa dépense pour cet objet ?

Combien de jours dans l'année ? dans un mois ?

565. —Combien aura-t-on de demi-kilogrammes de pain pour 18 fr. 25, si chaque kilogramme vaut 0 fr. 25 ?

Combien un kilo vaut-il de demi-kilos ? A 0 fr. 25 le kilo, comb. le demi-kilo?

566. — Un cheval coûtait 415 fr. il y a un an ; on vient de le revendre 850 fr., combien gagne-t-on ?

567. — Quelqu'un a acheté un cadre 12 fr. 75 ; combien doit-il le revendre s'il veut gagner 3 fr. 40 ?

568. — Paul a reçu pour ses étrennes, de son oncle, 1 fr. 50 ; de sa tante, 1 fr. 25, de son parrain, 2 fr., et de son grand-père, 0 fr. 75 ; à combien se montent ses étrennes ?

569. — Un fonctionnaire reçoit 175 fr. tous les trois mois ; combien reçoit-il par an ?

Combien de mois dans l'année ? combien de fois 3 mois ?

570. — Je paie 67 fr. de contributions ; déjà, j'ai versé au percepteur d'abord 32 fr. 50, puis 17 fr. ; combien dois je encore ?

571. — Une petite ferme se compose d'un jardin de 15 ares ; de deux herbages de chacun 65 ares ; d'un pré de 42 ares ; d'une pièce en labour de 120 ares et d'une autre de 37 ares. On demande la superficie totale de la ferme, si les bâtiments et la cour occupent un espace de 10 ares.

572. — Une personne a eu 22 ans en 1849 : à quelle époque aura-t-elle 50 ans ?

573. — L'église Notre-Dame de Paris fut commencée en 1162 ; combien faut-il encore attendre d'années, à partir de 1856, pour qu'elle ait 800 ans d'existence?

574. — Un employé a dépensé, dans l'année, 450 fr. pour sa nourriture et 125 fr. pour ses habits ; son logement lui coûte 15 fr. par mois ; ses dépenses payées, il lui reste 210 fr. ; quel est le montant de son traitement?

Combien coûte par an ce qui coûte 12 fr par mois?

575. — Mon tailleur me présente son mémoire montant à 174 fr. 50 ; il se trouve qu'un pantalon de 29 fr. 50 et un gilet de 7 fr. 75 y figurent par erreur : à quelle somme se réduit ce mémoire ?

576. — Pour payer les gages d'un domestique pendant un an, on lui donne 3 pièces de 20 fr., 16 pièces de 5 fr. et 5 pièces de 2 fr. ; combien ce domestique gagne-t-il par an ?

Combien font 3 fois 20 ? 5 fois 16 ? 5 fois 2 ? total ?

577. — Un blâtier a acheté 35 sacs de grain de chacun deux hectolitres à raison de 18 fr. 75 l'hectolitre ; quelle somme lui faut-il pour payer cet achat ?

578. — On veut partager 760 fr. entre 30 personnes ; les 16 premières doivent avoir chacune 30 fr. ; les autres se partagent le reste. Dire ce qui revient à chacune.

579. — Un panier contenait 132 pommes : on en a vendu 7 douzaines et demie ; combien en reste-t-il ?

Combien font 7 douzaines ? et 7 douzaines et demie ?

580. — On m'a vendu une barrique de cidre de 430 litres à raison de 0 fr. 30 le double litre ; j'ai donné 35 fr. ; combien dois-je encore ?

Combien le double litre vaut-il de litres ? A 0 fr. 30 le double litre, comb. le litre ?

581. — Le pain vaut 0 fr. 35 le kilog. J'ai livré à un boulanger 85 fagots à 0 fr. 95 la pièce. Combien doit-il me fournir de kilog. de pain pour me payer ?

582. — Une personne a eu 26 ans en 1853 ; à quelle époque aura-t-elle 65 ans ?

583. — Une famille dépense par semaine pour 6 fr. 50 de pain ; pour 2 fr. 25 de viande ; pour 1 fr. 05 de cidre ; pour 0 fr. 75 de légumes et pour 3 fr. 15 d'autres objets. Quelle sera la dépense totale au bout de l'année ?

Combien de semaines dans l'année ?

584. — Un père laisse en mourant une fortune de 71350 fr. à partager entre ses 4 enfants ; combien revient-il à chacun ?

585. — On a payé 770 fr. à une troupe d'ouvriers qui ont reçu chacun 2 fr. 75. Quel est le nombre de ces ouvriers ?

586. — Il faut un décalitre de semence pour 3 ares de terrain ; combien en faudra-t-il pour ensemencer 144 ares ?

Combien y a-t-il de fois 3 en 144 ?

587. — Une rame de papier se compose de 20 mains et chaque main de 25 feuilles, combien y a-t-il de feuilles dans une rame ?

Combien font 10 fois 25 ? et 2 fois 10 ou 20 fois ?

588. — Un marchand m'a vendu 4 m. 15 de drap à 14 fr. 50 le mètre ; je lui ai fourni 17 kil. de beurre à 1 fr. 85 le kilog., combien dois-je encore au marchand ?

589. — Une maison neuve a 9 croisées de chacune 8 carreaux et 5 autres petites croisées de chacune 6 carreaux. Les grands carreaux valent 0 fr. 65 la pièce et les petits 0 fr. 45. Combien coûtera la vitrerie de cette maison ?

590. — Quel est le prix de trois douzaines et demie de fagots à 95 fr. le cent ?

591. — Sur la somme de 220 fr., 9 ouvriers ont pris chacun 12 fr. 50, combien 25 autres ouvriers auront-ils chacun en se partageant le reste ?

592. — Dites le prix de 17 paniers d'huîtres de chacun 13 douzaines à raison de 14 fr. 75 le mille ?

Combien font 13 fois 12 ou 13 douzaines ?

593. — J'ai acheté 27 planches de sapin de chacune 4 m. 25 de long à 0 fr. 80 le mètre, et 9 planches de chêne de chacune 3 m. 25 de long à 1 fr. 55 le mètre ; j'ai donné 80 fr. ; combien dois-je encore ?

594. — On a vendu 6 fr. 75 le mètre d'une étoffe qui ne coûtait que 5 fr. 90. On demande le bénéfice qu'on a fait sur une pièce de 36 mètres.

Que gagne-t-on lorsqu'on revend 6 fr. 75 ce qui ne coûtait que 5 fr. 90 ?

595. — Un ouvrage a été fait en 64 jours par 6 ouvriers qui travaillaient 11 heures par jour ; combien un ouvrier eût-il employé d'heures pour faire seul cet ouvrage ?

596. — Je dépense 1 fr. 25 par jour pour ma nourriture ; 12 fr. par mois pour mon logement ; 150 fr. par an pour mes habits ; quelle sera ma dépense totale de l'année si je fais pour 45 fr. d'autres dépenses ?

597. — 15 ouvriers ont travaillé pendant 5 semaines, les dimanches exceptés, à raison de 3 fr. 25 pour 5 d'entre eux, et de 2 fr. 75 pour les autres ; quelle somme faut-il pour les payer tous ?

598.—On paye 2812 fr. 50 pour 12500 bottes de foin ; à combien revient la botte ?

A 0 fr. 225 la botte, combien le mille ? le cent ?

599. — Partagez une somme de 12540 fr. entre 3 personnes. Quel est le tiers de 12000 ? de 54 ? de 540 ?

600. — Un tonneau de cidre de 1500 litres coûte 95 fr. d'achat, 9 fr. 50 de droits et 8 fr. de transport ; à combien revient le double litre ?

601. — On propose de partager 7350 fr. en trois parts, de manière que la 2e soit de 925 fr. de moins que la 1re, laquelle doit être de 3000 fr. ; quelle sera la 3e ?

602.—On a vendu 37 m. 5 de marchandise pour 618 fr. 75, et l'on a gagné 2 fr. par mètre ; combien avait coûté le mètre de cette marchandise ?

603. — Lorsque le pain vaut 0 fr. 55 le kilog., combien en aurait-on pour le prix de 16 kilog. de beurre à 2 fr. 20 le kilog. ?

604.—On achète 56 fr. une caisse de savon qui pèse 72 kilog. 5 ; la caisse vide pèse 8 kilog. 5. A combien revient le kilog. de savon ?

605. — Une personne dépense 3 fr. 50 par jour ; en combien de mois dépensera-t-elle 630 fr. ?

Combien compte-t-on de jours dans un mois ? Combien font 30 fois 3 fr. 50 ?

606. — Une femme, en 9 jours, a fait 2 m. 45 de dentelle. On la lui a payée à raison de 4 fr. 75 le mètre ; combien a-t-elle gagné par jour ?

607. — Un marchand doit 500 fr. 25 ; combien doit-il vendre de mètres d'un drap qui vaut 14 fr. 50 le mètre pour acquitter sa dette ?

608. — Un ouvrier a gagné 1027 fr. dans une année ; combien a-t-il travaillé de jours, sachant qu'il gagne 3 fr. 75 par jour ?

609. — Un ouvrier gagne 657 fr. par an ; il en met le sixième de côté et dépense le reste ; combien dépense-t-il par jour ?

Qu'est-ce que le sixième d'un nombre ?

610. — A combien revient la feuille d'une rame de papier qui coûte 5 fr., sachant que la rame contient 20 mains et que la main est de 25 feuilles ?

611. — Trouvez le prix de deux cents et demi de foin à 0 fr. 35 la botte.

612. — On a payé 86 fr. 40 pour la vitrerie de 9 croisées de chacune 16 carreaux ; à combien revient le carreau ?

Combien font 9 fois 16 ?

613. — Combien aurait-on de pains de 6 kilog. pour 113 fr. 40 lorsque le kilog. de pain vaut 0 fr. 45 ?

614. — Un enfant lit un livre contenant 317 pages y compris 4 pages de titre et 5 de table qu'il ne lit pas. Il en a déjà lu 109 pages. Combien lui en reste-t-il encore à lire ?

615. — Combien aurait-on de pains de 3 kilog. pour 113 fr. 40 lorsque le kilog. vaut 0 fr. 45 ?

616. — Un ouvrier a fait 17 jours à 1 fr. 35 chez un homme à qui il devait 40 fr. ; combien doit-il encore ?

617. — Une maison coûtait 1340 fr. ; on a payé, pour les réparations, 257 fr. 45 au maçon, 86 fr. au menuisier et 26 fr. 55 au couvreur ; ensuite on l'a revendue 2060 fr. ; combien a-t-on gagné ?

618. — On revend 2 fr. 30 le mètre une marchandise qui ne coûtait que 1 fr. 95 ; combien gagnera-t-on sur 58 m. 60 ?

619. — On a besoin d'une corde longue de 27 m. 50. On en a deux longues, l'une de 10 m., l'autre de 8m,75 ; combien faut-il en prendre à même une troisième pour compléter la longueur dont on a besoin ?

620. — Une tante laisse la moitié de sa fortune à 5 neveux et l'autre moitié à 3 nièces ; quelle part revient-il à chacun si la fortune de la tante est de 15840 fr. ?

621. — Je me suis avisé de compter mes pas en marchant, et j'ai trouvé que j'en fais 7260 en une heure ; combien par minute ?

Combien de minutes dans une heure ? et d'heures dans un jour ?

622. — On a payé 315 fr. pour 15 douzaines de mouchoirs qu'on a revendus 337 fr. 50. Combien a-t-on gagné par douzaine ?

623. — Un ouvrier s'est engagé à faire 486 m. d'ouvrage en 25 jours. Combien doit-il en faire par jour pour remplir son engagement ?

624. — Un journalier gagne 1 fr. 75 par jour, il dépense 1 fr. 10. En combien de jours aura-t-il économisé le loyer de sa maison qui est de 52 fr ?

625. — Le père gagne 2 fr. 40 par jour, le fils 1 fr. 75. Quelle est l'économie d'une semaine si la dépense est de 18 fr. ?

626. — Quelqu'un vient d'acheter un chapeau et a donné en payement une pièce de 5 fr., 3 de 2 fr., 4 de 0 fr. 50 et 5 de 0 fr. 20. Dire le prix du chapeau.

627. — On a acheté une pièce de terre de 136 ares pour 4964 fr. ; combien est-ce l'are ?

628. — 48 ares de terre labourable ainsi qu'un herbage de 75 ares sont à vendre. On estime la terre labourable 85 fr. l'are, et l'herbage 42 fr. l'are ; combien le tout ?

629. — Quatre marchands associés ont partagé d'abord un bénéfice de 10350 fr. ; mais ils viennent d'essuyer une perte de 7094 fr. A combien se réduit le bénéfice de chaque associé ?

SYSTÈME METRIQUE.

NOTIONS HISTORIQUES.

89. — Autrefois, chaque province et, pour ainsi dire, chaque ville et chaque village de France avaient leurs mesures particulières. Ainsi, pour ne parler que des mesures de longueur, à Paris, on se servait de la *toise* ou de l'*aune*; à Montpellier, de la *canne*; ailleurs du *pied*, etc., etc., et il y avait des toises, des aunes, des cannes et des pieds de différentes valeurs.

90. — Il résultait de là une telle confusion dans la manière de compter, qu'il était presque impossible à un habitant du Midi de se faire entendre au Nord ; et cela était la source d'une foule de difficultés, d'erreurs et de procès.

91. — Dans le but de faire disparaître ces inconvénients, l'Assemblée nationale décida, en l'an 1790, qu'il était nécessaire de chercher une nouvelle mesure qui pût remplacer les anciennes, et être employée, non-seulement en France, mais dans tous les pays du monde.

92. — On ne pouvait adopter aucune des mesures alors en usage, car chaque province aurait demandé la préférence pour les siennes, et il n'y avait, en France, aucun système de mesures assez simple pour mériter d'être suivi.

93. — Des savants français et étrangers furent donc chargés de mesurer, avec tout le soin possible, la longueur du quart de la circonférence de la terre, qui est ronde comme une boule ; et, après sept années de travail, ils trouvèrent que cette longueur était de 5130740 *toises*. (L'ancienne toise de Paris valait 1^m,949.)

94. — Quand la longueur du quart du méridien fut déterminée, on construisit, en platine, une règle exactement égale à la dix-millionième partie de cette longueur, et on l'appela *mètre*. Ce mètre fut déposé aux archives de l'Etat, à Paris, où on le conserve très-précieusement.

95. — Le mètre ou mesure principale une fois trouvé, on en déduisit les autres mesures qui composent le système métrique, et un décret du 10 décembre 1799, ordonna que ces nouvelles mesures seraient désormais les seules employées.

96. — Cependant, c'est seulement depuis 1840 que le système métrique est définitivement usité en France.

97. — Il a aussi été adopté en Belgique, en Italie, en Suisse, en Suède, en Espagne, au Chili, etc, et il y a lieu d'espérer que beaucoup d'autres nations l'adopteront prochainement, car il est à la fois simple et durable (puisqu'on pourrait toujours retrouver l'unité (*), et il convient à tous les peuples.

(*) La longueur du pendule qui bat les secondes à Paris est de 994 millimètres.

Extrait de la loi du 4 juillet 1837.

Art. 3. — A partir du 1ᵉʳ janvier 1840, tous poids et mesures autres que les poids et mesures établis par les lois constitutives du système métrique sont interdits sous les peines portées par l'art. 479 du Code pénal (*).

Art. 4. — Ceux qui auront des poids et mesures autres que les poids et mesures ci-dessus reconnus, dans leurs magasins, ateliers, ou dans les halles, foires et marchés, seront punis comme ceux qui les emploieront.

Art. 5. — A compter de la même époque, toutes dénominations de poids et mesures autres que celles reconnues par la loi, sont interdites dans les actes publics, ainsi que dans les affiches et les annonces. — Elles sont aussi interdites dans les actes sous seing privé, les registres de commerce et autres écritures privées produits en justice. — Les officiers publics contrevenants seront passibles d'une amende de 20 fr. — L'amende sera de 10 fr. pour les autres contrevenants, elle sera perçue par chaque acte ou écriture sous signature privée ; quant aux registres de commerce, ils ne donneront lieu qu'à une seule amende pour chaque contestation dans laquelle ils seront produits.

Art. 7. — Les vérificateurs de poids et mesures constateront les contraventions prévues par les lois concernant le système métrique des poids et mesures. Ils pourront procéder à la saisie des instruments de pesage ou de mesurage dont l'usage est interdit.

Nota. — Toute personne qui reçoit une pièce fausse doit la remettre au maire ou au commissaire de police.

____

(*) L'art. 479 nᵒ 6 du code pénal applique une amende de 11 à 15 fr., à ceux qui emploient des poids et mesures différents de ceux que la loi établit.

La loi du 27 mars 1851 punit le commerçant qui fait usage de faux poids et de fausses mesures d'une amende de 50 à 200 fr., et d'un emprisonnement de 1 à 3 mois. Le simple détenteur de faux poids et de fausses mesures est passible d'une amende de 16 à 25 fr., et d'un emprisonnement de 6 à 10 jours.

Questionnaire sur les notions historiques, p. 45,
et sur la loi du 4 juillet 1837.

Autrefois, se servait-on des mêmes mesures dans toute la France ? 89. — Que résultait-il de là ? 90. — Que fut-il décidé en 1799 ? 91. — Pourquoi ne prit-on pas quelques-unes des mesures alors en usage ? 92. —Que firent les savants ? 93. — Comment le premier *mètre* fut-il construit ? 94. — Le mètre une fois trouvé, que fit-on ? 95. — Depuis quelle année le système métrique est-il définitivement adopté en France ? 96. — Y a-t-il quelques pays qui se servent de nos poids et mesures ? 97. — Quels avantages présente le système métrique? 97.

Est-il permis, en France, de se servir des anciens poids et mesures ? Art. 3. — Est-il permis aux marchands d'avoir chez eux d'anciens poids et mesures, alors même qu'ils ne s'en serviraient pas ? Art. 4. — De quelle peine sont punis ceux qui ont de faux poids ou de fausses mesures ? V. *la note.* — Peut-on se servir des anciens noms des poids et mesures dans les affiches ou dans les actes ? Art. 5. — Que font les vérificateurs qui trouvent d'anciens poids et mesures ? Art. 7. — Que doit faire une personne qui reçoit une pièce fausse ? *Nota.*

SYSTEME MÉTRIQUE.

NOTIONS PRELIMINAIRES.

98. — Le *système métrique* est un ensemble de mesures basées sur le *mètre*.

99. — On l'appelle système *légal*, parce qu'il est seul autorisé par la loi.

Au n° 3, on a déjà vu que

100. — Il y a six unités ou mesures principales :

1° Le MÈTRE, pour les *longueurs* ;
2° L'ARE et le MÈTRE CARRÉ, pour les *surfaces* ;
3° Le STÈRE ou le MÈTRE CUBE, pour les *volumes* ;
4° Le LITRE, pour les *contenances* ;
5° Le GRAMME, pour les *poids* ;
6° Le FRANC, pour les *monnaies*.

101. — Comme il y a des longueurs et des surfaces très-grandes et d'autres très-petites ; des corps très-lourds et d'autres très-légers, et que la même mesure serait souvent ou trop grande ou trop petite, on a adopté sept mots qui se placent avant chaque unité, et qui indiquent des mesures de 10 en 10 fois plus grandes ou de 10 en 10 fois plus petites.

102. — Pour indiquer les mesures de 10 en 10 fois plus grandes que l'unité, on emploie les mots suivants, tirés du grec :

DÉCA, qui signifie *dix* ;
HECTO,   *cent* ;
KILO,   *mille* ;
MYRIA,   *dix mille*.

103. — Pour indiquer les mesures de 10 en 10 fois plus petites, on se sert des mots suivants, tirés du latin :

DÉCI, qui signifie *dixième* ;
CENTI,   *centième* ;
MILLI,   *millième*.

104. — Les mesures de 10 en 10 fois plus grandes que l'unité se nomment *multiples*.

105. — Les mesures de 10 en 10 fois plus petites que l'unité se nomment *sous-multiples*.

(L'élève dira ou écrira ce que signifient les mots suivants.)

630. — Myriamètre,
   Kilomètre,
   Hectomètre,
   Décamètre,
   Décimètre,
   Centimètre,
   Millimètre,
   Hectare,
   Centiare,

631. — Décastère,
   Décistère,
   Kilolitre
   Hectolitre,
   Décalitre,
   Décilitre,
   Centilitre,
   Myriagramme,
   Kilogramme,

632. — Hectogramme,
   Décagramme,
   Décigramme,
   Centigramme,
   Milligramme,
   Hectomètre,
   Myriagramme,
   Centilitre,
   Décalitre,

633. — Décilitre,
   Hectare,
   Centigramme,
   Kilomètre,
   Millimètre,
   Centiare,
   Myriamètre,
   Décastère,
   Décistère,

Manière de lire et d'écrire les nombres métriques.

106. — Dans les nombres du système métrique, les *myria*
se placent au rang des *dizaines de mille*; les *kilo*, au rang
des *mille*; les *hecto*, au rang des *centaines*; les *déca*, au rang
des *dizaines*; les *déci*, au rang des *dixièmes*; les *centi*, au rang
des *centièmes*; et les *milli*, au rang des *millièmes*.

4 Myria	3 Kilo	2 Hecto	1 Déca	0 Unité	1 Déci	2 Centi	3 Milli	(*)

107. — Les nombres du système métrique peuvent se lire et
s'écrire comme les nombres décimaux (nᵒˢ 31, 32).

108. — *Pour lire un nombre représentant des unités métri-*
ques, on lit d'abord la partie entière (à gauche de la virgule), puis on lit la partie décimale (à droite de la virgule), comme si c'était un nombre entier, et on lui donne
le nom de la dernière subdivision de l'unité.

109. — On peut aussi lire un nombre représentant des unités
métriques en donnant à chaque chiffre le nom de l'unité qu'il
représente.

110. — *Pour écrire un nombre représentant des unités mé-*
triques, on écrit d'abord les entiers, à droite desquels on
met une virgule; on écrit ensuite la fraction décimale, en
ayant soin de placer son dernier chiffre au rang de la plus
petite subdivision d'unité donnée.

(*) Tenez strictement à ce que l'élève sache réciter, dans cet ordre et sur
ses doigts, cette liste de mots, soit en commençant par *myria*, soit en commençant par *milli*. — On dira *myria* sur le pouce gauche.

Nombres à lire et à écrire en lettres.

[Les unités principales se représentent en abrégé par leur première lettre: *mètre* par *mèt.* ou *m.*; *are* par *ar.* ou *a.*; *stère* par *st.* ou *s.*; *litre* par *lit.* ou *l.*, *gramme* par *gram.*, *gr.* ou *g.*; *franc* par *fr.* ou *f.* — Les multiples et les sous-multiples se représentent par leur première lettre qu'on fait suivre de l'unité écrite en abrégé comme ci-devant. Seulement, pour ne pas confondre les *déca* avec les *déci*, les *myria* avec les *milli*, on met une majuscule pour les multiples : *D*^m se lit donc *décamètre*, et *d*^m *décimètre*.]

M.   K.   H.   D.   U.,   d.   c.   m.

4^{m},6	53^{a},25	25st,5
34 ,54	2 ,05	0 ,4
172 ,04	0 ,45	726
0 ,725	743 ,20	9 ,5
11 ,006	70 ,08	9 ,1
0 ,9	0 ,50	12 ,7
2^{l},4	51^{g},4	4^{f},50 (*)
13 ,24	3 ,85	17 ,8
325 ,07	162 ,426	0 ,425
1 ,42	0 ,025	117 ,075
18 ,	17 ,05	0 ,25
210 ,54	128 ,004	76 ,15

4^{Mm},4	17^{Hm},807	14^{Hl},25
12 ,25	0 ,4	0 ,8
0 ,745	312 ,45	310 ,454
1 ,3256	8 ,7	8 ,0
29 ,8	70 ,425	19 ,35
4 ,56	6 ,2465	417 ,007
32^{Dm},2	29^{Kg},3	3^{dm},25
115 ,25	0 ,128	21 ,3
0 ,835	172 ,95	0 ,42
38 ,9	0 ,5	7 ,9
9 ,46	75 ,250	1 ,4
718 ,006	4 ,52	76 ,7
0^{m},17	2^{Hlt},04	12^{Kn},5
0 ,3	0 ,5	7 ,04
0 ,748	21 ,75	318 ,125
0 ,04	9 ,04	0 ,0752
0 ,007	118 ,0	9 ,00456
0 ,08	4 ,009	74 ,29

(*) Les sous-multiples du franc se lisent : *décime, centime, millième.*

Nombres à écrire en chiffres (*).

634. — Quarante mètres vingt-cinq centimètres,
Neuf mètres huit centimètres,
Quatre-vingt-dix-huit mètres cent douze millimètres,
Cent quinze mètres trois décimètres,
Cinquante-quatre mètres soixante centimètres,

635. — Six ares quarante-cinq centiares,
Deux cent quinze ares quatre-vingts centiares,
Quatre-vingt-douze ares neuf centiares,
Soixante-quinze centiares,
Cent huit ares cinquante-deux centiares,

636. — Huit stères cinq décistères,
Vingt-neuf stères, un décistère,
Cent trente-neuf stères huit décistères,
Quatre-vingt-dix-neuf stères,
Six décistères,

637. — Douze litres quatre décilitres,
Quatre-vingt-quatre litres cinq centilitres,
Soixante-quinze centilitres,
Deux cent cinquante-quatre litres,
Six cent quarante-sept litres huit décilitres,

638. — Cinq cents gram. (demi-kil., ancienne liv.),
Onze grammes soixante-quinze centigrammes,
Deux cent cinquante grammes (demi-livre),
Sept cent cinquante-cinq milligrammes,
Cent vingt-cinq grammes (ancien quart de livre),

639. — Quinze francs vingt-cinq centimes.
Quatre cent onze francs trois décimes,
Trois francs sept cent vingt-cinq millièmes,
Deux mille cent quatre-vingt-onze francs,
Cinq centimes,

640. — Onze myriamètres sept kilomètres,
Deux myriamètres cinquante-deux hectomètres,
Trente-six hectomètres,
Cinquante-trois myriamètres un kilomètre,
Sept kilomètres,

(*) Pour varier et multiplier les exercices, le maître fera écrire ces nombres en adoptant tantôt une unité, tantôt une autre.

Nombres à écrire en chiffres.

641. — Quarante-cinq mèt. deux cent un millim.,
Six décamètres huit mètres neuf décimètres,
Trois hectom. douze mètres vingt-sept centim.,
Dix-neuf décamètres quinze décimètres,
Cent quinze hectom. deux décam. seize millim.,

642. — Soixante-dix-huit ares quarante centiares,
Treize hectares quinze ares trente-deux cent.,
Huit hectares six ares soixante-quinze cent.,
Quatre-vingt-dix-huit hect. cinquante cent.,
Un hectare deux ares neuf centiares,

643. — Deux décast. cinq stères quatre décist.,
Trente décastères vingt-neuf décistères,
Cinquante-deux stères trois décistères,
Onze décastères neuf stères,
Dix décastères cinquante-trois décistères,

644. — Six cent soixante-dix-huit lit. trois décil
Deux hectol. un décal. trois lit. quatre cent.,
Quatre kilolitres vingt-cinq litres neuf décil.,
Cinquante-trois décalitres quinze décilitres,
Un kilolitre trois décalitres neuf centilitres,

645. — Dix-huit kilog. cent vingt-cinq gram.,
Cent deux kil. trois décag. six grammes,
Sept kilog. six cent soixante-quinze décigr.,
Un myriagr. trente-cinq décag. neuf décigr.,
Cinq hectogr. quatre cent dix-huit milligr.,

646 — Trente-deux hectolitres neuf litres,
Un kilolitre quatre décalitres vingt-cinq centil.,
Dix-huit décalitres neuf décilitres,
Seize hectolitres quinze décilitres neuf centilit.,
Deux mille quatre-vingt-quinze lit. cinq centil.,

647. — Neuf cent dix gram. cent quinze milligr.
Deux kilog. seize grammes neuf centigrammes,
Un myriagramme neuf hectogrammes,
Cinq hectogr. dix-sept décigr. trois milligr.,
Deux cent seize kilogr. cent vingt-cinq gram..

Réduction d'unités quelconques en unités inférieures ou supérieures.

1° Exercices pouvant se faire facilement de vive voix.

Soit à réduire 1 myriamètre en décamètres.

L'élève, qui sait par cœur l'ordre des multiples et sous-multiples (page 48), dit (après myria) : *kilo, hecto, déca,* 3 degrés ou 3 zéros à droite de l'1 font 1000; donc 1 *myriam. vaut mille décim.* — Il trouverait par le même procédé, par exemple, qu'*il faut cent millim. pour faire* 1 *décim.*, puisque cette question revient à celle-ci : *combien un décim. vaut-il de millim. ?*

648. — Combien un myriam. vaut-il de kilom. ?
d'hectom. ?
de décam. ?
de décim. ?
de centim. ?
de millim. ?
649. — Combien un kilog. vaut-il de décagr. ?
de décigr. ?
d'hectogr. ?
de centigr. ?
de milligr. ?
650. — Combien un hectol. vaut-il de décalit. ?
de décilit. ?
de centilit. ?
651. — Combien un décim. vaut-il de millim. ?
de centim. ?
652. — Combien de décag. pour faire un kilog. ?
un hectog. ?
un myriag. ?
653. — Combien de centil. pour faire un décil. ?
un kilol. ?
un décal. ?
un hectol. ?
654. — Combien de mil. pour faire un centim. ?
un myriam. ?
un hectom. ?
un décam. ?
un mètre. ?
un kilom. ?
un décim. ?

On peut encore, par le même procédé, faire résoudre, de vive voix, des questions de cette sorte : combien 100 décim. font-ils de décam.? Mais on y arrive plus facilement par le procédé suivant.

2° *Exercices écrits.*

Soit à réduire 1000 décim. en décam.

L'élève montre chaque chiffre en commençant par la droite et dit : *décimètre, mètre, décamètre,* et il place une virgule à droite du chiffre sur lequel il a dit *décamètre* (10,00), ce qui lui donne 10 ; donc 1000 *décim. font* 10 *décam.*

Soit encore à réduire 127^m,5 en hectom.

L'élève, partant de la virgule et allant vers la gauche, puisque les hectomètres sont nécessairement à gauche des mètres, dit : *mèt., décam., hectom.,* et il place la virgule à droite de l'1 (1,275) ; donc 127^m,5 *font* 1^H^m,275.

Soit enfin à réduire 3K^m,25 en décim.

L'élève, partant de la virgule et allant vers la droite (les décim. sont à droite des kilom.), dit en montrant chaque chiffre, *hectomètre, décamètre, mètre* (en écrivant un zéro), *décimètre* (en écrivant un nouveau zéro), et il obtient ainsi 32500 *décim. pour la valeur de* 3K^m,25.

655.— Combien d'*hectom.* dans 700 mèt. ?
               dans 30 décam. ?
               dans 10000 décim. ?
               dans 140000 mètr. ?
               dans 700000 centim. ?

656. — Combien de *kilog.* dans 7345 gram. ?
               dans 718 décagr. ?
               dans 27320 décigr. ?
               dans 9725 hectogr. ?
               dans 1 myriagr. ?

657.—Combien de *décalit.* dans 2 hectol. ?
               dans 87 litres ?
               dans 325 décil. ?
               dans 30750 centil. ?
               dans un kilolitre ?

658. — Combien de *gram.* dans 3^H^g,45 ?
               dans 325 centigr. ?
               dans 2^D^g, 18 ?
               dans 74566 milligr. ?
               dans 2 kilogr. ?

659. — Comb^n. d'*hectares* dans 325 ares?
dans 1256^a, 05?
dans 456700 centia. ?
dans 74567 ares ?
dans 102^a, 15 ?

660. — Comb. de *décim.* dans 12^m ?
dans 3^m,40?
dans 1 D^m, 18 ?
dans 725 m^m ?
dans 2 H^m, 0075 ?

661. — Comb. de *décist.* dans 48st ?
dans 3st,4 ?
dans 2 Dst ?
dans 13 Dst,2 ?
dans 1 Dst,24 ?

662. — Comb. de *mèt.* dans 1 K^m,7 D^m ?
dans 19 D^m,40^c ?
dans 1 M^m,4 H^m ?
dans 13^{dm},3 m^m ?
dans 174^{cm},8 m^m ?

663. — Combien de *lit.* dans 1 H^{lt},25^{dl} ?
dans 45 D^l,5^{cl} ?
dans 274^{dl},2^{cl} ?
dans 1 K^l,4 ?
dans 1 K^l,4 D^l ?

664. — Comb. de *kilog.* dans 7345^{gr},2^{mgr} ?
dans 37 H^g,15^{dg} ?
dans 8 M^g,75 D^g ?
dans 195 D^g,8 ?
dans 2 M^{g}17 H^g,3^g ?

665. — Comb. de *centim.* dans 2 D^m,7 d^m ?
dans 745 mil^m. ?
dans 2^m,45 m^m ?
dans 1 H^m,2^m ?
dans 1 K^m,748^{mm} ?

Opérations sur les nombres métriques.

111. — L'*addition* et la *soustraction* des nombres métriques se font comme celles des nombres décimaux, en ayant soin de poser les unités de même grandeur les unes sous les autres et de placer, dans tous les nombres, la virgule à droite de l'unité que l'on a choisie ou que demande la question.

112. — La *multiplication* et la *division* des nombres métriques se font aussi comme celles des nombres décimaux. Autant que possible, on ramène, dans ces opérations, les nombres donnés à l'unité principale : le mètre, l'are, etc., ou aux unités dont on demande le prix (*).

Problèmes sur l'addition et la soustraction.

666 — La taille d'une personne est de 1ᵐ,605, celle d'une autre est de 14 centimètres de plus. Quelle est la taille de cette dernière ?
Combien 14 centim. font-ils de millim.?

667. — Un propriétaire afferme à divers particuliers un herbage de 2ʜᵃ3ᵃ45 cent. ; une pièce en labour de 89 ares 5 cent. un pré de 3ʜᵃ, et enfin un jardin de 17ᵃ,25. De combien d'ares se compose cette propriété ?
Combien 3 hectares font-ils d'ares ?

668. — Un tonneau contenait 14 hectol. de liquide ; on en a tiré pour remplir un autre fût de 340 litres. Que reste-t-il dans le tonneau ?
Combien 14 hectol. font-ils de litres ?

669. — Une caisse de savon pesait 94 ᵏᵍ ; on en a déjà livré 48ᵏᵍ,8ᵍ. Qu'en reste-t-il encore à vendre ?

Problèmes sur la multiplication et la division.

670. — Un épicier a fait venir 19 pains de sucre qui pèsent chacun 8ᵏᵍ,075 ; combien a-t-il reçu de sucre en tout ?

671. — On fait des pointes de 25 millim. de longueur avec un fil de fer de 4ᵐ,8 de long. Comb. pourra-t-on en tirer de pointes ?
Combien 4ᵐ,8 font-ils de millim.?

672. — Le poids d'un litre d'eau de mer étant de 1ᵏᵍ,026, quel est le poids de l'eau de mer contenue dans 2 fûts de chacun 2ʜˡ,8 lit ?
Combien 2 hectol. 8 litres font-il de litres ?

673. — Quel sera le prix de 45 hectog. de café à 2 fr. 80 le kilogr. ?

674. — On a acheté 1ʜˡ,5 de petits pois pour 27 fr. ; combien est-ce le décalitre ?

675. — Une pièce de terre de 178ᵃ est vendue 8722 fr. Combien est-ce l'hectare ?

(*) C'est ici le lieu de faire faire aux élèves les additions des nombres métriques qui ont servi à la numération ; ces exercices les préparent à la solution des problèmes qui suivent.

Récapitulation des quatre opérations sur les nombres métriques.

676. — On a acheté 17ʜˡ,4 de blé à 24 fr. 85 l'hectol. et 17 lit. de pois à 22 fr. l'hectol. ; que doit-on pour le tout ?

A 22 fr. l'hectol., combien le litre ?

677. — Un objet qui coûtait 8 fr. n'a été vendu que 6 fr. 75 ; quelle est la perte ?

678. — Combien aura-t-on de kilogr. de chocolat à 0ʳ.19 l'hectogr. pour 32 fr. 30 ?

A 0 fr. 19 l'hectogr., combien le kilogr.?

679. — Lorsqu'on paie 0 fr. 80 pour 3 décilit. de liqueur, quel est le prix du litre ?

680. — Dites le prix de 11ᵐ,45 de galon d'or à 0 fr. 62 le décimètre.

681. — Trouvez le prix de 9 décim. d'un drap qui se vend à raison de 18 fr. 50 le mètre.

682. — 0ᵐ,45 de velours coûtent 9 fr. ; combien est-ce le mètre ?

683. — Partagez 17ᴷˢ de pain en deux parties telles que la première soit de 20ʜˢ,8 plus grande que la seconde.

684. — Une pièce d'eau-de-vie de 62 litres coûtait 108 fr. 50 ; à combien revenait le double décil. de cette liqueur.

Combien un litre vaut-il de doubles décilitres ?

685. — On fond 44 gram. de zinc avec 10 gram. de cuivre. On demande la quantité de cuivre contenue dans un gramme de cet alliage.

(Les exercices suivants se font par un simple déplacement de virgule.)

686. — Lorsque le mèt. vaut 5ᶠ, combien le décim.?
           le centim.?
           le millim.?

687. — Lorsque le gram. vaut 0ᶠ,25, comb. le décag.?
           le décig.?
           le kilog.?
           l'hectog.?

688. — Lorsque le lit. vaut 2ᶠ,75, comb. le décalit.?
           le décilit.?
           le kilolit.?
           l'hectol ?

689. — Lorsque l'are vaut 52 fr. combien l'hectare ?
           le centiare ?

690. — Lorsque le stère vaut 16ᶠ,50, comb. le décast.?
           le décist.?

691. — Lorsque le kilog. vaut 2ᶠ,10, comb. le gram.
           l'hectog.
           le décag.

692. — Lorsque l'hectol. vaut 22ᶠ,50, comb. le litre ?
           le décal.

113. — L'unité des mesures de longueur est le *mètre*.

114. — Le *mètre* est une règle dont on se sert pour mesurer les longueurs.

Cette règle est égale à la dix-millionième partie du quart de la circonférence ou du tour de la terre

Tracer une ligne de 1, 2, 3, 10, 15, etc. centimètres.

115. — Les multiples du mètre sont :

Le MYRIAMÈTRE,
Le KILOMÈTRE,
L'HECTOMÈTRE,
Le DÉCAMÈTRE,

Dire la distance d'un lieu à un autre. Mesurer au pas un kilomètre, un hectomètre et un décamètre.

116. — Les sous-multiples du mètre sont :

Le DÉCIMÈTRE,
Le CENTIMÈTRE,
LE MILLIMÈTRE,

Les élèves doivent indiquer exactement la longueur de ces mesures.

117. — Le *myriamètre*, le *kilomètre* et l'*hecto-mètre* s'emploient pour évaluer les distances sur les routes ; c'est pour cela qu'on les appelle *mesures itinéraires*. Ces mesures sont indiquées par des bornes de pierre ou de bois.

Mesures effectives de longueur.

118. — Les mesures réelles ou effectives de longueur sont au nombre de huit :

1° Le *double décamètre* ;
2° Le DÉCAMÈTRE ;
3° Le *demi-décamètre* ;
4° Le *double mètre* ;
5° Le MÈTRE ;
6° Le *demi-mètre* ;
7° Le *double décimètre* ;
8° Le DÉCIMÈTRE. (Voir la figure.)

Montrer ces mesures et les figurer en tout ou en partie, puis trouver la longueur d'une table, d'un mur, etc.

119. — On voit que chaque mesure principale a son double et sa moitié.

120. — Le double décamètre, le décamètre, et le demi-décamètre sont des chaînes en fil de fer. On en fait aussi en ruban s'enroulant dans une boîte.

121. — Le double mètre, le mètre et le demi-mètre sont ordinairement des règles en bois. On fait aussi des mètres-cannes, et des mètres qui se ploient en 2, 5 ou 10 parties.

122. — Le double décimètre et le décimètre sont de petites règles plates ou triangulaires.

(Pour ces mesures et toutes les autres du système métrique, voir nos *Tableaux de poids et mesures.*

MESURES DE SURFACE OU DE SUPERFICIE.

123. — Pour la mesure des champs, l'unité est l'*are*.

Pour la mesure des surfaces ordinaires, l'unité est le *mètre carré* (130).

1° De l'are.

124. — L'*are* est un carré qui a un décamètre ou dix mètres de côté. Il contient 100 mètres carrés (n° 130).

125. — L'are dérive du mètre, puisque chacun de ses côtés a dix mètres de longueur.

126. — Un *carré* est une surface dont les quatre côtés sont égaux et les angles droits.

127. — L'are n'a qu'un multiple :

L'HECTARE, qui vaut 100 ares.

128. — Il n'a qu'un sous-multiple :

Le CENTIARE, qui vaut un mètre carré.

Tracer un carré, puis un rectangle égal à un centiare.

129. — REMARQUE. — Quoique les expressions *décare* et *déciare* ne soient pas employées (*), le rang de ces espèces d'unités n'en existe pas moins. Les *hectares* se mettent donc toujours au rang des *centaines* et les *centiares* au rang des *centièmes*.

Nombres à lire ou à écrire en lettres.

18ª,25	1ʜª03ª,15	3ʜª,17
0 ,08	9ª,6	9 ,0845
720 ,40	28ʜª90ª,07	10 ,8
11 ,5 (**)	45ª,7	1 ,456
205 ,05	3ʜª02ª ,24	21 ,2405

Nombres à écrire en chiffres.

693. — Quarante-huit ares vingt-un centiares,
Un hectare quinze ares soixante-quinze centiares,
Onze hectares neuf ares trente centiares,
Cent vingt-deux ares trois centiares.

694. — Cent douze hectares quatre ares six centiares,
Seize hectares quatre-vingt-seize centiares,
Deux mille cent quinze ares huit centiares,
Quatre hectares un are six centiares,

(*) Ces mesures ne sont pas employées parce qu'elles ne sont pas des carrés.
(**) Il faut écrire un zéro ou le supposer écrit à droite du 5 pour remplacer le chiffre des centiares. On dit donc 50 centiares.

2° Du mètre carré.

130 — Lo mètre carré est un carré qui a un mètre de côté.

On peut le représenter par un tableau qui aurait un mètre de long et un mètre de large.

131. — Les multiples du mètre carré sont :

> Le *myriamètre carré* (10000 mètres de côté).
> Le *kilomètre carré* (1000 mètres de côté).
> L'*hectomètre carré* (100 mètres de côté).
> Le *décamètre carré* (10 mètres de côté) ; *le figurer.*

132. — Le *myriamètre carré*, le *kilomètre carré* et l'*hectomètre carré* s'emploient pour évaluer de très-grandes surfaces, comme celles d'un pays, d'une province, d'un département, etc. C'est pour cela qu'on les appelle *mesures topographiques.*

133. — Les sous-multiples du mètre carré sont :

> Le *décimètre carré,*
> Le *centimètre carré,*
> Le *millimètre carré.*
>
> Montrer et figurer exactement ces mesures.

134. — Le *mètre carré*, le *décimètre carré*, le *centimètre carré* et le *millimètre carré* s'emploient pour mesurer les petites surfaces, telles que la grandeur d'une salle, d'une porte, d'un toit, etc.

Pour trouver l'étendue d'un champ, d'un jardin, d'une salle, etc., de forme rectangulaire, il suffit de multiplier la longueur par la largeur (p. 117 de l'*Arithm. élém.*).

Trouvez de cette manière la surface de la classe, d'une porte, etc.

135. — Le *décimètre carré* est un carré qui a un décimètre de côté.

Le *centimètre carré* est un carré qui a un centimètre de côté. (Voir la figure.)

Le *millimètre carré* est un carré qui a un millimètre de côté.

136. — Le mètre carré vaut 100 décimètres carrés.

Supposons un tableau de 1 mèt. carré. Sur le côté de ce tableau on peut ranger 10 décimèt. carrés et faire ensuite 9 rangées semblables à la 1re, ce qui fait en tout 10 fois 10 ou 100 décimètres carrés dans le mèt. carré.

On prouverait de même que

137. — Le décim. carré vaut   1 00   centimètres carrés.
       Le centim. carré vaut   1 00   millimètres carrés.

Donc

138. — Le mètre carré vaut   1 00   décimètres carrés.
                           1 00 00   centimètres carrés.
                           1 00 00 00 millimètres carrés.

     Le décimèt. carré vaut 1 00   centimètres carrés.
                           1 00 00   millimètres carrés.

     Le centimèt. carré vaut 1 00   millimètres carrés.

Manière de lire et d'écrire les mètres carrés, décimètres carrés, etc.

139. — Les *décimètres carrés se placent au 2ᵉ rang* à droite des mètres carrés, parce que ce sont des *centièmes* de mètre carré, et que les centièmes se placent au 2ᵉ rang à droite de l'unité.

12ᵐ²,15 se lisent donc : 12 mèt. car., 15 déc. car. ;
3 mèt. car., 84 décim. car., s'écrivent : 3ᵐ²,84 (*) ;
9 mèt. car., 4 décim. car., s'écrivent : 9ᵐ²,04.

140. — Les *centimètres carrés se placent au 4ᵉ rang* à droite des mètres carrés, parce que ce sont des *dix-millièmes* de mèt. car., et que les dix-millièmes se placent au 4ᵉ rang à droite de l'unité.

15ᵐ²,4321 se lisent donc : 15 mèt. car. 4321 centim. car. ;
0ᵐ²,453   se lisent :   4530 centim. carrés ;
1 mèt. car., 125 centim. carr., s'écrivent : 1ᵐ²,0125.

141. — Les *millimètres carrés se placent au 6ᵉ rang* à droite des mètres carrés, parce que ce sont des *millionièmes* de mètre carré, et que les millionièmes se placent au 6ᵉ rang à droite de l'unité.

2ᵐ²,045076 se lisent donc : 2 mèt. car., 45076 millim. car :
0ᵐ²,97456 se lisent :   974560 millim. car. ;
Ou bien : 97 décim. car , 45 cent. car., 60 millim. car. ;
7 mèt. car., 745672 millim. car., s'écrivent : 7ᵐ²,745672.

On pourrait établir des raisonnements semblables sur les multiples du mètre carré. Donc, en résumé :

142. — 1º Les multiples et les sous-multiples du mètre carré sont des mesures de 100 en 100 fois plus grandes, ou de 100 en 100 fois plus petites les unes que les autres.

143. — 2º Lorsqu'on écrit les multiples et les sous-multiples du mètre carré, il faut avoir soin d'employer 2 chiffres pour représenter chaque unité.

144. — Il ne faut pas confondre : 1º le *décimètre carré* avec le *dixième de mètre carré*. Le décimètre carré est la centième partie du mètre carré. —Le dixième de mètre carré en est la dixième partie et vaut, par conséquent, 10 décimètres carrés.

145. — 2º Le *centimètre carré* avec le *centième de mètre carré*. Le centimètre carré est la dix-millième partie du mètre carré. — Le centième de mètre carré en est la centième partie et vaut, par conséquent, 100 centim. carrés.

146. — 3º Le *millimètre carré* avec le *millième de mètre carré*. Le millimètre carré est la millionième partie du mètre carré. — Le millième de mètre carré en est la millième partie et vaut, par conséquent, 1000 millim. carrés.

(*) Faites ainsi écrire mèt. car. (m²) ; le chiffre 2 rappelle à l'élève qu'il faut 2 chiffres pour chaque unité.

Nombres à lire ou à écrire en lettres.

2^{m2},15		4^{m2},4152		74^{m2},157456	
0	,07	0	,0005	0	,000075
12	,71	7	,4552	715	,740070
0	,40	2	,0030	1	,054070
718	,45	0	,0008	0	,000009
64^{m2},17		5^{m2},80		0^{m2},45	
8	,7456	0	,8	0	,7
18	,075674	1	,7450	0	,4805
320	,7454	13	,743	0	,74526
42	,48	8	,75642	0	,035
3M^{m2},54		7K^{m2},19		31H^{m2},15	
0	,4575	0	,7	0	,245
24	,476756	31	,7532	5420	,07
1	,07007456	9	,845	21	,00754
19	,345	215	,00904	9	,4

Nombres à écrire en chiffres.

695. — Cinq mèt. car. douze décim. car.,
Soixante-un mèt. car. mille cent deux cent. car.,
Deux cent quinze mèt. car. soixante décim. car.,
Cent douze mille cent vingt-un millim. car.,
Onze mèt. car. cinq cent onze centim. car.,

696. — Cent mèt. car. trente cent. car.,
Un mèt. car. quinze décim. car. quatre mill. car.,
Quatre mèt. car. cent deux centim. car.,
Quatre-vingt-seize mèt. car. quinze millim. car.,
Deux décim. car. quatre centim. car.,

697. — Cinq mèt. car. cent vingt-un cent. car.,
Trois décim. car. onze centim. car.,
Un décam. car. trois mèt. car. deux décim. car.,
Neuf mèt. car. treize centim. car. deux millim. car.,
Trois décam. car. neuf cent seize décim. car.,

698. — Quatre myriam. car. vingt-cinq kilom. car.,
Soixante myriam. car. cent dix hectom. car.,
Quarante kilom. car. vingt-un hectom. car.,
Un myriam. car. sept kilom. car.,
Cent hectom. car.,

Réduction d'unités quelconques en unités supérieures ou inférieures (*).

699. — Combien un *mèt. car* vaut-il de *décim. car.* ?
                         de *centim. car.* ?
                         de *mill. car.* ?
700. — Comb. un *décim. car.* vaut-il de *mill. car.* ?
                         de *cent car.* ?
701 — Comb. un *hect car.* vaut-il de *mèt. car.* ?
                         de *cent car.* ?
                         de *décam. car.* ?
                         de *décim. car.* ?
                         de *mill. car.* ?
702. — Comb. de *mil. car.* pour faire un *décim. car.* ?
                         un *mèt. car.* ?
                         un *cent car.* ?

703. — Comb de *mèt. car.* dans 100^{d2} ?
                         dans 10000^{cm2} ?
                         dans 120^{dm2} ?
                         dans 1000000^{mm2} ?
                         dans 7320075^{mm2} ?

704. — Combien de *décim. car.* dans 1^{m2} ?
                         dans 100^{cm2} ?
                         dans 15^{m2} ?
                         dans $3^{m2}{,}2$?
                         dans $7^{m2}{,}175$?

705. — Comb. de *cent. car.* dans 1^{dm2} ?
                         dans 2^{m2} ?
                         dans $2^{m2}{,}15$?
                         dans $0^{m2}{,}00754$
                         dans 3 décim. car. ?

706. — Comb. de *mill. car.* dans 1^{cm2} ?
                         dans $0^{m2}{,}145$?
                         dans $7^{dm2}3^{cent2}$?
                         dans $75^{cm2}{,}074$?
                         dans $1^{m2}13^{cm2}$?

707. — Comb. d'*hectom. car.* dans 100^{Dm2}
                         dans $3^{M2}{,}125$?
                         dans 745676^{m2} ?
                         dans $1^{Km2}3^{Dm2}$?
                         dans 745672050^{dm2} ?

(*) Par des procédés analogues à ceux qui sont indiqués pages 52, 53.

147. — Pour la mesure du bois, l'unité est le *stère*.
Pour les autres volumes, l'unité est le *mètre cube* (151).

1° Du stère.

148. - - Le *stère* est une mesure qui vaut un mètre cube.

149. — Le stère dérive du mètre puisqu'il vaut un mètre cube.

150. — Un *cube* est un corps terminé par six faces carrées égales. (Voir la figure de la page 65.)

151. — Le *mètre cube* est un cube qui a un mètre de côté.

On peut le figurer par une grande boîte ayant un mètre de long, un mètre de large et un mètre de haut.

152. — Le stère n'a qu'un multiple :
Le DÉCASTÈRE, qui vaut 10 stères.

153. — Il n'a qu'un sous-multiple :
Le DÉCISTÈRE, dixième partie du stère.

154. — Le bois se mesure au *stère entassé* ou au *stère plein*.

Stère entassé.

155. — Le bois cassé se mesure au *stère entassé*. On le range dans l'une des mesures ci-après. Ce sont des espèces de châssis composés d'une *sole* ou planche posée à terre, et sur laquelle s'élèvent deux montants dont la hauteur varie suivant la longueur des bûches. Si les bûches ont un mètre de longueur, les montants ont un mètre de hauteur.

156. — Les mesures autorisées pour le bois cassé sont au nombre de 3 :

		Longueur de la sole, entre les montants :	
1° Le *demi-décastère*,	mesure de 5 st.,	id.	5 m. ;
2° Le *double stère*,	2 st.,	id.	2 m. ;
3° Le STÈRE,	1 st.,	id.	1 m.

(Figurer les dimensions du stère)

Stère plein.

157. — Le bois non cassé se mesure au *stère plein*, au moyen du tableau suivant.

158. — Dans ce tableau le diamètre des bûches est indiqué en centimètres, et le volume est donné en *millièmes de stère* ou *millistères* (ce sont des *décimètres cubes*). La longueur des bûches est supposée d'*un mètre*.

Il suit de là que

159. — *Si les bûches avaient plus ou moins d'un mètre de long, pour en trouver le volume, on multiplierait le volume donné au tableau par la longueur des bûches.*

160.— Tableau pour la mesure du bois rond au stère plein (les bûches ayant un mètre de longueur).

DIAMÈTRE des buches en centimètres.	VOLUME des buches en millièmes de stère.	DIAMÈTRE.	VOLUME.	DIAMÈTRE.	VOLUME.
5	2	37	108	69	374
6	3	38	113	70	385
7	4	39	119	71	396
8	5	40	126	72	407
9	6	41	132	73	419
10	8	42	139	74	430
11	10	43	145	75	442
12	11	44	152	76	454
13	13	45	159	77	466
14	15	46	166	78	478
15	18	47	173	79	490
16	20	48	181	80	503
17	23	49	189	81	515
18	25	50	196	82	528
19	28	51	204	83	541
20	31	52	212	84	554
21	35	53	221	85	567
22	38	54	229	86	581
23	42	55	238	87	594
24	45	56	246	88	608
25	49	57	255	89	622
26	53	58	264	90	636
27	57	59	273	91	651
28	62	60	283	92	665
29	66	61	292	93	679
30	71	62	302	94	694
31	75	63	312	95	709
32	80	64	322	96	724
33	86	65	332	97	739
34	91	66	342	98	754
35	96	67	353	99	770
36	102	68	363	100	785

Pour plus de détails, voir mesure du *cylindre* et du *cône tronqué*, pages 125 et 126 de l'*Arithmétique élementaire*.

2° Du mètre cube.

161. — Le *mètre cube* est un cube qui a un mètre de côté (151).

162. — Le mètre cube n'a pas de multiples.

163. — Les sous-multiples du mètre cube sont :

Le *décimètre cube.*

Le *centimètre cube.*   } Montrer et figurer exactement ces mesures.

Le *millimètre cube.*

164. — Le mètre cube et ses sous-multiples servent à mesurer les travaux de maçonnerie, de terrassement ; les blocs de pierre, de marbre ; les tas de pierres, de fumier, de sable, etc.

Pour trouver le volume d'un tas de fumier, d'un tas de pierres, etc., de forme prismatique ou cubique, il suffit de multiplier la surface de la base par la hauteur du tas (p. 124 et suivantes de l'*Arith. élém.*).

Trouvez de cette manière la grandeur de la classe, le volume d'un mur, etc.

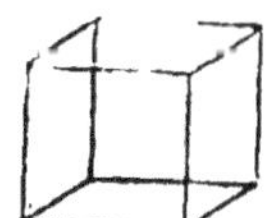

165. — Le *décimètre* cube est un cube qui a un décimètre de côté.

Le *centimètre* cube est un cube qui a un centimètre de côté. (Voir la figure.)

Le *millimètre* cube est un cube qui a un millimètre de côté.

166. — Le mètre cube vaut 1000 décimètres cubes.

Supposons une boîte contenant un mètre cube.

Dans le fond de cette boîte, je puis ranger 100 décimètres cubes et ensuite placer jusqu'au haut de la boîte encore 9 plaques semblables à la première, ce qui fait en tout 10 fois 100dm3 ou 1000 décim3 dans le mètre cube.

On prouverait de même que

167. — Le décimètre cube vaut 1000 centimètres cubes.

Le centimètre cube vaut 1000 millimètres cubes.

Donc

168. — Le mètre cube vaut

1 000	décimètres	cubes.
1 000 000	de centim.	cubes.
1 000 000 000	de millim.	cubes.

Le décimètre cube vaut 1 000 centimètres cubes.
1 000 000 de millim. cubes.

Le centimètre cube vaut 1 000 millimètres cubes.

Manière d'écrire les mètres cubes, décim. cubes, etc.

169. — Les *décimètres cubes se placent au 3e rang à droite des mètres cubes,* parce que ce sont des millièmes de mètre cube, et que les millièmes se placent au 3e rang à droite de l'unité.

3mc,725 se lisent donc : 3 mèt. cub. 725 décim. cub. (*)

(*) Faites écrire ainsi met. cub. (m³). Le chiffre 3 rappelle qu'il faut 3 chiffres pour chaque unité.

170. — Les *centimètres cubes se placent au 6ᵉ rang à droite des mètres cubes* parce que ce sont des millionièmes de mèt. cub., et que les millionièmes se placent au 6ᵉ rang à droite de l'unité.

7 mèt. cub., 4572 cent. cub. s'écrivent donc 7^{m3},004572.

171. — Les *millimètres cubes se placent au 9ᵉ rang à droite des mètres cubes*, parce que ce sont des billionièmes de mètre cube, et que les billionièmes se placent au 9ᵉ rang à droite de l'unité.

0^{m3},027 456 720 se lisent donc 27456720 millim. cubes.

ou 27 décim. cub., 456 centim. cub., 720 millim. cub.

En résumé:

172. — 1° Le mètre cube et ses sous-multiples sont des mesures de 1000 en 1000 fois plus petites les unes que les autres.

173. — 2° Lorsqu'on écrit les sous-multiples du mètre cube, il faut avoir soin d'employer 3 chiffres pour chaque unité.

174. — Il ne faut pas confondre : 1° le *décimètre cube* avec le *dixième de mètre cube*. Le décimètre cube est la millième partie du mètre cube. Le dixième du mètre cube en est la **dixième** partie et vaut, par conséquent, 100 décim. cub.

175. — 2° Le *centimètre cube* avec le *centième de mètre cube*. Le centimètre cube est la millionième partie du mètre cube. Le centième de mètre cube en est la centième partie et vaut, par conséquent, 10000 centim cub.

176. — 3° Le *millimètre cube* avec le *millième de mètre cube*. Le millimètre cube est la billionième partie du mètre cube. Le millième de mètre cube en est la millième partie et vaut, par conséquent, 1000000 de millim. cub.

Nombres à lire ou à écrire en lettres.

15^{m3},165	2^{m3},761566	45^{m3},194273378
0 ,478	17 ,486762	0 ,184273578
17 ,450	0 ,007456	10 ,715000274
327 ,175	9 ,175070	3 ,123456789
7 ,384	1 ,040076	215 ,345607002
3^{m3},045	7^{m3},467500	2^{m3},456767200
72 ,400	0 ,4675	0 ,4567672
0 ,4	4 ,00025	28 ,00074567
1 ,45	15 ,742689	0 ,00000003
3 ,674	0 ,4572	9 ,745000175
14^{m3},217	0^{m3},007	4^{dm3},725
3 ,466728	0 ,0054	0 ,456
0 ,048900125	0 ,000000025	27 ,4
7 ,08	0 ,0070052	736 ,09456
275 ,0074	0 ,4	17 ,45

Nombres à écrire en chiffres.

708. — Six m. cub. quatre cent dix décim. cub.,
Trente-sept mèt. cub. douze décim. cub.,
Cent neuf mèt. cub. huit décim. cub.,
Cent quatre-vingt-dix-neuf décim. cub.,
Quatre mèt. cub. six cents décim. cub.,

709. — Quarante mèt. cent douze déc. cub.,
Un mèt. cub. huit mille trente centim. cub.,
Seize mille cinq cent vingt centim. cub.,
Dix mèt. cub. cent dix-sept centim. cub.,
Deux mèt. cub. trente-quatre centim cub.,

710. — Onze mèt. cub. cent mille cent mil^{m3}.,
Trois mèt. cub. cent un mille quatre mil^m. cub.,
Cinq mille trois cent huit millim. cub.,
Soixante-sept mèt. cub. quinze millim. cub.,
Six cents millions de millim. cub.,

711. — Deux cent soixante-quatorze m. cub.,
Quinze mèt. cub. mille seize centim. cub.,
Vingt-un mèt. cub. quarante millim. cub.,
Cinq mèt. cub. vingt-quatre décim. cub.,
Soixante-quinze centim. cub.,

712. — Seize mèt. cub. cinq décim. cub.,
Quatre centim. cub. neuf millim. cub.,
Un mèt. cub. cent un centim. cub.,
Cent douze millions mille trente millim. cub.,
Vingt m. cub. quatre cent onze centim. cub.,

713. — Trente mille cent soixante cent. cub.,
Vingt millions douze mille seize millim. cub.,
Quatre décim. cub. mille quarante millim. cub.,
Quinze centim. cub.,
Un million de cent. cub.,

714. — Deux décim. cub. quarante cent. cub.,
Soixante décim. cub. mille douze millim. cub.,
Quinze déc. quatre centim. cub ,
Soixante-dix-huit millim. cub.,
Un million de millim. cub.,

Réduction d'unités quelconques en unités supérieures et inférieures (*).

715. — Combien le mètre cub. vaut-il de déc. cub. ?
de centim. cub. ?
de millim. cub. ?

716. — Comb. un déc. cub. vaut-il de milli. cub. ?
de centim. cub. ?

717. — Comb. un cent. cub. vaut-il de milli. cub. ?

718. — Comb. de cent. cub. pour faire un m. cub ?
un décim cub. ?

719. — Comb. de mil. cub. pour faire un déc cub. ?
un centim. cub. ?
un mèt. cub. ?

720. — Comb. de mèt. cub. dans 1000^{dm3} ?
dans 1000000^{cm3} ?
dans $7000d^{m3}$?
dans $2350d^{m3}$?
dans $725d^{m3}$?

721. — Comb. de mèt. cub. dans 7456780^{cm3} ?
dans 84567^{cm3} ?
dans $1000000000m^{m3}$?
dans $5746789454m^{m3}$?
dans 8745^{dm3} ?

722. — Comb. de décim. cub. dans 1^{m3} ?
dans $2m^34$?
dans $0m^3,0745$?
dans $74520c^{m}$?
dans $1274525m^{m3}$?

723. — Comb. de cent. cub. dans $2^{m3},45$
dans $17^{dm3},01456$?
dans $7457m^{m3}$?
dans $1^{dm3}7c^{m3}$?
dans $1^{m3}375^{dm3}$?

724. — Comb. de mill. cub. dans $4^{dm3},070752$?
dans $745c^{m3}$?
dans $3^{dm}4c^{m3}$?
dans $5c^{m3}375$?

(*) Par des procédés analogues à ceux qui sont indiqués pages 52 et 53.

177. — L'unité des mesures de contenance est le *litre*.

178. — Le *litre* est un vase cylindrique dont la contenance égale un décimètre cube. (N° 165.)

179. — Le litre dérive du mètre puisqu'il contient un *décimètre* cube.

180. — Les multiples du litre sont :

> Le KILOLITRE,
> L'HECTOLITRE,
> Le DÉCALITRE.

181. — Les sous-multiples du litre sont :

> LE DÉCILITRE,
> LE CENTILITRE.

Mesures effectives de contenance.

182. — Les mesures de contenance autorisées par la loi sont au nombre de 13, depuis l'hectolitre jusqu'au centilitre :

1° l'HECTOLITRE,	508mmt de diamètre ou de hauteur à l'intérieur.		
2° le *demi-hectolitre*,	400	id.	id.
3° le *double décalitre*,	294	id.	id.
4° le DÉCALITRE.	233	id.	id.
5° le *demi-décalitre*,	185	id.	id.
6° le *double litre*,	136 ou 108	mmt de diamètre,	
7° le LITRE.	108 ou 86	id.	
8° le *demi litre*,	86 ou 68	id.	
9° le *double décilitre*,	63 ou 50	id.	
10° le DÉCILITRE.	50 ou 40	id.	
11° le *demi-décilitre*,	40 ou 31	id.	
12° le *double centilitre*,	29 ou 23	id.	
13° le CENTILITRE.	23 ou 18	id.	

Les nombres ci-contre ne seront pas appris par cœur, mais les élèves devront montrer et dessiner les mesures au tableau.

Les seconds diamètres sont ceux des mesures dont la largeur n'est que la moitié de la hauteur.

183. — Ces mesures sont toutes de forme cylindrique ; elles servent à mesurer les liquides et les grains.

Mesures pour les liquides.

184. — 1° GRANDES MESURES. — Ces mesures sont au nombre de 5, depuis l'*hectolitre* jusqu'au *demi-décalitre*. Elles sont construites en cuivre, en tôle ou en fonte, et leur profondeur est égale à leur diamètre.

185. — 2° MESURES EN ÉTAIN. — Ces mesures sont au nombre de 8, depuis le *double litre* jusqu'au *centilitre*. La profondeur de ces mesures est double de leur diamètre.

Elles servent aux débitants pour mesurer le vin, l'eau-de-vie, etc., au détail.

186. — 3° MESURES POUR LE LAIT. — *Pour mesurer le lait,* on peut se servir de mesures en fer-blanc dont la profondeur égale le diamètre. Elles sont au nombre de 6, depuis le *double litre* jusqu'au *demi-décilitre.*

187. — 4° MESURES POUR L'HUILE. — *Pour mesurer l'huile,* on peut aussi se servir de mesures en fer-blanc construites comme les précédentes. Elles sont au nombre de 7, depuis le *litre* jusqu'au *centilitre.*

Mesures pour les grains.

188. — Ces mesures sont au nombre de 17, depuis l'*hectolitre* jusqu'au *demi-décilitre.* Elles sont ordinairement construites en bois de chêne, et leur profondeur est égale à leur diamètre.

La partie supérieure de ces mesures est garnie d'une bande de tôle rabattue pour en conserver les dimensions.

POIDS.

189. — L'unité de poids est le *gramme.*

190. — Le *gramme* est le poids d'un centimètre cube d'eau pure, à son maximum de densité (*).

191. — Le gramme dérive du mètre, puisqu'il est le poids d'un centimètre cube d'eau pure. (V. *Supplém.*, n° 29.)

192. — Les multiples du gramme sont :

Le MYRIAGRAMME,
Le **kilogramme**,
L'HECTOGRAMME,
Le DÉCAGRAMME.

193. — Les sous-multip. du gramme sont :

Le DÉCIGRAMME,
Le CENTIGRAMME,
Le MILLIGRAMME.

Montrer et dessiner tous ces poids. Le kilog. est souvent pris pour unité.

194. — Le *quintal métrique* vaut 100 kilogrammes ;
Le *tonneau de mer* vaut 1,000 kilogrammes.

195. — Pour peser, on se sert de *balances* et de *poids.*

Balances.

196. — Il y a trois sortes de balances : 1° la *balance à bras égaux*; 2° la *romaine*; 3° la *balance bascule.*

(Montrer ces différentes sortes de balances sur nos *Tableaux de poids et mesures* et expliquer la manière de s'en servir.)

____

(*) C.-à-d. à la température de 4 degrés centigrades, alors qu'elle pèse le plus.

197. — Les poids effectifs autorisés par la loi sont au nombre de 24, divisés en 3 séries, savoir :

Gros poids.
- 1° — 50 *kilogrammes,* (5 myriag. ou demi-quintal)
- 2° — 20 *kilogrammes,* (2 myriag. ou doub. myriag.)
- 3° — *10 KILOGRAMMES, (1 myriag.)
- 4° — 5 *kilogrammes,* (5 kilog. ou demi-myriag.)
- 5° — *2 *kilogrammes,* (2 kilog. ou double-kilog.)

- 6° — 1 KILOGRAMME, (1 kilog.)

Poids moyens.
- 7° — *demi-kilogramme,* (5 hectog.)
- 8° — *doub. hectogramme,* (2 hectog.)
- 9° — *HECTOGRAMME, (1 hectog.)
- 10° — *demi-hectogramme,* (5 décag.)
- 11° — *doub. décagramme,* (2 décag.)
- 12° — *DÉCAGRAMME, (1 décag.)
- 13° — *demi-décagramme,* (5 grammes)
- 14° — *double gramme,* (2 grammes)

- 15° — GRAMME, (1 gramme)

Petits poids.
- 16° — *demi-gramme,* (5 décig.)
- 17° — *double décigramme,* (2 décig.)
- 18° — *DÉCIGRAMME, (1 décig.)
- 19° — *demi décigramme,* (5 centig.)
- 20° — *double centigramme* (2 centig.)
- 21° — *CENTIGRAMME, (1 centig.)
- 22° — *demi-centigramme,* (5 millig.)
- 23° — *doub. milligramme* (2 millig.)
- 24° — MILLIGRAMME. (1 millig.)

Les élèves doivent se familiariser avec les mesures, les poids et les monnaies, au point de pouvoir les reconnaître de loin et à première vue.

Ils doivent aussi s'appliquer à trouver, sans le secours des balances, le poids des objets qu'ils ont sous la main.

198. — POIDS EN FER. — Les poids peuvent être construits en *fonte de fer* depuis 50 *kilog.* jusqu'au *demi-hectog.* (10 poids).

Ces poids ont tous la forme d'une pyramide tronquée, creuse en dessous (*), et sont munis d'un anneau à la partie supérieure.

Les poids de 50 et de 20 kilog. ont pour base un rectangle à angles arrondis. Les autres ont pour base un hexagone régulier.

199. — POIDS EN CUIVRE. — Les poids peuvent être construits en *cuivre* depuis 20 *kil.* jusqu'au *gramme* (14 poids).

Ces poids ont la forme d'un cylindre creux surmonté d'un bouton. La hauteur du cylindre est égale à son diamètre, et la hauteur du bouton en est la moitié, excepté pour les poids de 2 grammes et de 1 gramme, dont la largeur est augmentée afin de pouvoir y inscrire le nom du poids.

(*) Afin qu'on puisse y introduire du plomb ou de la grenaille de fer, qui permettent de les réparer facilement.

200. —Petits poids. — Au-dessous du gramme, les poids sont de petites plaques de cuivre minces et carrées dont un des angles est relevé pour qu'on puisse les prendre avec des pincettes. (9 poids sont construits ainsi.)

Séries de poids.

201. — Les poids depuis 50 *kilog.* jusqu'au *kilog.* se nomment *gros poids*. Dans cette série, il y a *deux poids* de 10 et de 2 *kilog.* ; sans cela on ne pourrait peser tous les poids depuis 50 jusqu'à 1 kilog.

202. — Les poids depuis le *kilog.* jusqu'au *gramme* se nomment *poids moyens*. Dans cette série, il y a *deux poids* de 1 *hectog.*, de 1 *décag.*, et de 2 *gramm.* (On peut remarquer que, dans chaque série, ce sont les unités principales intermédiaires et l'avant-dernier poids qui sont doubles.)

203. — Les poids depuis le *gramme* jusqu'au *milligramme* se nomment *petits poids*. Dans cette série, il y a *deux poids de 1 décig.*, de 1 *centig.* et de 2 *milligr.*

(Les poids doubles sont marqués d'une étoile au tableau n° 197.)

204. — Poids en forme de godets coniques — Les poids, depuis le *kilog.* jusqu'au *gramme* (poids moyens), peuvent être construits en forme de godets coniques qui s'empilent les uns dans les autres, et dont le plus grand est une boîte qui les renferme tous. Ces poids, qui favorisaient la fraude, ne sont plus guère employés que chez les pharmaciens.

Exercices sur les poids.

725. — Quels poids mettrez-vous pour peser 76 kilog. (*) ?

Le poids de 50 kilog.	50 kilog.
Le poids de 20 kilog.	20
Le poids de 5 kilog.	5
Le poids de 1 kilog.	1
Total.	76 kilog.

726. — Quels poids mettrez-vous pour peser 125 kilog. ? (**),

727. — Quels poids mettrez-vous pour peser 500ᵍʳ (liv. anc.)?

728. — Si un double hectolitre de blé pèse 159 kilog., quels poids faut-il pour le peser?

729. — Quels poids faudra-t-il pour faire équilibre à 1ᵏᵍ,725?

730. — On suppose qu'un objet pèse 7 kilog. 45 décag. ; quels poids lui feront équilibre?

731. — Quels poids mettrez-vous pour peser 19ᵏᵍ,139?

732. — Quels poids mettrez-vous pour peser 250ᵍʳ (demi-livre)?

733. — Quels poids faut-il pour peser 125ᵍʳ (quart de la livre)?

734. — Quels poids feraient équilibre à un objet pesant 0ᵍʳ,748?

735. — Quels poids met-on pour peser 725ᵍʳ,94?

736. — Quels poids mettrait-on pour peser 19ᵍʳ,179?

(*) Faites disposer comme il suit chacune des réponses.
(**) On doit avoir à sa disposition autant de poids de 50 kil. qu'il est nécessaire.

205. — L'anité des monnaies est le *franc*.

206. — Le *franc* est une pièce de monnaie d'argent qui pèse *cinq* grammes.

207. — Le franc dérive du mètre puisqu'il pèse 5 grammes et que le gramme est basé sur le mètre.

208. — Le franc n'a pas de multiples.

209. — Les sous-multiples du franc sont le DÉCIME et le CENTIME.

210. — TABLEAU DES PIÈCES DE MONNAIE.

5 en or :

La pièce de 100 fr.	qui pèse 32^{gr},258	et qui a 34m^{mt} de diamèt.
50 fr.	16 ,129	28
20 fr.	6 ,451	21
10 fr.	3 ,226	19
5 fr.	1 ,613	17

5 en argent :

La pièce de 5 fr.	qui pèse 25^{gr},	et qui a 37m^{mt} de diamèt.
2 fr.	10	27
1 fr.	5	23
0 fr. 50	2 ,5	18
0 fr. 20	1	15

5 en bronze :

La pièce de 0 fr. 10	qui pèse 10^{gr},	et qui a 30m^{mt} de diamèt.
0 fr. 05	5	25
0 fr. 02	2	20
0 fr. 01	1	15

Titres des monnaies.

211. — Les pièces d'or et celle de 5 fr. en argent sont composées de 9 dixièmes d'or ou d'argent pur et d'*un* dixième de cuivre. Les autres pièces d'argent sont au titre de 835 millièmes, c.-à-d. qu'elles contiennent 835 millièmes d'argent pur et 165 de cuivre.

212. — Les pièces de bronze sont composées de 95 centièmes de cuivre, de 4 centièmes d'étain et de 1 centième de zinc.

Exercices sur les titres des monnaies.

737. — Combien y a-t-il de cuivre dans une somme en or pesant 322^{gr}58 ?

738. — Combien y a-t-il de cuivre 1° dans 10^{ks} de pièces de 5 fr. en arg. ? — 2° Dans d'autres pièces d'arg. ?

739. — Combien y a-t-il d'or pur dans 322^{gr}58 de monnaie d'or ?

740. — Combien y a-t-il d'argent pur 1° dans 11^{ks}5 de pièces de 5 fr. ? — 2° Dans 11^{ks}5 d'autres pièces ?

741. — Dans 2^{ks}50 de monnaie de bronze, combien y a-t-il de cuivre ?

742. — Combien y a-t-il d'étain ? — Et de zinc ?

743. — Avec 1 kilog. d'argent pur, combien peut-on faire de pièces de 5 fr. ?

Exercices
sur la valeur relative des mesures métriques.

(L'élève dira ou écrira les réponses.)

744. — Qu'est-ce que 1 déci. relativement au mèt. ?
5 déci. relativement au mèt. ?
50 centi. relativement au m. ?

745. — Qu'est-ce que 20 centi. relativement au m. ?
5 centi. relativem. au déci. ?
50 milli. relativem. au déci. ?

746. — Qu'est-ce que 50 centiares relativ. à l'are ?
25 ares relativem. à l'hect. ?
1 déci. car. relat. au m. car. ?

747. — Qu'est-ce que 10 déci. car. relat. au m. car. ?
100 cent. car. rel. au m. car. ?
25 déci. car. rel. au m. car. ?

748. — Qu'est-ce que 25 cent. car. rel. au déc. car. ?
le mèt. car. rel. à l'hect. car. ?
1 décistère relat. au décast. ?

749. — Qu'est-ce que 5 décistères relat. au stère ?
2 stères relat. au décastère ?
100 déc. cub. rel. au m. cub. ?

750. — Qu'est-ce que le cent. cub. rel. au déc. cub. ?
200 cen. cub. rel. au déc. cub ?
500 déc. cub. rel. au m. cub. ?

751. — Qu'est-ce que 500 cen. cub. rel. au déc. cub. ?
10 déc. cub. rel. au m. cub. ?
le décilitre relativ. au litre ?

752 — Qu'est-ce que le demi-décil. relat. au litre ?
le litre relativ. à l'hectolitre ?
25 litres relat. à l'hectolitre ?

753. — Qu'est-ce que 50 litres rel. au double hect. ?
40 litres rel. au double hect. ?
le double décal. rel. à l'hect. ?

754. — Qu'est-ce que 50 centig. relat. au gramme ?
le gramme relativ. au kilog. ?
250 grammes rel. au kilog. ?

755. — Qu'est-ce que 500 grammes rel. au kilog. ?
250 gram. rel. au demi-kilog. ?
le double hectog. rel. au kil. ?

756. — Qu'est-ce que le décag. rel. à l'hectogram. ?
50 centimes relat. au franc ?
2 décimes relativ. au franc ?

757. — Qu'est-ce que le décim. relat. au décam. ?
le demi-lit. rel. au décalitre ?
le double déc. rel. au gram. ?

Nota. — Chacune de ces questions peut donner lieu, par la réciproque, à deux
autres questions qu'il importe de faire aux élèves, afin de multiplier les exercices,
mais surtout afin de s'assurer si les enfants ont la parfaite intelligence et de la
question et de leur réponse. On demandera donc : Combien le mètre vaut-il de
décim. ? Combien faut-il de décimètres pour faire un mèt. ?

Observations générales.

213. — Toutes les mesures et tous les poids doivent porter visiblement le nom de la mesure ou du poids qu'ils représentent, ainsi que le nom ou la marque du fabricant.

214. — Ils doivent, en outre, être poinçonnés avant d'être livrés au commerce, et, chaque année, les commerçants sont tenus de présenter les mesures ou les poids à leur usage au vérificateur, qui y appose un nouveau poinçon, après en avoir vérifié l'exactitude.

RAPPORTS QUI EXISTENT ENTRE LES MESURES DU SYSTÈME MÉTRIQUE.

1° Mesures de superficie.

215. — Puisque le DÉCAMÈTRE CARRÉ est égal à l'ARE,
Le *mét. car.* (100⁰ part. du déca. 2) est égal au *centiare* (100⁰ part. d. l'are);
L'*hectom. car.* (100 décam. 2) est égal à l'*hectare* (100 ares);
Le *kilom. car.* (1000 hectom. 2) est égal à 1000 *hectares* (myriare);
Le *myriam. carré* (1000 hectomèt. 2.) est égal à 1000 *hectares*; et
réciproquement.

2° Mesures de volume ou de solidité.

216. — Puisque le STÈRE est un MÈTRE CUBE,
Le *décastère* égale 10 *mètres cubes*;
Le *décistère* égale 100 *décim. cubes* (10⁰ partie du mèt. 3).

3° Mesures de volume. — Mesures de contenance.

217. — Puisque le LITRE égale un DÉCIMÈTRE CUBE,
Le *décilitre* (10⁰ partie du litre) égale 100 *centim.* 3 (10⁰ du décim 3);
Le *centilitre* (100⁰ partie du litre) égale 10 *centim.* 3 (100⁰ du décim.⁹);
Le millilit. qui n'est pas usité (100⁰ part. du lit.) serait 1 *centim* 3. (1000⁰ du d⁰⁰3);
Le *décalitre* (10 litres) égale 10 *décim.* 3;
L'*hectolitre* (100 litres) égale 100 *décim.* 3;
Le *kilolitre* (1000 litres) égale 1000 *décim.* 3 ou *un mètre cube*.

4° Mesures de volume, — de capacité, — de poids.

218. — Puisqu'un CENT. 3 d'eau pure pèse 1 GRAMME,
10 *centim.* 3 ou *le centilitre* d'eau pure pèsent 1 *décag.* (10 *gram.*);
100 *centim.* 3 ou *le décilitre*   1 *hectog.* (100 *gram.*);
1000 *centim.* 3 (*décim.* 3) ou *le* LITRE   1 KILOG. (1000 *gram.*);
10 *décim.* 3 ou *le décalitre*   10 *kilog.* (ou un *myriag.*);
100 *décim.* 3 ou l'*hectolitre*   100 *kilog* (ou un *quintal*);
1000 *décim.* 3 (*mèt.* 3) ou *le kilolitre*   1000 *kilog.* (ou un *tonneau de mer*).

5° Poids des monnaies.

MONNAIE D'ARGENT. — On a vu (page 73) que

219. — La pièce de 1 fr.   pèse   5 grammes;
    id.   2 fr.   id.   10 gram. ou 1 décag. ;
    id.   5 fr.   id.   25 gram. ;
    id.   0 fr. 50 id. $2^{gr},5$;
    id.   0 fr. 20 id.   1 gramme.

Donc, en général,

220. — *Pour trouver le poids d'une somme quelconque en argent*, on multipl. 5 gr. par cette somme exprimée en francs.

MONNAIE D'OR. — Voir au tableau, page 73, le poids des pièces d'or.

221. Une somme en or pèse 15 fois et demie moins que la même somme en argent ; — donc

222. — *En divisant le poids d'une somme en argent par 15,5, on a le poids de la même somme en or ;*

223. — *En multipliant le poids d'une somme en or par 15,5 on a le poids de la même somme en argent.*

224. Un franc en or pèserait $0^{gr},32258$.

MONNAIE DE BRONZE. — On a vu (page 73) que

225. — La pièce de 1 centime pèse   1 gramme ;
    id.   2 centimes pèse   2 gr. (*double gramm.*);
    id.   5 centimes pèse   5 gr. (*demi-décag.*);
    id.   10 centimes pèse   10 gr. (*décagramme*) ;
    Un franc en bronze pèse   100 gr. (*hectogramme*);

Donc, en général,

226. — *Pour trouver le poids d'une somme en bronze, on* multiplie 100 gr. par cette somme exprimée en francs (*).

227. Une somme en bronze pèse 20 fois plus que la même somme en argent.

EXERCICES SUR LES RAPPORTS QUI EXISTENT ENTRE LES MESURES MÉTRIQUES.

1° Mesures de superficie.

758. — Combien y a-t-il d'*ares* dans 13 décam. ^{2} ?
    dans 8 décam. ^{2} ?
    dans $1^{\text{Dm}},25$?
    dans 734 mèt. ^{2} ?
    dans 1270 mèt. ^{2} ?

759. — Combien y a-t-il de *centiares* dans 100 mèt. ^{2} ?
    dans 32 m. ^{2}, 15 ?
    dans 325 décim. ^{2} ?
    dans 1 décam. ^{2} ?
    dans 7 décam. ^{3}, 15 ?

(*) La somme exprimée en centimes représente en grammes le poids de cette somme. Autant de centimes, autant de grammes.

760. —Combien y a-t-il d'hectares dans 2ᴴᵐ²?
                           dans 3ᴴᵐ²,19?
                           dans 725ᴰᵐ²?
                           dans 1ᴷ²3645 ?
                           dans 27456ᴹᵐ²?

761. —Combien y a-t-il de décam². dans 18ᵃ?
                           dans 3ᵃ50 ?
                           dans 175 centia?
                           dans 1 hectᵃ.8ar. ?
                           dans 328ᵃ,9 centia?

762. —Combien y a-t-il de mèt². dans 1 are?
                           dans 17ᵃ 20?
                           dans 0ᵃ,35 ?
                           dans 2ᵃ,725?
                           dans 0ᵃ,0846?

763. —Combien y a-t-il de décim². dans 1 are ?
                           dans 1 centia?
                           dans 3ᵃ,08 ?
                           dans 0ᵃ,0945 ?
                           dans 0ᵃ,07255?

764. —Combien y a-t-il d'hectom². dans 2 hecta. ?
                           dans 1 ʜᵃ,25?
                           dans 172 ares?
                           dans 2ʜᵃ,09ᵃ,15 ?
                           dans 130ᵃ,725 ?

765. —Combien y a-t-il de kilom². dans 100 hectᵃ, ?
                           dans 10000 ares?
                           dans 1000000 cᵃ?
                           dans 7125ʜᵃ25 ?
                           dans 345678 ares?

766. —Combien y a-t-il de myriam² dans 10000 hectᵃ?
                           dans 74500 hectᵃ?
                           dans 1000000 d'ares.
                           dans 74567280 ares?
                           dans 100000000 de cᵃ?

2° Mesures de volumes.

767. — Combien y a-t-il de *décist*. dans 1 mèt. cub. ?
dans 1000 décim. ^{3} ?
dans $2^m,456$?
dans 148 décim. ^{3} ?
dans $39^{dm^3},75$?

768. — Combien y a-t-il de *décim* ^{3}. dans 1 stère ?
dans 1 décist. ?
dans $2^{st},4$?
dans un décast ?
dans $28^{st},045$?

3° Mesures de volume. — Mesures de contenance.

769. — Combien y a-t-il d'*hectol*. dans 1 mèt ^{3}. ?
dans 1000^{dm3} ?
dans $2^{m3},125$?
dans 329^{dm3} ?
dans $0^{m3},075$?

770. — Combien y a-t-il de *décalit*. dans 1^{m3} ?
dans 1000^{dm3} ?
dans $2^{m3},125$?
dans 329^{dm3} ?
dans $0^{m3},075$?

771. — Combien y a-t-il de *litres*. dans 1^{m3} ?
dans 27^{dm3} ?
dans $2^{m3},5$?
dans $3^{dm},45$?
dans 72450^{cm3} ?

772. — Combien y a-t-il de *décim* ^{3}. dans 20 décil^t ?
dans $20^{lt},04$?
dans $10^{lt},45$?
dans $29^{lt},45$?
dans 225 centil^t ?

773. — Combien y a-t-il de *centim* ^{3}. dans 40 centil. ?
dans 3 décil. ?
dans $1^{lt},25$?
dans $30^{lt},125$?
dans 1 hectol. ?

4° Mesures de volume, — de capacité, — de poids.

774. — Quel est en k^s le poids de 120 décim^s d'eau ?
de 6^m³ ?
de 12^m³678 ?
de 4^cm354 ?
de 7456^cm3 ?

775. — Quel est en h^s le poids de 37^dm³ d'eau ?
de 1^dm3456 ?
de 750^cm3 ?
de 9485^mm3 ?
de 1^m3 ?

776. — Quel est en g^r le poids de 2^dm³45 d'eau ?
de 3^cm 450 ?
de 7456^mm³ ?
de 8^dm54^cm³ ?
de 0^dm³746785 ?

777. — Quel est en k^s le poids de 1 hectol. d'eau ?
de 2^hl25 ?
de 745^lit24 ?
de 27 décal. ?
37^hect4^lit ?

778. — Quel est en k^s le poids de 25 décil. d'eau ?
de 3^bl42 ?
de 9^hl1250 ?
de 3475 centil. ?
de 15^lit745 ?

779. — Quelle est en ^lit la capacité d'un vase qui
contient 39^ks5 d'eau ?
12775^bs ?
975^s ?
1^ks2^bs25^ds ?
4275^sr ?

780. — Quelle est en h^l la capacité d'un fût qui
contient 375^ks d'eau ?
472^hs05 ?
37^ms25 ?
16 quintaux ?
38 myriag^r ?

5° Poids des monnaies.

1° MONNAIE D'ARGENT.

781. — Quel est le poids de 100 fr. en monnaie d'argent ?
782. — Quel est le poids de 9474 fr.   id.
783. — Quel est le poids de 50 fr.   id.
784. — Quel est le poids de 45 fr. 50   id.
785. — Quel est le poids de 0 fr. 75   id.
786. — Quel est le poids de 25000 fr.   id.
787. — Quelle est la somme contenue dans un sac rempli de monnaie d'argent et pesant 27 kil., 5, si l'on diminue 75 grammes pour le poids du sac ?
788. — Combien y a-t-il de pièces de 5 fr. dans une somme en argent pesant 4 kil. 725 ?

2° MONNAIE D'OR.

789. — Quel est le poids de 100 fr. en monnaie d'or ?
790. — Quel est le poids de 9450 fr.   id.
791. — Quel est le poids de 25755 fr.   id.
792. — Quel est le poids de 50000 fr.   id.
793. — Quel est le poids de 75 fr.   id.
794. — Quelle est la somme contenue dans un sac rempli de monnaie d'or et pesant 869^g si l'on ôte 50^g pour le poids du sac ?
795. — Combien y a-t-il de pièces de 20 fr. dans une somme en or pesant 864 gr. 434 ?

3° MONNAIE DE BRONZE.

796. — Quel est le poids de 3 fr. 50 en monnaie de bronze ?
797. — Quel est le poids de 19 fr. 35   id.
798. — Quel est le poids de 100 fr.   id.
799. — Quelle est la somme contenue dans un sac rempli de monnaie de bronze et pesant 9 kilogr. 75, si l'on diminue 80 gr. pour le poids du sac ?
800. — Combien y a-t-il de pièces de 5 centimes dans une somme de bronze pesant 3 hect. 15 ?

Poids respectifs des monnaies.

801. — 440 fr. en arg. pèsent 2^{k}200 ; quel est le poids de la même somme, 1° en or, 2° en bronze ?
802. — 350 fr. en or pèsent 112^{gr}903 ; quel est le poids de la même somme, 1° en arg., 2° en br. ?
803. — 100 fr. en br. pèsent 10^{kg} ; quel est le poids de la même somme, 1° en or, 2° en arg. ?
804. — Quelle somme en or pèse autant que 430^f en arg. ?
805. — Quelle somme en arg. pèse autant que 13330^f en or ?
806. — Quelle somme en or pèse autant que 10^f en br. ?
807. — Quelle somme en ar. pèse autant que 4^{fr}25 en br. ?
808. — Quelle somme en br. pèse autant que 6200^{fr}. en or ?
809. — Quelle somme en br. pèse autant que 170^f en arg. ?

(On peut aussi faire écrire les réponses.)

1° Dans un nombre exprimé en mètres, à quel rang se trouve le chiffre des déca. ? celui des myria. ? celui des déci. ? celui des kil. ? — Que représente le 3ᵉ chiffre à gauche de la virgule ? le 3ᵉ à droite ?

2° Dans un nombre exprimé en mèt. car., à quel rang se trouve le chiffre des décam. car. ? celui des myria. car. ? celui des décim. car. ? Que représente le 3ᵉ chiffre à gauche de la virgule ? le 3ᵉ à droite.

3° Le décam. étant composé de 50 chaînons, quelle est la long. de chacun ? Combien y a-t-il de chaînons dans le double décam. ? Comb. porte-t-on de fois le double décam. pour mesurer un kilom. ?

4° Combien 2 dixièmes de mèt. car. font-ils de décim car. ? Comb. 2 centièmes de mèt. car. font-ils de cent. car. ? Combien faut-il de millim. car. pour faire un millième de m. car. ? un dixième ?

5° Combien 2 dixièmes de mèt. cube font-ils de décim. cubes ? Comb. 2 centièmes de mèt. cube font-ils de centim. cub. ? Comb. faut-il de millim. cub. pour faire un 1000ᵉ de m. cub. ? un 10ᵉ ?

6° En se servant des plus grandes mesures qu'il sera possible, desquelles se servira-t-on pour mesurer 49 lit. de grain ? 176 lit. de vin ? 0ᵐ45 de liqueur ? 3 litres 4 de blé ? 6 litres 29 d'huile ?

7° Quels poids met-on pour peser 500ᵍʳ ? 250ᵍʳ ? 125ᵍʳ ? De quelles pièces de monnaie pourrait-on se servir pour peser 500ᵍ ? 250ᵍ ? 125ᵍ ? 7ᵍ5 ? Comb. pèsent ensemble les 4 pièces de bronze ? les 5 d'argent ?

8° Combien le centiare vaut-il de mèt. car. ? et l'are ? et l'hectare ? Comb. le décam. car. vaut-il d'ares ? et l'hect. car. ? et le kilom. car. ? Pour faire un are, comb. faut-il de décim. car. ? et de 10ᵉˢ de m. car. ?

9° Comb. le décistère vaut-il de décim. cub. ? et le double stère ? Quelle différence y a-t-il entre le décist. et le 10ᵉ de m. cube ? Comb. le décist. vaut-il de dixièmes de m. cube ? de centièmes ? de 1000ᵉˢ ?

10° Quelle est en lit. la contenance d'une bouteille qui pèse vide 2ᵏ, et 6ᵏˢ quand elle est remplie d'eau ? Quel est le poids de l'eau contenue dans une barrique de 114 doubles litres ? Dans un tonneau de 750 doubles lit. Combien de quintaux ?

11° Combien de pas de 0ᵐ8 un enfant fera-t-il pour parcourir 1 kilom. ? S'il fait 100 pas par minute, en combien de temps parcourra-t-il 1 kil. ? 4 kil. ? Quel chemin fera-t-il en un quart d'heure, une demi-heure ? une heure ?

12° Combien de bûches de 0ᵐ50 de longueur sur 1 décim. d'équarrissage peut-on faire avec un m. cube ou un stère de bois plein ? avec un décistère ? Combien en ferait-on si les bûches n'avaient qu'un demi-décimètre d'équarrissage ?

13° Si un litre vaut 6 verres, combien de verres dans une futaille de 7 hectol. ? Combien de petits verres d'un double centilitre dans un fût de 30 litres d'eau-de-vie ? Quel est le prix de cette eau-de-vie à 0 fr. 15 le verre ?

14° Si un demi-décil. peut contenir 100 grains de blé, combien de grains de blé dans un litre ? un double litre ? un décalitre ? un demi-hectolitre ? un hectolitre ? dans un sac de 2 hectolitres ?

Problèmes de récapitulation sur les nombres entiers, les nombres décimaux et les nombres métriques.

Les observations de la page 38 trouvent ici une nouvelle et importante application. — Les problèmes qui suivent seront faits avec plus ou moins de raisonnement, suivant la force des élèves ; mais il faut toujours exiger que le résultat de chaque opération soit suivi de quelques mots d'explication ; et, dans tous les cas, tenir la main à ce que l'énoncé du problème soit soigneusement et correctement écrit, ainsi que tout ce que comporte la solution. Il faut aussi accoutumer les enfants à disposer leurs calculs dans un ordre qui permette au maître de saisir d'un coup d'œil la marche suivie, et aux élèves de rendre compte de leurs opérations.

Il ne faut pas non plus perdre de vue le parti que l'on peut tirer de l'énoncé de la plupart des problèmes pour donner aux enfants d'utiles enseignements sur l'agriculture, l'industrie, le commerce, l'économie domestique, etc., par les données relatives à la nature des denrées ou des marchandises, à leur usage, leur prix ordinaire, etc.

810. — Un mercier qui me devait 215 fr. m'a donné en paiement 36ᵐ,50 de toile à 1 fr. 30 le mètre, et 8ᵐ de drap à 19 fr. 50 le mètre. Combien me doit-il encore ?

811. — Quelqu'un reçoit 195 fr. tous les deux mois, plus une rente de 87 fr. par an ; il dépense en moyenne 3 fr. 25 par jour ; que lui reste-t-il à la fin de l'année ?

812. — Pour me faire un habit, j'ai acheté 1ᵐ,85 de drap, à 27 fr. 80 le mètre, 1ᵐ,70 de doublure à 0 fr. 85 le mètre ; j'ai payé pour 6 fr. 45 de fournitures et 15 fr. de façon. A combien me revient mon habit ?

813. — Un ouvrier gagne 4 fr. 20 par jour et se repose le dimanche. Quelle doit être sa dépense journalière, en supposant qu'il mette de côté le quart de son salaire ?

814. — Un commis reçoit 1380 fr. d'appointements par an ; il a perdu 4 mois ; combien doit-on lui retenir ?

(Résoudre ces deux dernières questions par le calcul mental.)

815. — J'ai acheté quatre douzaines de foulards à raison de 4 fr. 50 la pièce ; je donne en paiement 11ᵐ50 de drap à 21 fr. 60 le mètre ; combien doit-on me rendre ?

816. — Pour faire une chemise il faut 3ᵐ25 de toile. J'ai l'intention d'en avoir une douzaine en toile de 1 fr. 35 le mètre. Combien cela me coûtera-t-il si l'on me prend 2 fr. 10 par chemise pour les faire ?

817. — J'ai acheté 16 paquets de chacun 25 plumes à 1 fr. 90 le cent ; je l s ai revendus à raison de 0 fr. 02 la plume. Quel a été mon bénéfice ?

818. — Un journalier m'a fait 25 journées de chacune 1 fr. 40 ; je lui ai payé 5 fr. d'abord, puis 7 fr. 80 ; ensuite je lui ai fourni 16 litres de pois à 0 fr. 75 le litre. Combien lui dois-je encore ?

819. — Un maître a 4 ouvriers ; le 1ᵉʳ gagne 4 fr. 25 par jour ; le 2ᵉ, 4 fr. ; le 3ᵉ, 3 fr. 75 ; le 4ᵉ, 3 fr. 70. Quelle somme lui faut-il pour les payer tous au bout de 24 jours ?

820. — Pour 448 fr. 25, un forgeron a eu 645 kilog. de fer. Combien doit-il revendre chaque kilog. s'il veut gagner 100 fr. sur le tout ?

821. — Quinze pièces contenant chacune 12 mouchoirs coûtent 180 fr. d'achat, 1 fr. 80 de port et 3 fr. 60 d'emballage. On revend chaque mouchoir 1 fr. 25 ; quel sera le bénéfice ?

822. — Un ouvrier doit 33 fr. 30 qu'il ne peut payer qu'en retenant 0 fr. 15 sur son salaire de chaque jour. Il travaille 6 jours la semaine. En combien de semaines aura-t-il économisé le montant de sa dette ?

823. — Un boucher a acheté un bœuf 330 fr. ; tous frais payés, l'animal revient à 350 fr. Le boucher vend pour 33 fr. 75 d'issues ; 58 kilog. de suif à 1 fr. 95, et 250 kilog. de viande à 0 fr. 95. Quel est son bénéfice ?

824. — On a donné 215 m. de drap pour en payer 1290 de toile. A combien revient le mèt. de toile si celui de drap vaut 15 f. ?

825. — Mon boulanger m'a fourni 46 pains de 6ᵏ, dont 25 à 2 fr. 65 chaque pain et le reste à 2 fr. 70. Que lui dois-je ?

* 825. — Lorsque le pain vaut 0 fr. 45 le kilog. et la viande 1 fr. 10, combien aura-t-on de kil. de chaque sorte pour 18 fr. 60 si l'on en veut autant de l'une que de l'autre ?

827. — Un porc qui coûtait 13 fr. 90, a consommé 230 kilog. de son à 0 fr. 08 le kilog. et 4 hectol. de pommes de terre à 5 fr. 50 l'hect. Tué et vidé, l'animal pèse 49 kil. A combien revient le kil. de cette viande ?

828. — Un cheval a consommé dans une année 300 bottes de foin, à 42 fr. le cent; 175 bottes de paille, à 0 fr. 35 la botte ; 5 hectol. d'avoine, à 13 fr. l'hectol. D'un autre côté, on a vendu pour 45 fr. de fumier. A combien se monte la dépense du cheval ?

829. — Une ferme se compose d'un herbage de 2 hectares 5 ares 25 centia., d'un autre de 5 hectares 50 centia. ; de 4 pièces de labour contenant ensemble 7 hecta. 0516 ; de 2 prés de chacun 40 ares 50. Dire la superficie totale de la ferme si le sol de l'habitation, la cour et le jardin potager présentent une étendue de 10 ares 9 centiares ?

830. — Combien aurait-on de pains de 12 demi-kilog. pour 226 fr. 80, si le demi-kilog. valait 0 fr. 225 ?

831. — Lorsque le demi-kilog. de pain vaudra 0 fr. 21, combien aura-t-on de pains de 3 kilog. pour 64 fr. 26 ?

832. — Combien aura-t-on de kilog. de pain à 0 fr. 42 pour le prix de 12 kilog. de viande à 1 fr. 26 le kilog. ?

(Solution par le calcul mental.)

833. — On a acheté 240 litres de cidre à raison de 0 fr. 15 le litre, et on y a ajouté 120 litres d'eau. A combien revient le litre de la boisson ainsi obtenue ?

834. — Un marchand a acheté 3 pièces de vin pour 302 fr. 40, à raison de 42 fr. l'hectol. La 1ʳᵉ contient 232 lit. 7 ; la 2ᵉ, 215 lit. Combien la 3ᵉ contient-elle ?

835. — On met en vente 16 hectares 9 ares 7 centia. d'herbages ; 9 hecta. 18 centia. de terres labourables et 254 ares de prés. Les herbages sont estimés 4500 fr. l'hectare ; les prés 4800 fr., et les terres labourables 38 fr. l'are. Combien vaut le tout ?

(A 38f l'are combien l'hectare ?)

836. — J'ai acheté 27 hectol. de pommes à raison de 2 fr. 10 le demi-hectolitre. Combien dois-je payer?

837. — Trouvez ce que l'on doit pour 7 mottes de beurre dont 2 pèsent ensemble 16 kilog. 90; 3 autres 65 hectog. chacune, et les deux dernières, l'une 712 décag., et l'autre 7 kilog., à raison de 2 fr. 05 le kilog.

838. — Un épicier fait venir 26 pains de sucre, dont 9 pèsent 7 kilog. 25 chacun, et les autres chacun 65 hectog. 45. Que doit-il pour le tout à raison de 160 fr. les 100 kilog. ?

839. — Un épicier a acheté 156 lit. d'huile à 98 fr. l'hectol.; 123 kilog. de sucre à 160 fr. les 100 kilog., et 12 kilog. de poivre à 3 fr. 25 le kilog. Il revend l'huile 1 fr. 10 le litre, le sucre 0 fr. 90 le demi-kilog. et le poivre 0 fr. 40 l'hectog. Quel sera son bénéfice?

840. — Le droit d'entrée sur le cidre étant 2 fr. 55 par hectol., combien en coûtera-t-il pour 5 barriques contenant chacune 25 décalitres?

841. — Partagez 8624 fr. entre 3 personnes, de manière que la 3ᵉ ait autant à elle seule que les deux autres, qui doivent avoir une part égale.

842. — Un tonneau de cidre de 1500 lit. coûte 180 fr. Combien doit payer une personne à qui l'on en a cédé 100 lit. au prix coûtant? (*Résoudre ces deux dernières questions par le calcul mental.*)

843. — Un postillon a parcouru 31 myriam. 05 en 27 heures. Combien faisait-il de kilomètres par heure ?

844. — Un jardin de 2 ares 05 coûte, tous frais payés, 313 fr. 24. Combien est-ce l'hectare ?

845. — Un marchand de bois en a livré 17 décast. 25 pour 2829 fr. Combien est-ce le stère ?

846. — Trouvez la valeur de 2 couverts d'argent pesant chacun 185 gr. 8, à raison de 223 fr. 50 le kilog. ?

847. — Pour faire 560 doubles litres de cidre, on a employé 35 demi-hectol. de pommes qu'on a payés à raison de 1 fr. 60 le demi-hectol. A combien revient le double litre de cidre ?

848. — Un cultivateur a récolté 114 hectol. 82 de colza. Il vient de vendre cette graine à raison de 29 fr. 50 l'hectolitre, mais, en livrant, il devra donner 4 hectol. pour 100 en sus. Quelle somme recevra-t-il ?

849. — J'ai acheté 275 fagots au prix de 0 fr. 95 la pièce, plus 10 cent. par franc pour les frais de vente. On m'a ensuite donné 11 fagots en plus pour rien. En les revendant 1 fr. 15 la pièce, combien aurai-je de bénéfice ?

850. — Un faïencier a fait venir 300 assiettes qui lui coûtent 11 fr. le cent. Il s'en est trouvé 8 de cassées, et il veut revendre le reste de manière à être remboursé de 2 fr. 80 de frais et à gagner 8 fr. Combien doit-il revendre chaque assiette ?

851. — Si un cheval dépense 15 bottes de foin par semaine, pendant combien de semaines pourrai-je nourrir mes 12 chevaux avec quatre mille et demi de foin ?|

852. — Un propriétaire possède un revenu annuel de 1642 fr. 50. Il veut mettre de côté 1 fr. par jour; que peut-il dépenser par jour ?

853. — 25 pièces de toile d'égale longueur coûtent 1 fr. 20 le mètre. Si on les revend à raison de 1 fr. 50 le mètre, on gagnera 150 fr. Quelle est la longueur de chaque pièce ?

854. — Un commis voyageur reçoit 1095 fr. d'appointements par an, plus 5 fr. par jour pour frais de voyage. On demande ce qu'il peut économiser dans une année s'il ne dépense que 6 fr. par jour ? (Solution par le calcul mental.)

855. — Un tailleur de verres reçoit 0 fr. 90 pour chaque verre qu'il taille d'une manière heureuse ; il ne reçoit que 0 fr. 40 pour ceux qui présentent quelque défaut dans la taille ; enfin il paie 0 fr. 50 pour ceux qu'il casse. Sur 4 douzaines, il gâte 8 verres, en casse 4 et remet le reste en bon état. Que lui est-il dû ?

856. — J'ai acheté 85 bourrées au prix de 38 fr. 50 le cent. On paie en outre 0 fr. 15 par franc pour frais de vente. Combien dois-je pour le tout et à combien me revient chaque bourrée ?

857. — Pour faire une blouse, il faut 2^m 85 de marchandise, et la façon coûte 1 fr. 95. Un marchand doit en faire confectionner 14 en toile de 1 fr. 35 le mètre ; il espère les revendre 7 fr. 50 la pièce ; combien gagnera-t-il ?

858. — Un tonneau de cidre contenant 1400 litres coûte 140 fr. : les droits et autres frais se montent à 50 fr. Combien doit-on vendre le litre pour gagner 20 fr. sur le tout ?

859. — Un cabaretier a acheté 115 litres d'eau-de-vie à 1 fr. 45 le litre ; il a mélangé cette eau-de-vie avec 45 litres d'une autre qualité à 1 fr. 75 le lit. et a ajouté 5 lit. d'eau. Il revend le mélange 1 fr. 85 le litre ; quel sera son bénéfice ?

860. — Le boulanger m'a fourni 114 pains de 3 kilog., dont la moitié à 1 fr. 25 chaque pain et l'autre moitié à 1 fr. 15. Combien lui dois-je pour le tout ?

861. — Je paie 1240 fr. pour le loyer d'une maison pendant un an ; quel sera mon bénéfice si 8 sous-locataires me paient chacun 18 fr. par mois ? (Solution par le calcul mental.)

862. — Un marchand d'huîtres m'en fait payer 3 bourriches de chacune 18 douzaines à raison de 0 fr. 30 la douzaine. Ces huîtres lui coûtent 18 fr. le mille ; quel est son bénéfice sur la vente qu'il m'a faite ?

863. — Un ouvrier m'a fait 14 journées de travail à 0 fr. 90 chacune, je lui ai fourni 15 kilog. de beurre à 1 fr. 80 le kilog. ; combien doit-il me faire encore de journées pour s'acquitter ?

864. — J'ai payé 17 fr. 50 pour 10 mètres de toile ; quelle somme me faut-il pour acheter 34 mètres de la même toile ?

865. — L'équipage d'un bateau pêcheur, composé du patron et de 18 marins, a gagné 6500 fr. ; il doit être réservé 6 lots pour le bateau ; le reste est partagé entre l'équipage de manière que le patron ait deux lots et chaque marin un lot. Dire la part revenant au bateau, au patron et à chaque marin.

866. — Pour un passavant, le droit sur le cidre étant de 0 fr. 55 par hectolitre, combien en coûtera-t-il pour un tonneau contenant 1350 litres ?

867. — 35^{m2} 25 de terrain ont été cédés moyennant 53 fr. 58 ; combien est-ce l'are ?

868. — Un commis a 0 fr. 0125 par franc sur les affaires qu'il fait. Quel est son profit s'il a compté 3926u fr. à son patron ?

869. — Si 110 kilog. de sucre coûtent 165 fr., combien faut-il revendre 50 kilog. pour gagner le prix d'achat de 6 kilog. ?

*870.** — On a payé 756 fr. pour 72^m de drap ; combien faut-il revendre le mètre pour gagner 3 fr. sur 20 fr. ?

871. — Combien faut-il de pièces de 5 fr. pour faire une somme égale à 27 pièces de 50 fr. et 15 de 20 fr. ?

(Solution par le calcul mental.)

872. — Un pré ayant 137^m de longueur et 78^m 5 de largeur est entouré d'un fossé qu'on veut faire réparer ; combien en coûtera-t-il si l'on donne 1 fr. 35 du décamètre ?

(Tracer une figure représentant la forme du pré.)

873. — Deux personnes se partagent un champ rectangulaire de 20 décam. de long sur 4 de large : la première prend 29^a 46 et la deuxième a le reste. Que devra payer chacune d'elles si l'are vaut 42 fr. 70 ?

874. — On donne 3 fr. à un enfant qu'on envoie acheter un kilogramme et demi de sucre à 1 fr. 75 le kilog. Combien devra-t-il rapporter d'argent ? (Solution par le calcul mental.)

875. — Un grainetier a acheté 13 doubles hectolitres d'avoine à raison de 8 fr. 70 l'hectol. Combien devra-t-il revendre chaque demi-hectolitre s'il veut gagner 19 fr. 50 sur le tout ?

876. — On a acheté 2^u 48 de bois à brûler pour 53 fr. 32. A combien reviennent les 15 millistères ?

877. — Une personne a échangé 358 bottes de paille à 23 fr. 40 le cent contre 170 bottes de foin à 47 fr. le cent ; combien lui doit-on en retour ?

878. — Une pièce de terre de 80^a coûte 3416 fr. Deux acquéreurs se la partagent : le premier doit avoir 42^a 70 et le second le reste. Combien chacun doit-il payer ?

879. — Si le litre de vin de Bordeaux pèse 996^{gr},5, quelle est la contenance d'une pièce qui pèse, pleine de vin, 269^{kg} 88, le fût pesant 22^{kg} 5 ?

880. — On me devait 1460 fr. 80 ; on m'a donné 745 fr. 25. Combien doit-on me fournir de mètres de drap à 9 fr. 60 pour payer ce qui m'est encore dû ?

881. — Pour 995 fr. d'achat et 17 fr. 50 de port, un marchand a eu 568^{m}40 de toile qu'il a revendus à raison de 2 fr. 10 le mètre. Combien a-t-il gagné en tout et par mètre ?

882. — Pour 2000 fr. on veut acheter autant de drap à 8 fr. 50 que d'une autre étoffe à 6 fr. 75 et que de toile à 1 fr. 25. Combien aura-t-on de mètres de chaque sorte ?

883. — Une société composée d'autant d'hommes que de femmes a dépensé 250 fr. 25 à raison de 1 fr. 75 pour chaque homme et de 1 fr. 50 pour chaque femme. Combien y avait-il des uns et des autres ? (Pour ces deux derniers prob., voir la solut. du n° 826.)

884. — Une fontaine de 2ᵐ 5 de long, 2ᵐ de large et 0ᵐ 4306 de profondeur a deux robinets ; par le 1ᵉʳ, il s'écoule 5ˡ 30 d'eau à la minute, et par le 2ᵉ, 7ˡ 75. Si les deux robinets coulent ensemble, en combien de temps la fontaine sera-t-elle vide ?

885. — Un fonctionnaire qui gagne 1500 fr. par an veut mettre de côté 475 fr. 60. Combien peut-il dépenser par mois, par semaine et par jour ?

886. — Un are de bonne plante de colza peut servir au repiquage de 5 ares. D'après cela, quelle étendue de terrain doit ensemencer un cultivateur qui désire planter en colza une pièce de 2ʰᵃ 37 ?

887. — Si un are de plante de colza vaut 5 fr., et qu'il en coûte par are de colza repiqué, savoir : 0 fr. 50 pour les labours, 0 fr. 35 pour l'arrachage et le repiquage de la plante, 3 fr. pour les engrais, 0 fr. 35 pour la récolte ; le fermage de la terre étant de 2 fr. l'are. quel sera par hectare le bénéfice du fermier, en admettant que le rendement soit de 30 l. par are et que la graine de colza vaille 27 fr. l'hectolitre ?

*888. — Trouvez, au moyen du tableau de la page 64, le volume total en stères de 4 pièces de bois dont les diamètres sont 0ᵐ 32, 0ᵐ 40, 0ᵐ 39, 0ᵐ 51, et les longueurs 1ᵐ, 2ᵐ 25, 3ᵐ et 4ᵐ 50 ?

889. — Pour 1000 fr., un marchand a eu 5 pièces de vin contenant chacune 560 litres. Le transport lui a coûté 49 fr. 60. Combien doit-il revendre le litre de ce vin pour gagner 0 fr. 25 par litre?

*890. — Si j'avais 500 f. de plus, je pourrais payer 28ᵃ 60 de terre à 47 f. 60 l'are, et il me resterait 140 f. ; combien ai-je ?

891. — 5 hectolitres 12 litres de pois sont vendus 192 fr. ; combien est-ce le double litre ?

892. — Un tonneau de cidre contenant 1465ˡⁱᵗ a coûté 83 fr. d'achat, 4 fr. 50 de port et 7 fr. 80 de droits ; un autre tonneau contenant 1650 lit. a coûté 95 fr. d'achat, 6 fr. 45 de port et 8 fr. 50 de droits. Lequel est le plus cher ?

*893. — Deux pièces d'étoffe de même qualité ont coûté l'une 450 fr. et l'autre 670 fr. ; la 1ʳᵉ a 25 m. de moins que la 2ᵉ ; quelle est la longueur de l'une et de l'autre ?

894. — Deux voitures partent ensemble de Paris pour Versailles : la 1ʳᵉ fait 200 m. à la minute et s'arrête 5 minutes ; la 2ᵉ fait 250 m. à la minute et ne s'arrête point. Combien celle-ci arrivera-t-elle de temps avant l'autre, la distance étant de 20 kilomètres ?

*895. — Deux pièces d'étoffe de même qualité ont l'une 41ᵐ70 et l'autre 35ᵐ80 ; la première coûte 67 fr. 26 de plus que la seconde ; quel est le prix de chacune ?

896. — 0ᵐ37 de marchandise ont coûté 2 fr. 45 ; on demande :
1° Quel est le prix du mètre ?
2° Combien auraient coûté 18ᵐ50 ?
3° Combien de mètres on aurait pour 45 fr. 80 ?

*897. — Deux personnes doivent se partager la somme de 100 fr. ; la 1ʳᵉ doit avoir 20 fr. 75 de plus que la 2ᵉ ; dire la part de chacune.

*898. — Trois personnes se partagent 400 fr.; la 1re doit avoir
25 fr. de plus que la 2e et celle-ci 43 fr. de plus que la 3e; dire
la part de chacune.

899. — Quatre personnes ont 1500 fr. à partager entre elles; la
1re doit avoir 70 fr. de plus que la 2e, celle-ci 90 fr. de plus que
la 3e, qui elle-même doit avoir 150 fr. de plus que la 4e; faire le partage.

900. — Lorsqu'on paie 0 fr. 15 pour un verre de vin contenant
12.centil. 5, combien est-ce le litre ?

901. — 37 cent. 5 d'une certaine marchandise coûtent 0 fr. 75;
combien est-ce le mètre ?

902. — 6 pièces de drap d'égale longueur et de même qualité
sont vendues à raison de 11 fr. 60 le mètre. En les revendant
12 fr. 25 le mètre, le marchand gagnera en tout 241 fr. 80. Trouver
la longueur de chaque pièce.

*903. — Un marchand de vin en a acheté cinq pièces d'égale
grandeur pour 650 fr.; il en a vendu 65 lit. pour 35 fr. 75; on
sait, en outre, qu'il gagne 0 fr. 05 par lit.; trouver la contenance
de chaque pièce.

904. — Un ouvrage payé 35 fr. 75 a été fait par un ouvrier en
13 jours de 11 heures chacun; combien gagnait-il par heure ?

905. — Combien faut-il de demi-kilog. de fer pour ferrer 6 chevaux pendant un an, si chaque fer pèse 25 décag., et qu'il faille
les renouveler tous les mois ?

(Solution par le calcul mental.)

906. — Un entrepreneur occupe 8 ouvriers qui lui gagnent chacun 0 fr. 45 par jour; en combien de jours lui auront-ils gagné
75 fr. 60, et quelle somme lui faudra-t-il pour les payer tous, s'il
donne à chacun 2 fr. 25 par jour ?

907. — Un père de famille gagne 3 fr. 90 par jour et dépense
2 fr. 65; quelle est son économie de l'année s'il se repose le dimanche et huit jours de fête ?

908. — J'ai acheté sur pied, moyennant 172 fr., plus un décime par franc pour frais de vente, un champ de blé qui a fourni
219 gerbes. La récolte et le battage coûtent ensemble 51 fr. Je
demande : 1° à combien me revient la gerbe de blé; 2° quel sera
le prix d'un double hectolitre si 9 gerbes produisent un demi-
hectolitre ?

909. — Je revends 12 kilog. de café avarié au prix de 1 fr. 60
le kilog., et je perds 12 fr. 80 sur le tout. Combien avais-je payé
le kilogr. de ce café ?

910 — Un rentier qui a 4645 fr. de revenu annuel a mis de côté
16920 fr. en six ans. Quelle a été sa dépense journalière ?

911. — J'ai acheté 4000 plumes, dont la moitié à 14 fr. 50 le
mille et le reste à 1 fr. 50 le cent. Si je revends chaque plume
0 fr. 02, combien gagnerai-je ?

912. — J'ai acheté pour 540 fr. 50 de savon à 0 fr. 92 le kilog.
Je le revends 0 fr. 51 le demi-kilogr. Quel sera mon bénéfice ?

*913. — On a employé 94 fr. 85 à acheter du savon dont la moi-
tié à 0 fr. 90 le kilog. et l'autre à 0 fr. 85. On le revend 0 fr. 95
le kilog.; quel sera le bénéfice ?

914. — Un mercier a donné la note suivante :

C——————, *le 12 janvier 1873.*

3ᵐ 50	Drap bleu à....................	14ᶠ »	
7ᵐ	Toile de fil....................	1 50	
0, 80	Percaline grise................	» 80	
8, 10	Mérinos pour robe..............	3 75	
0, 45	Drap noir pour gilet...........	18 »	
0, 50	Cotonnade croisée..............	1 80	
1, 20	Mousseline....................	1 10	
	Total..............		
	Reçu à compte...........		30 »
	Reste dù..........		

915. — Note remise par un épicier :

D——————, *le 15 janvier 1873.*

7ᵏᵒ 5	Sucre en pain à................	1ᶠ 45
1 8	Café brûlé.....................	4 25
3	Sel Saint-Gilles................	» 20
2 3	Riz............................	» 75
4 5	Chandelle de Paris.............	1 50
0 05	Poivre moulu..................	3 »
1 4	Raisins secs...................	1 25
0 55	Amandes......................	1 80
0 96	Bougies stéariques.............	3 15
1 04	Huile d'olive.	2 75
0ˡ 5	Vinaigre d'Orléans.............	1 20
	Total..............	

916. — Le mémoire d'un boucher porte ce qui suit :

L——————, *le 20 janvier 1873.*

1872			
Août 15	4ᵏᵒ 8	de bœuf à..............	1ᶠ 50
»	2, 5	de veau..............	1 40
17	3, 6	de bœuf..............	1 50
»	1, 5	de mouton............	1 60
»	» »	tête de veau	1 85
24	5, 3	de bœuf..............	1 55
»	3ᵏᵒ	de veau..............	1 45
»	1, 4	langue...............	1 45
31	4, 2	de bœuf..............	1 55
»	» 5	côtelettes de mouton.....	1 80
»	3, 25	gigot de mouton........	1 80
Sept. 7	6, 4	de bœuf..............	1 55
»	2, 75	de veau..............	1 45
		Total..............	

917. —Faites une facture semblable aux précédentes pour un enfant qui vient, avec une pièce de 20 fr., chercher un pain de sucre de 4ᵏ 85 à 1 fr. 45 le kilog. ; 5ᵏ de sel à 0 fr. 22 ; un paquet de bougies à 1 fr. 60 ; 75 gr. de poivre à 3 fr. 25 le kilog. ; 0ᵏ 5 de café moulu à 3 fr. 90 le kilog. ; 3 hectog. de figues sèches à 0 fr. 80 le kilog.

228. — La *règle de trois* est une opération par laquelle, au moyen de *trois* nombres connus, on en trouve un quatrième qui répond à la question.

Le problème suivant renferme une règle de trois :

8 mèt. de toile ont coûté 12 fr.; quel sera le prix de 6 mèt. de la même toile ?

Les trois nombres connus sont 8 mèt., 12 fr. et 6 mèt.; le 4ᵉ est le prix demandé.

229. — *Pour faire une règle de trois,* on écrit en abrégé le problème sur deux lignes, de manière que les nombres de même espèce (*) se trouvent l'un sous l'autre, et on désigne par x le nombre que l'on cherche.

8^m 12 fr.
6^m x fr.

1^m coûte $\dfrac{12^f}{8}$

6^m coûtent $\dfrac{12^f \times 6}{8} = \dfrac{72^f}{8} = 9^f.$

Cela fait, on pose le nombre qui est de la même espèce que l'x; on ramène à l'unité le nombre qui est sur la même ligne, puis on multiplie ou l'on divise par l'autre nombre selon que l'exige la question. (Voir page 91, note du bas.)

230. — NOTA. Dans ces sortes d'opérations, la division s'indique par un trait horizontal (page 30, note). Les multiplications se font en multipliant le dividende, parce qu'alors on multiplie le quotient (n° 79). Les divisions se font en multipliant le diviseur, parce qu'alors on divise le quotient (n° 81).

EXPLICATION. — **1ᵉʳ Modèle.** — Pour résoudre le problème ci-dessus (228), je commence, d'après la règle (229), par l'écrire en abrégé et par poser 12 fr.; je dis ensuite : Si, au lieu d'acheter 8^m, je n'en achetais qu'*un*, il me coûterait 8 fois moins ou $\dfrac{12^f}{8}$; mais j'en achète 6^m, cela me coûtera 6 fois plus ou $\dfrac{12^f \times 6}{8}$ ou $\dfrac{72^f}{8}$, c'est-à-dire 9^f, résultat cherché.

2ᵉ Modèle. — Soit le problème suivant, semblable à ceux des n°ˢ 954... etc.

9 ouvriers ont creusé un fossé en 10 jours : combien eût-il fallu d'ouvriers pour le creuser en une semaine ou 6 jours de travail ?

Je pose le problème conformément à la règle (229), puis je dis, après avoir écrit 9° :

9° 10 j.
x^o 6 j.

Pour 1 j... $9^o \times 10$

Pour 6 j... $\dfrac{9^o \times 10}{6} = \dfrac{90^o}{6} = 15^o$

Si, au lieu de creuser le fossé en 10 jours, on avait voulu le creuser en *un* jour, il aurait fallu 10 fois plus d'ouvriers ou $9^o \times 10$ ou 90 ouvriers. Et s'il faut 9×10 ou 90 ouvriers pour creuser le fossé en *un* jour, pour le creuser en 6 jours, il en faudrait 6 fois moins ou $\dfrac{9 \times 10}{6}$ ou $\dfrac{90^o}{6} = 15$ ouvriers.

Voir au *Supplém.*, page 34, la solution des *règles de trois* par les *proportions*.

___

(*) On entend ici par *nombres de même espèce* non-seulement ceux qui renferment les mêmes unités, mais encore ceux qui représentent des quantités tout à fait semblables. Ainsi, dans le problème n° 960, il y a quatre nombres de mèt., mais alors il y a *mèt. en longueur* et *mèt. en largeur*. Dans le n° 976, il y a 4 nombres de fr., mais alors il y a *fr. capital* et *fr. bénéfice*.

918. — 5 mètres de drap ont coûté 75 fr. ; quel serait le prix de 8 mètres du même drap ? (*). (Solution par le calcul mental.)

919. — 11^m75 de toile ont coûté 16 fr. 45 ; quel serait le prix de 38 mètres de la même toile ?

920. — J'ai acheté une pièce de vin de 240 lit. pour 156 fr. Je veux en céder 80 lit. à un ami au prix coûtant ; que me devra-t-il ?

921. — On a payé 150 fr. pour un tonneau de cidre de 750 doubles lit. ; quel doit être à proportion le prix d'un autre tonneau de 675 doubles litres ? (Solution par le calcul mental.)

922. — En travaillant 9 heures par jour, un ouvrier a gagné en un certain temps 72 fr. 75 ; combien aurait-il gagné s'il avait travaillé 12 heures par jour ?

923. — Un fermier vient de vendre 14 moutons 367 fr. 50 ; quelle serait, au même prix, la valeur de 56 moutons qui lui restent ?

924. — S'il a fallu 91^{lit} 80 de blé pour ensemencer un champ de 38ª 25, combien en faudra-t-il pour un autre champ contenant 68 ares ?

925. — Un ouvrier a gagné 37 fr. 50 en 15 jours ; combien pourra-t-il gagner en 8 jours ? (Solution par le calcul mental.)

926. — Pour la construction d'un mur de 72 mèt. car., on a payé au maçon 64 fr. 80 ; combien lui est-il dû pour un autre mur de 29^{m2} 60 qu'il a construit aux mêmes conditions ?

927. — Quand la douzaine d'œufs vaut 0 fr. 55, quel serait le prix de deux paniers qui contiennent chacun 86 œufs ?

928. — Un journalier a entrepris de creuser un fossé de 135^m de longueur. Il y a déjà travaillé 23 jours et en a creusé 27^m; en combien de jours pourra-t-il creuser tout le fossé, s'il présente partout la même difficulté ?

929. — On a employé 8 ouvriers pour faire 76^m 60 d'ouvrage ; combien eût-il fallu d'ouvriers de même force pour faire 95^m 75 du même ouvrage dans le même temps ?

930. — Le prix de 17^{kg} de viande étant 20 fr. 40, que doit-on payer pour 75 hectog. de la même viande ?

931. — Un domestique a reçu 28 fr. 80 pour 48 jours de sa condition ; combien aurait-il reçu s'il avait fait l'année entière ?

932. — Je me propose de donner 5 fr. aux pauvres chaque fois que je gagnerai 55 fr. ; combien aurai-je gagné lorsque je pourrai donner 250 fr. ? (Solution par le calcul mental.)

933. — On a soutiré une pièce de vin de 234 lit. avec 282 bouteilles ; combien faudra-t-il de bouteilles de même grandeur pour soutirer une autre pièce de 273 lit. ?

(*) Il arrive souvent que l'on peut simplifier les calculs, soit en supprimant des facteurs communs au dividende et au diviseur, soit en les divisant par le même nombre, ce qui, dans tous les cas, n'altère pas le quotient (n° 82). Si, par exemple, on arrive à cette expression : $\dfrac{75^{fr} \times 8}{5}$, on peut diviser 75 fr. par 5 et supprimer le diviseur 5, ce qui donne immédiatement pour résultat 15 × 8 ou 120 fr.

934. — 15 ouvriers ont fait 105 mèt. d'ouvrage en un certain temps ; combien 19 ouvriers de même force en auraient-ils fait dans le même temps ? (Solution par le calcul mental.)

935. — Une pièce de terre de 75ª est vendue 3562 fr. 50 ; quelle serait au même prix la valeur d'un champ de 27 ares ?

936. — Un refend en planches d'une superficie de 19ᵐ² a été payé 52 fr. 25 au menuisier ; combien lui doit-on, aux mêmes conditions, pour un autre refend de 15ᵐ² 40 ?

937. — Un ouvrier a gagné 74 fr. 25 en 27 jours ; combien, au même prix, travaillerait-il de jours pour gagner 222 fr. 75 ?

938. — Quelle est la hauteur d'un arbre qui donne 25 mètres d'ombre, lorsque, en même temps, une règle de 2ᵐ 50 en donne 3ᵐ 75 ?

939. — On a payé 45 fr. pour 36ᵐ de toile ; combien aura-t-on de mètres de la même toile pour 112 fr. 50?

940. — Un libraire a acheté 3450 exemplaires d'un ouvrage, à condition d'en avoir 8 pour 100 en sus ; combien recevra-t-il d'exemplaires en tout ?

*941. — Un cultivateur a vendu 152 hectolitres de colza, mais en livrant il doit donner 4 hectolitres pour 100 en sus ; combien lui paiera-t-on d'hectolitres ?

942. — Lorsque le pain de 6 kilog. vaut 2 fr. 45, combien aura-t-on de kilog. de ce pain pour 41 fr. 65 ?

943. — Quelqu'un a eu, pendant 24 jours, un cheval qui a dépensé 66 bottes de foin ; combien lui aurait-il fallu encore de bottes de foin, s'il avait gardé le cheval trois semaines de plus ?

*944. — Une balle de marchandise estimée 615 fr. 20 éprouve une avarie qui lui fait perdre 33 pour 100 de sa valeur ; à combien se réduit cette valeur ?

945. — On demande 188 fr. 50 d'une pièce d'étoffe, large de 0ᵐ 85 ; quel doit être le prix d'une autre pièce de même qualité et de même longueur, mais qui n'a que 0ᵐ 68 de largeur ?

946. — On a payé 33 fr. 60 pour le transport de 756 kilog. l'espace de 27 kilom. ; combien, aux mêmes conditions, devrait-on payer pour le transport de 648 kilogr. à la même distance ?

947. — S'il faut 45 mètres de toile pour en payer 5 de drap, combien aura-t-on de mètres de drap pour 162ᵐ de toile ?

(Solution par le calcul mental.)

948. — J'ai acheté 3425 bourrées à condition d'en avoir 4 pour 100 en sus ; combien en recevrai-je ?

(Solution par le calcul mental.)

949. — Un journalier s'est engagé à battre 2520 gerbes de blé ; il a travaillé 9 jours et en a battu 189 gerbes ; en combien de semaines aura-t-il battu tout le blé ?

950. — On a récolté 196 gerbes de blé dans une pièce de terre de 39ª 20 ; combien, à proportion, devrait-il y en avoir dans une autre pièce de 49 ares ?

951. — 17 ouvriers en 15 jours ont fait 102 m. d'ouvrage ; combien 12 des mêmes ouvriers en feront-ils dans le même temps ?
(Solution par le calcul mental.)

952. — Un jardinier qui vend ses poires 0 fr. 75 la douzaine m'a livré 68 poires ; combien lui est-il dû ?

953. — A 0 fr. 75 la douzaine de poires, combien est-ce le cent ? — Combien de douzaines dans le cent ? à 0 fr.75 la douzaine, combien 8 douzaines et un tiers ?

954. — On a employé 14 ouvriers pendant 12 jours pour terminer un ouvrage ; combien eût-il fallu d'ouvriers pour le terminer en 9 jours (*) ?

955. — 16 maçons ont travaillé 15 jours pour construire un mur ; combien 12 des mêmes ouvriers auraient-ils employé de journées à faire le même ouvrage ?

956. — Un roulier s'engage à transporter 1530 kilog. de marchandise à 39 kilom. de distance ; à quelle distance pourrait-il, aux mêmes conditions, transporter 4590 kilog. ?

957. — On a fait transporter 815 kilog. de marchandise à 54 kilom. de distance pour une certaine somme ; combien, pour la même somme, eût-on pu faire transporter de kilog. de la même marchandise seulement à 36 kilom. ?

* 958. — Un fermier peut nourrir ses chevaux pendant 72 jours en donnant à chacun 13 kilog. de foin par jour ; à combien doit-il réduire cette ration pour les nourrir pendant 78 jours ?

959. — Un ouvrier qui travaille 10 heures par jour, a terminé un ouvrage en 55 jours ; en combien de jours l'eût-il fait, s'il avait travaillé 11 heures par jour ?

* 960. — On échange une pièce de toile de $71^m 20$ de longueur et de $1^m 20$ de largeur contre d'autre toile de même qualité, mais n'ayant que $0^m 80$ de largeur ; quelle longueur doit-on demander ?

961. — Pour faire un habit, un tailleur a employé $1^m 90$ de drap de $1^m 50$ de largeur ; combien eût-il fallu d'une autre marchandise qui n'a que $0^m 60$ de largeur pour faire le même habit ?

962. — Pour couvrir une plate-forme, le ferblantier a employé 42 feuilles de zinc de 4^m38 de longueur chacune ; combien en aurait-il employé si la longueur des feuilles n'avait été que de 2^m92 ?

963. — Pour planchéier une salle longue de 8 mèt. et large de $5^m,60$, le menuisier a employé 48 planches de $0^m 21$ de largeur ; combien en aurait-il fallu si elles avaient eu une largeur de $0^m 24$?

*964. — Dans une place défendue par 2400 hommes, il y a des vivres pour 2 mois ; combien doit-il sortir d'hommes, si l'on ne peut avoir de nouveaux vivres avant trois mois, pour continuer de donner à chacun la même ration ?

(*) On trouve à la réponse 18 ouvriers plus une fraction $\frac{6}{7}$ ou $\frac{2}{3}$, ce qui indique que 18 ouv. ne seront pas suffisants pour terminer l'ouvrage en 9 j., mais que 19 l'auraient terminé en moins de 9 jours entiers. On peut dire encore que la fraction $\frac{2}{3}$ représente à peu près la journée d'un enfant qu'on adjoindrait aux 18 ouvriers.

965. — On a dépensé dans un ménage 114 pains de 3 kilog. en un certain temps ; combien, dans le même temps, eût-on dépensé de pains de 2 kilog. ? (Solution par le calcul mental.)

966. — Le commandant d'une place forte a des vivres pour 36 jours, en donnant à chaque homme 875 gr. de pain par jour ; à combien de grammes doit-il réduire cette ration pour tenir 6 jours de plus ? (Voir solut. n° 958.)

967. — Un aubergiste a payé 120 fr. un tonneau de cidre qu'on lui a dit contenir 1600 litres, mais il se trouve que le tonneau ne contient que 1525 litres ; quelle somme l'aubergiste doit-il réclamer de son marchand de cidre ?

968. — Un cheval a consommé l'année dernière 460 bottes de foin pesant chacune 7^{kg} 5 ; quelle provision doit-on faire cette année, si les bottes ne pèsent que 6 kilog. ?

969. — Dans une pension on dépense, terme moyen, 120 kil. de pain tous les 5 jours ; combien faudra-t-il de pain pour cette pension pendant 5 mois (2 mois de 30 j. et 3 de 31 j.) ?

970. — 12 ouvriers avaient encore pour 32 jours de travail lorsqu'on leur a adjoint 4 autres ouvriers ; combien durera le travail ?

971. — Un tisserand a employé 27 jours à faire une pièce de toile de 32^m 40 ; combien sera-t-il de jours à faire une autre pièce pareillement conditionnée, mais longue de 43^m 20 ?

972. — J'ai payé 14 fr. 50 pour le transport d'une malle à une distance de 132 kilom. ; qu'eût-il fallu payer à proportion pour la transporter à 792 kilom. ?

973. — 5 ouvriers auraient terminé un travail en 16 jours ; combien faudra-t-il ajouter d'ouvriers pour qu'il soit fini 6 jours plus tôt ?

974. — Pour 9 fr. on a 600 plumes, combien en aura-t-on pour 49 fr. 50 ?

975. — Combien faudra-t-il d'hommes pour faire en 15 jours autant d'ouvrage que 30 hommes de même force en font en 18 j. ?

***976.** — On revend 30 fr. ce qu'on a payé 26 fr. ; combien gagne-t-on pour 100 ?

977. — On revend 34 fr. ce qui en avait coûté 38 ; combien perd-on pour 100 ? (Voir solut. n° 976.)

978. — Une couturière a fait 2 douzaines de chemises d'une pièce de toile de 57^m 60 de longueur et de 1^m 20 de largeur ; combien eût-il fallu de mètres, si la toile n'avait eu que 0^m 80 de largeur ?

979. — Deux ateliers, l'un de 5 ouvriers et l'autre de 11, ont fait 112 mètres d'ouvrage ; combien en auraient-ils fait, si l'on avait mis 3 hommes de plus ?

980. — Un batteur a fait 6 gluis et 24 bottes de paille en battant 18 gerbes de blé. Toute la grange en contient 1536 gerbes. Combien pourra-t-il faire en tout de gluis et de bottes de paille ?

981. — Pour faire 3^{lit} 75 d'encre on a mis 125 gr. de noix de galle et 75 gr. de couperose verte ; combien faudrait-il mettre de chacune de ces deux substances pour faire 3 lit. d'encre seulement ?

RÈGLE DE TROIS COMPOSÉE.

231. — La *règle de trois composée* est une règle de trois dont l'énoncé renferme plus de trois nombres connus.

Le problème suivant est une règle de trois composée :

6 ouvriers en 12 jours ont fait 36 mètres d'ouvrage ; combien 4 de ces ouvriers pourront-ils faire de mètres du même ouvrage en 8 jours ?

6 ouv.   12 j.   36^m
4 ouv.   8 j. x^m

En 1 j. on ferait $\dfrac{36^m}{12}$

Et en 8 j. on fera $\dfrac{36^m \times 8}{12}$

1 ouv. ferait $\dfrac{36^m \times 8}{12 \times 6}$

Et 4 feront $\dfrac{36^m \times 8 \times 4}{12 \times 6} = 16^m$

232. — *Pour faire une règle de trois composée*, on opère comme pour la règle de trois simple.

On écrit le problème en abrégé sur deux lignes, de manière que les nombres de même espèce se trouvent les uns sous les autres, et l'on désigne par x le nombre que l'on cherche.

Cela fait, on pose le nombre qui est de la même espèce que l'x, on ramène à l'unité les nombres qui sont sur la même ligne, puis on multiplie ou l'on divise par les autres nombres selon que l'exige la question. — Avant d'effectuer les calculs, on simplifie, s'il y a lieu. (V. n° 401, *caractères de divisibilité*.)

EXPLICATION. — Pour résoudre le problème ci-dessus (n° 231), je commence d'après la règle (n° 232), par l'écrire en abrégé et par poser 36^m, puis je dis :

Si, au lieu de travailler 12 j., les ouvriers ne travaillaient qu'un jour, ils feraient 12 fois moins de mètres ou $\dfrac{36^m}{12}$, et s'ils travaillent 8 jours ils en feront 8 fois plus qu'en un jour ou $\dfrac{36^m \times 8}{12}$. Si, au lieu de 6 ouvriers, il n'y en avait qu'un, il ferait 6 fois moins de mètres ou $\dfrac{36^m \times 8}{12 \times 6}$, et 4 ouvriers en feront 4 fois plus qu'un ouvrier ou $\dfrac{36^m \times 8 \times 4}{12 \times 6}$ ou (divisant 36 par 12 et supprimant 12) $\dfrac{3 \times 8 \times 4}{6}$ ou (supprimant 3 et divisant 6 par 3) $\dfrac{8 \times 4}{2}$ ou (divisant 8 par 2 et supprimant 2) $4 \times 4 = 16$ mèt., résultat cherché.

Exercices sur la règle de trois composée.

982. — Un entrepreneur a payé à une troupe de 18 ouvriers, pour 17 jours de travail, la somme de 856 fr. 80 ; combien devra-t-il à une autre troupe de 26 ouvriers qui travailleront aux mêmes conditions pendant 19 jours ?

983. — Une couturière a fait 2 douzaines et demie de chemises d'une pièce de toile de 72 mèt. de long et de 1^m 20 de large : combien pourrait-elle en faire, de même grandeur, avec une pièce longue de 86^m 40, et large de 0^m 80 seulement ?

984. — En travaillant 10 heures par jour, un ouvrier a gagné, en 35 jours, 98 fr. ; combien devrait-il gagner, au même prix, pendant 46 jours, s'il travaillait 11 heures par jour ?

985. — Sur une route dont la chaussée présente une largeur de 3 mèt., on a employé 240^{m3} de pierre dans une longueur de 320 mèt. ; combien en mettra-t-on, à proportion, sur une autre route qui doit être également chargée, dans une longueur de 272^m 40 et une largeur de 2^m 25 ?

986. — Si 3 ouvriers, travaillant 8 jours et 10 heures par jour, ont pu faire 45^m d'ouvrage, combien en feront 7 ouvriers de même force qui travailleront 14 jours et 9 heures par jour ?

987. — Dans un établissement, on a dépensé pour l'entretien de 55 personnes 1140 fr. en 25 jours ; combien à proportion devra-t-on dépenser pendant 40 jours pour l'entretien de 66 personnes ?

988. — En 19 jours, 6 ouvriers ont fait 285^{m1} de maçonnerie ; combien 13 ouvriers en feront-ils en 15 jours ?

989. Un entrepreneur a employé pendant 16 jours, et 10 heures par jour, 9 ouvriers qui ont fait 270^m d'ouvrage ; combien faudra-t-il d'ouvriers pour faire 165^m 375 du même ouvrage en 14 jours de 9 heures (*.) ?

990. Un maître menuisier a payé 428 fr. 40 à 9 ouvriers pour 17 jours de travail. Dans combien de jours lui faudra-t-il 691 fr. 60 pour payer au même prix 13 ouvriers qu'il emploie en ce moment ?

991. — Une pièce de blé de 7 hectares 65 a été coupée en 6 jours par 4 moissonneurs. En combien de jours 8 moissonneurs pourront-ils couper une autre pièce de 5$^{h.}$ 10 ?

992. — Avec une pièce de toile de 72^m de long et 1^{m}20 de lé, on a fait 30 chemises ; avec une autre de 0^m 80 de lé, on en a fait 24 de même grandeur que les premières ; quelle était la longueur de cette dernière pièce ?

993. — Un charpentier qui a travaillé 10 heures par jour pendant 70 jours a gagné 196 fr. ; en combien de jours gagnera-t-il 70 fr. 84 s'il travaille 11 heures par jour ?

994. — 7 maçons, en 18 jours, ont construit un mur long de 126^m et haut de 2^m 50 ; en combien de jours 4 des mêmes ouvriers pourront-ils construire un autre mur long de 85^m et haut seulement de 2^m ?

995. — Pour faire 15 chemises, on a employé 36^m de toile de 1^m 20 de lé, et pour en faire 12 de même grandeur que les premières, on a employé 43^m 20 d'une autre pièce ; quel était le lé de cette dernière ?

(*) Ici se présente pour les règles de trois composées la même difficulté qu'aux n°s 954 et suivants des règles de trois simples : le raisonnement à faire ici sur chaque nombre est analogue à celui qui est donné au 2e modèle, page 90. Pour faire l'ouvrage en 1 jour au lieu de 16, il faut 16 fois plus d'ouvriers, comme pour 1 heure au lieu de 10, il en faut encore 10 fois plus. Pour faire comprendre ce raisonnement aux enfants, il faut leur tourner ainsi la question. Faut-il *plus* ou faut-il *moins* d'ouvriers pour faire un ouvrage en *un jour* que pour le faire en 16 *jours ?* Combien de fois *plus* d'ouvriers ?

996. — Quelqu'un a employé 10 hommes qui lui ont fait en 15 jours 225ᵐ d'ouvrage ; combien 12 hommes travaillant pendant 25 jours pourront-ils faire de mètres du même ouvrage ?

997. — On a soutiré 2 pièces de vin de chacune 234 litres avec 564 bouteilles ; combien faudra-t-il des mêmes bouteilles pour soutirer trois autres pièces contenant ensemble 546 lit. ?

998. — Un maquignon a nourri 7 chevaux pendant 48 jours avec 576 bottes de foin pesant 7ᵏ,5 chacune ; combien lui en faudra-t-il pour les nourrir encore pendant 56 jours ?

999. — Un ouvrier qui travaille 12 heures par jour a creusé en 9 jours un fossé long de 72ᵐ ; combien creusera-t-il de mètres d'un autre fossé de même grandeur, dans un terrain 3 fois plus difficile, en 18 jours de 10 heures ?

1000. — Un fossé long de 71ᵐ,45 et profond de 1ᵐ,75 a été creusé en 36 jours par 10 ouvriers qui travaillaient 12 heures par jour ; combien faudra-t-il de jours à 12 ouvriers qui ne travaillent que 10 heures par jour, pour faire un pareil fossé dans un terrain offrant une difficulté double de celle du premier ?

1001. — S'il faut 250ᵏ de foin pour nourrir 6 chevaux pendant 5 jours, combien en faudra-t-il pour nourrir 10 chevaux pendant 12 jours ?

1002. — Une dentellière a fait en 6 jours 3ᵐ,75 de dentelle en travaillant 15 heures par jour ; combien en fera-t-elle dans le même temps si elle ne travaille que 14 heures par jour ?

1003. — Pour la construction d'une route on a employé 480ᵐ³ de pierre dans une longueur de 300ᵐ, en donnant 3ᵐ,20 de largeur à l'empierrement ; il reste à employer 306ᵐ,45 de pierre : quelle longueur pourra-t-on construire si l'on ne donne plus que 2ᵐ,25 de largeur à l'empierrement ?

1004. — Un roulier a transporté 1740ᵏ à une distance de 5ᴍᵐ,8 pour la somme de 50 fr. 46 ; combien devra-t-il à proportion en coûter pour le transport de 2562ᵏ à une distance de 106ᵏᵐ ?

1005. — On a fait transporter 6 balles de marchandise pesant ensemble 350ᵏ à une distance de 27ᵏᵐ pour 18 fr. 90 ; combien en coûtera-t-il à proportion pour le transport à la même distance de 7 autres balles pesant chacune 52ᵏ ?

1006. — Un atelier de moissonneurs, travaillant 12 heures par jour, a coupé en 10 jours 16 hect. 72 de blé ; il en reste encore la moitié d'autant à couper, mais le propriétaire exige que le travail soit terminé en 4 jours ; de combien d'heures les ouvriers doivent-ils allonger leur journée pour le satisfaire ?

1007. — Avec 320 bouteilles de 0 lit. 8 chacune on a soutiré 2 pièces de vin ; combien faudrait-il de bouteilles de 1 lit. pour soutirer 3 des mêmes pièces ?

1008. — 12 ouvriers qui travaillaient 10 h. par jour avaient encore pour 32 jours de travail lorsqu'on leur a adjoint 4 autres ouvriers avec ordre de travailler tous ensemble 12 h. par jour ; combien de jours durera le travail ?

233. — La *règle d'intérêt* a pour but de trouver le bénéfice que produit une somme prêtée pendant un certain temps.

234. — La somme prêtée se nomme le *capital*.

235. — Le *taux* est l'intérêt de 100 fr. en un an.

236. — Nota. — Quand on dit qu'un capital est prêté à 4 p. 100, 4 et demi (4 1/2 ou 4,50) pour cent, 5 pour cent, etc., cela signifie que le taux ou l'intérêt de 100 fr. pendant un an est ou 4 fr., ou 4^f,50, ou 5 fr., etc. Ces expressions s'écrivent en abrégé : 4 °/₀, 5 °/₀, etc.

1° Intérêt d'un capital pendant un an.

Trouvez l'intérêt de 350 fr. à 5 °/₀ pendant un an.

$$\frac{5 \text{ fr.}}{100} \text{ intérêt de 1 fr.}$$

$$\frac{5 \text{ fr.} \times 350}{100} = \frac{1750 \text{ fr.}}{100} = 17 \text{ fr. } 50$$

237. — Règle. — *Pour trouver l'intérêt d'un capital pendant un an*, on divise le taux par 100 et on multiplie par le capital.

Explication. — En divisant le taux 5 par 100, on a l'intérêt d'un franc $\frac{5 \text{ fr.}}{100}$ et en multipliant par le capital 350 fr. on a l'intérêt de 350 fr.

2° Intérêt d'un capital pendant plusieurs années.

Trouvez l'intérêt de 350 fr. à 5 °/₀ pendant 2 ans.

$$\frac{5 \text{ fr.} \times 350}{100} \text{ intérêt d'un an.}$$

$$\frac{5 \text{ fr.} \times 350 \times 2}{100} = \frac{3500 \text{ fr.}}{100} = 35 \text{ fr.}$$

238. — Règle. — *Pour trouver l'intérêt d'un capital pendant plusieurs années*, on multiplie l'intérêt d'un an par le nombre d'années.

Expl. — En multipliant l'intérêt d'un an par 2, on trouve l'intérêt pendant 2 ans.

3° Intérêt pendant un ou plusieurs mois.

Trouvez l'intérêt de 350 fr. à 5 °/₀ pendant 6 mois.

$$\frac{5 \text{ fr.} \times 350}{100} \text{ intérêt d'un an.}$$

$$\frac{5 \text{ fr.} \times 350 \times 6}{100 \times 12} = \frac{10500 \text{ fr.}}{1200} = 8 \text{ fr. } 75$$

239. — Règle. — *Pour trouver l'intérêt d'un capital pendant un ou plusieurs mois*, on divise l'intérêt d'un an par 12 et on multiplie par le nombre de mois.

Expl. — En divisant l'intérêt d'un an par 12, on a l'intérêt d'un mois, et en multipliant par 6 on a l'intérêt de 6 mois.

4° Intérêt pendant un ou plusieurs jours.

Intérêt de 350 fr. à 5 °/₀ pendant 72 jours.

$$\frac{5 \text{ fr.} \times 350}{100} \text{ intérêt d'un an.}$$

$$\frac{5 \times 350 \times 72}{100 \times 360} = \frac{126000 \text{ fr.}}{36000} = 3 \text{ fr. } 50$$

240. — Règle. — *Pour trouver l'intérêt d'un capital pendant un ou plusieurs jours*, on divise l'intérêt d'un an par 360 et on multiplie par le nombre de jours.

Expl. — En divisant l'intérêt d'un an par 360, on trouve l'intérêt d'un jour, et en multipliant par 72, on trouve l'intérêt de 72 jours.

241. — **AUTRE RÈGLE.** — Lorsque le taux est 6 °/₀, *pour trouver l'intérêt pendant un certain nombre de jours*, il suffit de multiplier le capital par le nombre de jours et de diviser le produit par 6000.

(Intérêt de 720 fr. pendant 15 jours à 6 °/₀).

$$\frac{720 \text{ fr.} \times 15}{6000} = \frac{10800 \text{ fr.}}{6000} = 1 \text{ fr. } 80.$$

EXPL. — Cette méthode est basée sur ce que l'intérêt d'une somme placée à 6 °/₀ est, pour un jour, la 6000ᵉ partie de cette somme.

En effet, d'après la règle générale (n° 240), on a pour l'intérêt de 720 fr. à 6 °/₀ en un jour : $\dfrac{6^f \times 720}{100 \times 360}$, ce qui, en divisant le dividende et le diviseur par 6, donne : $\dfrac{720^f}{6000}$ ou 'a 6000ᵉ partie du capital 720 fr.

La division par 6000 se fait en divisant par 1000 (n° 36), et prenant le 6ᵉ.

242. — On peut par un procédé semblable trouver l'intérêt,

à 5 °/₀ en divisant par 7200
à 4 °/₀ en divisant par 9000
à 3 °/₀ en divisant par 12000 (*).

243. — On pourrait encore trouver l'intérêt,

à 5 °/₀ en ôtant le sixième de l'intérêt à 6 °/₀
à 4 1/2 en ôtant le quart   id.
à 4   en ôtant le tiers   id.
à 3   en prenant la moitié   id.

244. — Les différentes questions que l'on peut poser sur la recherche du *taux*, du *capital* et du *temps* se résolvent comme les règles de trois.

245. — 1° **RECHERCHE DU TAUX.** — Un capital de 1250 fr. a rapporté 25 fr. d'intérêt en 6 mois, à quel taux était-il placé ?

$$\begin{array}{ccc} 100^f & x^f & 12^m \;(**) \\ 1250 & 25 & 6 \end{array} \quad \text{Solution} : \frac{25 \text{ fr.} \times 100 \times 12}{1250 \times 6} = \frac{30000 \text{ fr.}}{7500} = 4 \text{ °/₀}.$$

246. — 2° **RECHERCHE DU CAPITAL.** — Quel est le capital qui, placé à 4 et demi p. °/₀ pendant 3 mois 20 jours, a rapporté 33 fr. d'intérêt ?

$$\begin{array}{ccc} 100^f & 4^f50 & 360 \text{ j} \\ x & 33, & 110 \end{array} \quad \text{Solution} : \frac{100^f \times 33 \times 360}{4,50 \times 110} = \frac{1188000^f}{495} = 2400^f$$

247. — 3° **RECHERCHE DU TEMPS.** — Pendant combien de temps faut-il laisser 780 fr. placés à 6 p. °/₀ pour avoir 140 fr. 40 d'intérêt ?

$$\begin{array}{ccc} 100^f & 6^f & 1^a \\ 780 & 140,40 & x \end{array} \quad \text{Solution} : \frac{1 \text{ an} \times 100 \times 140,40}{6 \times 780} = \frac{14040}{4680} = 3 \text{ ans.}$$

Ne pas oublier que, dans tous ces problèmes, on peut simplifier le calcul final en divisant d'abord le dividende et le diviseur par un même nombre (n° 83).

(*) Dans toutes les opérations commerciales, on considère l'année comme composée de 360 jours ou de 12 mois de chacun 30 jours.

(**) Comme l'on ne doit écrire les uns sous les autres que des nombres de même espèce (n° 229, note), et qu'il est question de mois dans le problème, on réduit l'année en mois et l'on écrit 12ᵐ. Dans l'exemple suivant, où il est question de jours, on écrit, pour un an, 360 j.

Intérêt par le denier.

248. — On appelle *denier* la somme qu'il faut placer pour avoir un franc d'intérêt en un an.

Le denier 20 correspond au 5 °/₀ et le denier 25 au 4 °/₀.

249. — RÈGLE. — *Pour trouver l'intérêt par le denier*, on divise le capital par le denier et on multiplie par le temps.

(Intérêt de 350 fr. au denier 20 pendant 2 ans.)

$$\frac{350 \text{ fr.} \times 2}{20} = \frac{700 \text{ fr.}}{20} = 35 \text{ fr.}$$

Si le temps est exprimé en mois ou en jours, on divise par 12 ou par 360.

EXPLICATION. — Puisque 20 fr. donnent 1 fr. d'intérêt, il y aura autant de francs d'intérêt en un an que le capital 350 fr. contient de fois 20 fr. ou $\dfrac{350^f}{20}$

Si l'intérêt d'un an est $\dfrac{350^f}{20}$, l'intérêt en 2 ans sera 2 fois plus ou $\dfrac{350 \times 2}{20} = 35^f$.

Exercices sur la règle d'intérêt.

1009. — Intérêt de 250 fr. en un an à 5 p. °/₀.

A 5 p. °/₀ quel est l'intérêt de 100 fr., de 200 fr., de 250 fr.?

1010. — Intérêt annuel de 1450 fr. à 5 p. °/₀.

A 5 p. °/₀ quel est l'intérêt de 1000 fr., de 400 fr., de 50 fr., de 1450 fr.?

1011. — Intérêt de 780 fr. à 3 p. °/₀ en un an.

A 3 p. °/₀ quel est l'intérêt de 700 fr., de 1 fr., de 80 fr., de 380 fr.?

1012. — Intérêt de 136 fr. à 6 p. °/₀ en un an.

A 6 p. °/₀ quel est l'intérêt de 100 fr., de 1 fr., de 36 fr., de 136 fr.?

1013. — Intérêt de 840 fr. pendant un an à 4 p. °/₀.

A 4 p. °/₀ quel est l'intérêt de 800 fr., de 40 fr., de 840 fr.?

1014. — A 6 p. °/₀, intérêt annuel de 562 fr. 50.

1015. — Quelle rente annuelle pourrait-on se procurer avec un capital de 9000 fr., si on le plaçait à 4 p. °/₀ ?

A 4 p. °/₀ quel est l'intérêt de 1000 fr., de 9000 fr.?

1016. — Intérêt de 420 fr. pendant 3 ans à 6 p. °/₀.

1017. — Une somme de 1260 fr. est placée depuis 2 ans à 5 p. °/₀; quels sont les intérêts échus ?

1018. — Intérêt de 4520 fr. 50 à 4 p. °/₀ pendant 6 ans.

1019. — Intérêt de 2400 fr. à 4 et demi p. °/₀ pendant 3 ans.

A 4,5 p. °/₀ quel est l'intérêt de 2400 fr. en un an? Et en 3 ans?

1020. — A 5 et demi p. °/₀ trouvez l'intérêt de 4725 fr 40 pendant 5 ans.

1021. — Intérêt de 500 fr. pendant 6 mois à 5 p. °/₀.

Quand l'intérêt d'un an est 25 fr., quel est l'intérêt de 6 mois?

1022. — Intérêt de 125 fr. placés pendant 7 mois à 6 p °/₀.

1023. — Calculez les intérêts que rapporterait en 3 mois un capital de 8000 fr. placé à 4 et demi p. °/₀.

1024. — Quel serait pendant un mois l'intérêt de 70 fr. 80 placés à 6 p. °/₀?

1025. — Intérêt de 250 fr. à 6 p. °/₀ pendant 18 mois.

1026. — Intérêt de 1500 fr. pendant 42 jours à 4 fr. 50 p. °/₀.

1027. — Intérêt de 1740 fr. pendant 105 jours à 4 p. °/₀.

1028. — Intérêt de 324 fr. pendant 42 jours à 6 p. °/₀.

1029. — Intérêt de 2400 fr. pendant 110 j. à 4 demi p. °/₀.

1030. — Intérêt de 78 fr. pendant 160 jours à 6 p. °/₀.

1031. — Intérêt de 2000 fr. pendant 25 jours à 6 p. °/₀.

1032. — Intérêt de 7800 f. 50 à 6 p. °/₀ pendant 175 j.

1033. — Intérêt de 1570 fr. 25 à 6 p. °/₀ pendant 40 j.

1034. — On demande l'intérêt d'un capital de 1300 fr. placé depuis 10 ans à 5 p. °/₀.

1035. — Trouvez ce qui est dû pour les intérêts de 7480 fr. placés pendant 5 ans à 3 p. °/₀.

1036. — Calculez l'intérêt de 1300 fr. pour 3 ans 7 mois au taux 5 trois quarts (5,75) p. °/₀.

1037. — Quel serait l'intérêt de 12600 fr. pendant 8 ans, au taux 4 p. °/₀?

1038. — La somme de 3540 fr. a été prêtée à 5 p. °/₀ pendant 2 ans 7 mois 20 jours; quels sont les intérêts dus?

1039. — Dites ce qui est dû pour les intérêts de 4800 fr. placés pendant 3 mois 20 jours à 4,5 p. °/₀.

1040. — A 5 p. °/₀, quels seraient les intérêts de 712 fr. pendant un an 7 mois 20 jours?

1041. — Un ouvrier a porté à la Caisse d'épargne une somme de 160 fr. qu'il devra retirer au bout de 3 mois 15 jours; combien lui sera-t-il remboursé à cette époque, sachant que les intérêts sont comptés à 4 p. °/₀?

1042. — On emprunte le 15 mai, à 5 p. °/₀, une somme de 1320 fr. que l'on remboursera le 15 novembre suivant avec les intérêts; quelle somme devra-t-on alors?

1043. — Quels seraient les intérêts de 168 fr. 50 pendant 20 ans à 5 p. °/₀.

A 5 p. °/₀, en combien de temps les intérêts égalent-ils le capital? Faire une question analogue après les numéros suivants.

1044. — Trouvez l'intérêt de 168 fr. 50 pendant 25 ans, le taux étant 4 p. °/₀.

1045. — Quels seraient pendant 10 ans, à 5 p. °/₀, les intérêts de 2786 fr. 25?

1046. — Calculez l'intérêt de 94 fr. 50 pendant 15 mois à 4 trois quarts p. °/₀.

1047. — Dites l'intérêt de 1100 fr. placés à 3 et demi p. °/₀ pendant 15 jours.

1048. — Vaut-il mieux placer 6000 fr. à 6 p. °/₀ par an, que de placer 3500 fr. à 5 p. °/₀ et 2500 à 7 °/₀?

1049. — J'ai prêté à 6 p. °/₀ les sommes suivantes, savoir : 120 fr. le 15 janvier, 200 fr. le 1er mars, 60 fr. le 20 avril, 1000 fr. le 1er mai et 150 fr. le 10 juin ; si l'on me rembourse ces capitaux avec leurs intérêts le 1er janvier suivant, quelle somme me reviendra-t-il?

1050. — Les intérêts comptés à 6 p. °/₀ d'une somme de 240 fr. ont couru depuis le 1er février jusqu'au 15 août suivant; à combien se montent-ils?

1051. — A quel taux a-t-on dû placer 1800 fr. pour que ce capital rapporte un intérêt annuel de 90 fr. ?

Si 18 cents rapportent 90 fr., que rapporte un seul cent ?

1052. — 20000 fr. rapportent 1050 d'intérêt par an, à quel taux ce capital est-il placé?

1053. — Je me suis fait une rente annuelle de 259 fr. 897 avec un capital de 4725 fr. 40 ; à quel taux l'ai-je placé?

1054. — La somme de 6700 fr. rapporte chaque année 301 fr. 50 d'intérêt ; à quel taux est-elle placée?

1055. — Calculez à quel taux ont été comptés les intérêts de 4960 fr. pour s'élever au bout de 5 ans à 2244 fr.

*1056. — 25200 fr. ont produit en 8 ans 8064 fr. d'intérêt; quel était le taux du cent?

*1057. — A quel taux a-t-on dû placer 4000 fr. pour avoir en 7 mois 140 fr. d'intérêt?

1058. — On a reçu 11 fr. 34 pour les intérêts de 1620 fr. en 42 jours ; à quel taux cet intérêt a-t-il été compté?

*1059. — Quel est le capital qui, placé à 5 p. %, rapporte en un an 52 fr. d'intérêt ?

1060. — Quelle somme rapporterait, à 5 p. %, 25 fr. d'intérêt par an? Quelle somme rapporte 5 fr. et 25 fr. ?

1061. — A 3 p. %, quel capital donnerait une rente annuelle de 46 fr. 80?

1062. — On a touché 72 fr. 50 pour l'intérêt en un an d'un capital placé à 5 p. %; quel est ce capital?

*1063. — Quel capital doit-on placer à 4 1/2 p. % pour avoir au bout de 6 ans un intérêt de 648 fr. ?

1064. — Trouvez le capital qui rapporterait à 5 p. % 252 fr. d'intérêt en 2 ans.

1065. — J'ai reçu 1050 fr. pour deux années d'intérêt d'un capital que j'ai placé à 5,25 p. %; quel est ce capital?

*1066. — A 5 p. %, quel est le capital qui rapporterait 100 fr. d'intérêt en 6 mois ?

1067. — Pour les intérêts d'un capital placé à 6 p. % pendant 42 jours, on a reçu 11 fr. 34 ; quel est ce capital?

*1068. — En combien de temps 1800 fr. placés à 5 p. % rapporteront-ils 90 fr. d'intérêt?

*1069. — Un domestique qui a économisé 500 fr. place cette somme à 4 p. %; en combien de temps lui produira-t-elle 100 fr. d'intérêt?

Si 500 fr. rapportent 25 fr. par an, en combien d'années rapporteront-ils 100 fr.?

1070. — On veut retirer 2016 fr. d'intérêt d'un capital de 6300 fr. ; combien d'années doit-on le laisser placé à 4 p. %?

*1071. — Quelqu'un prête à son voisin, au taux 5 p. %, une somme de 500 fr.; combien de temps le voisin a-t-il eu cette somme, sachant qu'il a dû compter 6 fr. 25 d'intérêt?

*1072. — En combien de jours 162 fr. placés à 6 p. % rapportent-ils 11 fr. 34 d'intérêt?

1073. — Un capital de 45000 fr. est placé à 3 1/2 p. % depuis 8 ans 1 mois 4 jours ; quels sont les intérêts échus ?

1074. — Un rentier touche chaque année 180 fr. 82 pour l'intérêt de 4520 fr. 50 à quel taux ce capital est-il placé ?

1075. — Une somme prêtée à 4 1/2 p. % depuis le 1er février jusqu'au 15 décembre suivant a rapporté 123 fr. 045 d'intérêt; quelle est cette somme ?

1076. — On a placé 1040 fr. à intérêts ; au bout de l'année on a reçu 1092 fr. pour le capital et les intérêts ; quel était le taux du cent ?

1077. — Quelle somme faudrait-il placer à 4 1/2 p. % pour se faire une rente annuelle égale à celle que produirait un capital de 12000 fr. placé à 6 p. % ?

*1078. — A 4 p. %, en combien de temps les intérêts égalent-ils le capital ?

Lorsque chaque année on a 4 fr. d'intérêt, en combien d'années aura-t-on 100 fr. ?

1079. — Quelqu'un a prêté 2500 fr. à 4 1/2 p. %; s'il ne touche les intérêts que lorsqu'ils égaleront le capital, combien attendra-t-il de temps ?

1080. — En combien d'années un capital placé à 5 p. % sera-t-il doublé par les intérêts ?

1081. — Combien faut-il de temps pour que 7480 fr. placés à 6 p. % produisent un intérêt égal à la moitié de ce capital ?

1082. — Un rentier refuse de prêter 3000 fr. pour un an à une personne qui lui offre 5 p. % d'intérêt. Au bout de 3 mois, il consent à donner son capital resté sans placement moyennant 6 p. % pour 9 mois ; on demande s'il aura perdu ou gagné à différer le placement de son capital ?

*1083. — Une personne doit 1200 fr. Elle paie 100 fr. à la fin de chaque mois ; on demande ce qu'elle devra payer en sus à la fin de l'année pour les intérêts à 6 p. % ?

Cette personne doit 1200 fr. pendant janvier, 1100 fr. pendant février, 1000 fr. pendant mars, et ainsi de suite jusqu'à décembre, pendant lequel elle ne doit plus que 100 fr. Il s'agit donc de trouver l'intérêt de 1200 fr. + 1100 fr. + 1000 fr. + 900 fr... + 100 fr. en 1 mois.

1084. — On vient de placer 6000 fr. au taux 4,5 p. % ; en combien de jours les intérêts s'élèveront-ils à 33 fr. 75 ?

Intérêt par le denier.

1085. — Quel est l'intérêt de 750 fr. pendant un an au denier 20 ? A 5 p. % quel est l'intérêt de 750 fr. ?

1086. — Intérêt de 2210 fr. au denier 25 pendant un an ? A 4 p. % quel est l'intérêt de 2210 fr. ?

1087. — Au denier 30, quel serait l'intérêt de 8750 fr. pendant 2 ans ?

1088. — Intérêt de 2000 fr. pendant 6 mois au denier 20 ?

1089. — Intérêt de 1500 fr. pendant 75 jours au denier 25 ?

*1090. — A quel denier a-t-on placé 1740 fr. pour avoir 69 fr. 60 d'intérêt en un an ?

Rentes sur l'État ou fonds publics.

250. — On appelle *rente sur l'État* l'intérêt d'un capital prêté au gouvernement.

251. — Il y a des rentes 5 p. %, 4 et demi p. %, et 3 p. %.

252. — Le *cours de la rente* est la somme qu'il faut verser pour avoir, selon l'espèce, ou 5^{fr}, ou 4 fr. 50, ou 3 fr. de rente.

253. — Lorsque, pour 100 fr., on a 5^{fr}, ou 4 fr. 50 de rente, on dit que la rente est au *pair*.

254. — Les questions sur les rentes sont de simples règles de trois dans lesquelles le terme cherché est ou *le montant de la rente*, ou *le capital*, ou enfin *le cours de la rente*. (Voir n° 465.)

ExEMPLE.— Lorsque le cours de la rente 4,50 est 98 fr. 50, combien coûterait une rente de 180 fr. ?

4^{f}50 coûtent 98^{f}50　　Solution : $\dfrac{98^f50 \times 180}{4,50} = \dfrac{17730^f}{4,50} = 8940^f$
180　　　　　　x

ExPLICATION. — En divisant 98 fr. 50 par 4,50, on trouve le prix de 1 fr. de rente, et en multipliant par 180, on trouve le prix de 180 fr.

Exercices.

1091. — Lorsque pour 96 fr. on a 4 fr. 50 de rente, combien en aura-t-on pour 1728 fr. ?

*1092. — Le cours de la rente 3 p. % est de 75 fr. ; combien aura-t-on de rente pour 7000 fr. ?

1093. — Le cours de la rente 5 p. % étant 104 fr. 50, combien se paieront 110 fr. de rente ?

*1094. — A quel taux place-t-on son argent quand on achète la rente 3 p. % au cours de 66 fr. 66 ?

*1095. — 75 fr. de rente 3 p. % sont payés 1786 fr. 25 ; quel est le cours de la rente ?

*1096. — Combien de rente 4 1/2 p. % aura-t-on pour 2400 fr. en supposant la rente au pair ?

1097. — Quand on achète des rentes 4 1/2 p. % au cours de 85 fr. 71, à quel taux place-t-on son argent ?

1098. — On a acheté 112 fr. 50 de rente 4 1/2 p. % moyennant 2562 fr. 50 ; quel était alors le cours de la rente ?

*1099. — Une personne achète 60 fr. de rente 3 p. % au cours de 73 fr. 50, puis elle les revend au cours de 72 fr. ; combien perd-elle ?

1100. — Quelqu'un achète 67 fr. 50 de rente 4 1/2 p. % au cours de 89 fr. 60, il les revend ensuite au cours de 91 fr. 10 ; combien gagne-t-il ?

*1101. — Un particulier me faisait une rente de 25 fr. qu'il a rachetée au denier 20 ; si j'emploie la somme qu'il m'a payée à acheter une rente sur l'État 4 1/2 p. %, le cours étant 101 fr. 26, combien perdrai-je chaque année ?

1102 — Je possède le coupon d'une rente 4 1/2 p. % de 81 fr. ; je me propose de le vendre ; quelle somme en retirerai-je, le cours de la rente étant 105 fr. 25 ?

1103. — Quelle rente 4 1/2 p. % aura-t-on pour un capital de 6000 fr., les fonds étant à 102 fr. 75 ?

1104. — Un coupon de rente 4 1/2 p. % de 108 fr. a coûté 2508 fr. ; quel était alors le cours de la rente ?

RÈGLE D'INTÉRÊT COMPOSÉ
appliquée aux calculs des Caisses d'épargne.

255. — L'intérêt est appelé *composé* lorsque chaque année l'intérêt s'ajoute au capital pour produire lui-même intérêt.

Pour tous les calculs relatifs aux *intérêts composés* et aux *annuités*, v. *Supplém.*, p. 24 à 32 et 42 à 46.

256. — Les *Caisses d'épargne* offrent une des plus utiles applications de l'intérêt composé.

257. — Ces Caisses sont destinées à recevoir les économies des ouvriers laborieux et prévoyants.

258. — On y reçoit depuis 1 fr. jusqu'à 300 fr., et chaque déposant ne peut y avoir plus de 1000 fr.

259. — L'intérêt compte toujours du 1er ou du 15 de chaque mois.

260. — Le taux varie de 3 fr. 50 à 4 fr. pour cent ; on ne calcule pas l'intérêt des fractions de franc.

EXEMPLE :

Un jeune homme dépose, le 1er janvier, 120 fr. à la Caisse d'épargne. Au bout de 3 ans, il se présente pour toucher ses fonds : que lui revient-il si les intérêts sont comptés à 3 fr. 75 p. %.?
R. 133 fr. 98.

120 f.	Capital primitif.	4 f 65	Intérêt de la 2e année.
× 3,75		+ 124, 50	
600		129, 15	
840		× 3,75	
360			
4f 5000	Intér. de la 1re année.	645	
+ 120		903	
124, 50	Cap. de la 2e année.	387	
× 3, 75		4 f 8375	Intérêt de la 3e année.
620		+ 129, 15	
868			
372		133 f. 98	Capital au bout des 3 années.
4f 6500	Intér. de la 2e année.		

Exercices.

1105. — Un ouvrier économe a fait à la Caisse d'épargne les dépôts suivants : 1er octobre, 20 fr. ; 15 octobre, 12 fr. ; 15 novembre, 8 fr. ; 1er décembre, 25 fr. Quelle est la somme qui devra porter intérêt (3 fr. 80 p. %) pour son compte au commencement de l'année, si, à cette époque, il retire 12 fr. 50 ?

1106. — Un jeune homme de 16 ans se propose d'économiser 5 fr. par mois et de placer tous les ans 60 fr. à la Caisse d'épargne, qui sert les intérêts à raison de 3 fr. 75 p. %. Combien aura-t-il à l'âge de 30 ans (premier placement à 17 ans) ?

1107. — Quelle somme recevrait au bout de 10 ans (10 placements) un ouvrier qui, économisant 1 fr. par semaine, placerait chaque année 52 fr. à la Caisse d'épargne, si les intérêts lui étaient comptés à raison de 4 p. %.?

261. — L'*escompte* est une retenue que l'on fait sur le montant d'un billet lorsqu'on le paie avant son échéance.

262. — L'*escompte du commerce* n'est autre chose que l'intérêt de la somme portée au billet pendant le temps qui doit s'écouler jusqu'à son échéance.

Il suit de là que :

263. — L'*escompte commercial se calcule de la même manière que l'intérêt.*

264. — La seule différence qui existe entre l'intérêt et l'escompte, c'est que l'intérêt s'ajoute au capital, tandis que l'escompte en est retranché.

Voir au *Supplément*, p. 22, *Escompte en dedans.*

265. — Dans l'escompte des factures, les droits de commission, le change de place et les primes d'assurance, et généralement dans tous les cas où l'on ne tient pas compte du temps, *on se contente de multiplier la somme par le taux et de diviser le produit par 100 ou par 1000, suivant que le taux est exprimé à tant pour cent ou à tant pour mille.*

EXEMPLE. — Escompte 5 p. °/₀ d'une facture montant à 272 fr. 55.

     Total de la facture........   272 fr.55
     Escompte 5 p. °/₀..........   13,   62
     Net à payer..............   258,   93

EXPL. — J'ai multiplié 272 fr. 55 par 5, en commençant au chiffre des dixièmes (à cause de la division par 100, ce produit-donne des millièmes); je dis donc 5 fois 5 font 25, et je néglige 5 (millièmes), mais je retiens 2 (centimes); je continue : 5 fois 2 font 10 et 2 de retenue font 12, et je pose 2 (centimes) et je retiens 1 (dixième); 5 fois 7 font 35 et 1 font 36, je pose 6 (dixièmes) et je retiens 3 (francs); 5 fois 2 font 10 et 3 font 13, je pose 13 fr., en tout 13 fr. 62.

Exercices sur l'escompte, le change, les primes, etc.

1108. — Quel est à 5 p. °/₀ l'escompte d'un billet de 210 fr. 80 payable dans un an ?

1109. — J'ai acheté pour 72 fr. 45 de drap chez un marchand de nouveautés; quelle somme dois-je payer si l'on me déduit l'escompte à 5 p. °/₀?

1110. — Une facture se monte à 245 fr. ; à combien se réduira-t-elle si l'on en déduit l'escompte à 5 p. °/₀?

1111. — Un marchand fait une remise de 4 1/2 p. °/₀ sur le prix de sa marchandise ; que doit-il remettre sur une vente de 910 fr. 80?

1112. — Un courtier a le 1/2 (demi, ou 0 fr. 50) p. °/₀ sur le prix de la vente qu'il fait; que lui revient-il sur une vente de 5260 fr. ?

1113. — Je paie 0 fr. 45 du mille pour l'assurance d'une maison estimée 8600 fr. ; à combien se monte la prime d'assurance ?

1114. — La cargaison d'un navire estimée 750000 fr. est assurée moyennant 4 p. °/₀ ; elle éprouve pour 38000 fr. d'avaries ; quelle est la perte des assureurs?

1115. — Quelle est la valeur actuelle d'un billot de 715 fr. payable dans 2 ans, l'escompte étant calculé à 4 p. %?

1116. — Un billet de 800 fr. est payable dans un an ; quelle retenue fera le banquier qui l'escomptera à 5 p. %?

Combien le banquier retient-il pour 100 fr. ? pour 800 fr ?

1117. — J'ai un billet de 1275 fr. 75 payable à 3 mois ; si je le fais escompter à 5 p. %, combien recevrai-je?

1118. — Quelle est, au 15 juillet, la valeur d'un billet de 1780 fr. payable le 1ᵉʳ novembre suivant, escompte 6 p. %?

1119. — Quel est l'escompte à 4 p. % d'un billet de 7240 fr. payable dans 3 mois 20 jours?

*1120. — Un billet de 80 fr. s'est trouvé réduit par l'escompte de 6 mois à 78 fr. ; quel est le taux de l'escompte?

1121. — Un billet de 400 fr. payable dans un an vient d'être payé, escompte déduit, 380 fr. ; quel est le taux de l'escompte?

*1122. — On achète pour 7440 fr. de marchandise à 7 mois 8 jours de crédit, avec faculté d'avancer le paiement moyennant un escompte de 4,50 p. % ; combien paiera-t-on si l'on s'acquitte le jour même de l'achat?

1123. — Quel est l'escompte 5 p. % d'un billet de 2040 fr. 60 payable au bout de 7 mois 25 jours?

1124. — Un navire est assuré à 6 p. % ; sa cargaison est estimée à 400000 fr., et éprouve pour 12000 fr. d'avaries ; que reste-t-il aux assureurs?

1125. — Une maison estimée 4280 fr. est assurée moyennant un demi par mille ; quelle est la prime d'assurance?

1126. — Un négociant voulant se rendre de Paris à Marseille, va trouver un banquier qui s'engage à lui faire toucher net 2565 fr. en cette dernière ville, le change étant 3,25 p. % ; quelle somme le voyageur doit-il compter au banquier?

1127. — On paie 375 fr. pour la prime d'assurance d'une valeur de 25000 fr. ; quel est le taux de la prime?

*1128. — Quel gain ou quelle perte fait-on quand on échange un billet de 1865 fr. payable dans 4 mois contre un autre billet de 1820 fr. payable dans 20 jours, l'escompte étant 6 p. %?

*1129. — Un billet de 80 fr. est payable le 1ᵉʳ octobre ; à quelle époque faut-il le remplir pour ne payer que 79 fr., sachant que l'escompte sera calculé à 5 p. %?

*1130. — Un banquier a retenu 46 fr. pour escompte 5 p. % d'un billet payable dans un an ; quel est le montant du billet?

*1131. — On a acheté pour 7440 fr. de marchandises à 7 mois 8 jours de crédit, de combien faut-il anticiper le paiement pour obtenir une remise de 153 fr. 60, sachant que l'escompte sera calculé à 4 1/2 p. %?

1132. — Un billet de 2456 fr. 80 s'est trouvé réduit par l'escompte 5 p. % à 2441 fr. 45 ; dans combien de temps était-il payable?

266. — La *règle de société* a pour but de répartir entre plusieurs individus le bénéfice ou la perte résultant de leur association.

— On appelle *mise* la somme que fournit chaque associé.

Le problème suivant est une règle de société :
Deux marchands se sont associés et ont mis, l'un 1200 fr., et l'autre 1600 fr. ; quelle doit être la part de chacun sur un bénéfice de 700 fr. ?

267. — Règle. — *Pour faire une règle de société*, on fait la somme des mises, et on divise le gain total par cette somme, ce qui donne le bénéfice d'un franc.

On multiplie ensuite le bénéfice d'un franc par la mise de chaque associé, et l'on trouve ainsi ce qui revient à chacun.

$$1200 \text{ f} + 1600 \text{ f.} = 2800 \text{ f. sommes des mises,}$$
$$700 \text{ f.} : 2800 \text{ f.} = 0\text{f.}25 \text{ bénéfice d'un franc.}$$
$$0 \text{ f. } 25 \times 1200 = 300 \text{ f. part du premier.}$$
$$0 \text{ f. } 25 \times 1600 = 400 \text{ f. part du second.}$$

Explication. — Si 2800 fr., somme des mises, ont produit un bénéfice de 700 f. un franc a produit 2800 fois moins ou $\frac{700}{2800} = 0^{\text{f}} 25$. Puisque 1^{f} produit 0 f. 25 de bénéfice, 1200 f., mise du 1er, doivent produire 1200 fois 0 f. 25 ou 300 f., et 1600 f. mise du 2e, doivent produire 1600 fois $0^{\text{f}} 25$ ou 400 f.

268. — Lorsque la division ne se fait pas exactement, il faut avoir soin d'obtenir au quotient autant de chiffres décimaux *plus deux* qu'il y a de chiffres dans la partie entière du diviseur. — Sans cette précaution, on ne pourrait arriver à un résultat suffisamment exact.

269. — On pourrait se dispenser d'effectuer d'abord la division et opérer comme dans les règles de trois, de cette manière :

$$\frac{700^{\text{f}}}{2800} \quad \text{bénéfice d'un franc.}$$

$$\frac{700^{\text{f}} \times 1200}{2800} = \text{en simplifi}^{\text{t}} \quad \frac{1200}{4} = 300^{\text{f}} \left.\vphantom{\frac{1200}{4}}\right\rbrace$$
$$\frac{700^{\text{f}} \times 1600}{2800} = \quad\quad\quad \frac{1600}{4} = 400^{\text{f}} \left.\vphantom{\frac{1600}{4}}\right\rbrace$$

On simplifie en supprimant 700 au dividende, et en divisant 2800 par 700, ce qui donne 4 pour diviseur.

270. — Remarque. — Si les associés n'avaient pas laissé leurs mises pendant le même temps, il faudrait multiplier la mise de chacun par le temps pendant lequel son argent est resté en société, et on opérerait sur les produits ainsi obtenus comme l'on opère sur les mises laissées pendant le même temps. — Ce cas constitue ce qu'on appelle la *règle de société composée*.

Exemple. — Deux armateurs ont mis sur un navire, le 1er, 3000 fr. pendant 2 ans et le 2e, 4000 pendant 3 ans ; que revient-il à chacun sur un bénéfice de 300 f.

$$3000^{\text{f}} \times 2 = 6000^{\text{f}} \text{ mise du } 1^{\text{er}}.$$
$$4000^{\text{f}} \times 3 = 12000^{\text{f}} \text{ mise du } 2^{\text{e}}.$$
$$\overline{\text{Total des mises } 18000^{\text{f}}.}$$

Expl. — La mise du 1er, 3000^{f} pendant 2 ans, revient à une mise de 6000^{f} pendant un an, et la mise du 2e, 4000^{f} pendant 3 ans, revient a une mise de 12000^{f} pendant un an.

En conséquence, on continue comme au n° 267.

1133. — Deux négociants ont mis en société, le 1ᵉʳ 5400 fr. et le 2ᵉ 4500 fr. ; combien chacun d'eux doit-il retirer sur un bénéfice de 3300 fr. ?

1134. — Trois marchands ayant mis dans une entreprise commerciale, le 1ᵉʳ 750 fr., le 2ᵉ 1000 fr. et le 3ᵉ 900 fr., font un bénéfice de 1228 fr. 55, on demande la part de chaque associé.

1135. — Deux entrepreneurs associés ont éprouvé une perte de 960 fr. qu'il s'agit de répartir entre eux à proportion de leur mise, qui est de 3000 fr. pour le 1ᵉʳ et de 2400 pour le 2ᵉ.

1136. — Dans une entreprise, deux associés ont mis chacun 1500 f., le premier a de plus déboursé 150 fr. L'opération terminée, il se trouve 4200 fr. à partager. Quelle doit être la part de chacun à proportion de ce qu'il a déboursé ?

1137. — Trois créanciers ont à se partager 11600 fr. que leur offre un débiteur qui leur doit 21000 fr., savoir : au 1ᵉʳ 5200 fr., au 2ᵉ 7800 fr., au 3ᵉ 8000 fr. Faire la part de chacun.

1138. — Quatre héritiers recueillent une succession et reçoivent : le 1ᵉʳ 1350 fr., le 2ᵉ 675 fr., le 3ᵉ 2025 fr., et le 4ᵉ 337 fr. 50 ; ils doivent acquitter une dette de 152 fr. 75 ; combien chacun doit-il payer à proportion de la somme qu'il a reçue ?

1139. — Trois jardiniers qui cultivent un jardin moyennant un salaire de 184 fr. 25 y ont travaillé : le 1ᵉʳ 21 jours, le 2ᵉ 13 jours, le 3ᵉ 33 jours. Dire la part de chacun à proportion de son travail.

1140. — Quatre cantons doivent fournir un contingent de 148 hommes en raison de leur population qui est de 4500 habitants pour le 1ᵉʳ, de 7250 pour le 2ᵉ, de 12000 pour le 3ᵉ, et enfin de 13250 pour le 4ᵉ ; trouvez le contingent à fournir par chaque canton.

1141. — Six communes sont intéressées à un chemin pour lequel elles doivent contribuer proportionnellement à leur revenu à une dépense de 4410 fr. 75. Trouvez la part contributive de chaque commune, le revenu de la 1ʳᵉ étant de 1750 fr., celui de la 2ᵉ de 2500 fr., celui de la 3ᵉ de 1925 fr., celui de la 4ᵉ de 4520 fr., celui de la 5ᵉ de 6000 fr. et celui de la 6ᵉ de 948 fr.

1142. — Partagez le nombre 8205 en trois parties qui soient entre elles comme les nombres 2, 5 et 8.

1143. — Partagez 1080 fr. entre 3 personnes de telle manière que la 2ᵉ ait 2 fois autant que la 1ʳᵉ et la 3ᵉ autant que les deux autres.

1144. — Cinq ouvriers travaillant ensemble ont fait 130ᵐ50 d'ouvrage moyennant 587 fr. 25 ; les deux 1ᵉʳˢ ont fait chacun 24,80, le 3ᵉ 17ᵐ, le 4ᵉ 30ᵐ,40, et le 5ᵉ le reste. Trouvez la somme revenant à chacun.

1145. — Quatre commerçants ont fait un fonds de 20000 fr. ; les deux premiers ont reçu pour bénéfice chacun 700 fr. ; le 3° 600 fr. et le 4° 500 fr. Combien chacun avait-il mis ?

1146. — Deux marchands, dont l'un a mis 1500 fr. et l'autre 1200 fr., éprouvent une perte de 480 fr., et il s'agit de la répartir entre eux.

1147. — Trois ouvriers ont entrepris en commun un ouvrage qui leur a été payé 400 fr. : le 1er a travaillé 5 jours et 7 heures par jour ; le 2° 6 heures par jour pendant 4 jours, et le 3° 5 jours et 8 heures par jour. Faire le partage du gain.

1148. — Deux marchands ont mis en société, le 1er 5000 fr. pendant 2 ans, et le 2° 3000 fr. pendant un an : ils ont à se partager un bénéfice de 4500 fr. ; dire la part de chacun

1149. — Quatre associés ont mis la même somme dans une entreprise : le 1er a laissé son argent pendant 4 mois, le 2° pendant 8 mois, le 3° pendant un an, le 4° pendant 15 mois ; on demande de partager entre eux le bénéfice qui est de 8050 fr.

***1150.** — Deux commerçants ayant fait un fonds de 16000 fr. se partagent le gain de leur opération au bout de deux ans ; le 1er qui avait mis 9000 fr. reçoit 1800 fr. ; dites ce que reçoit le 2°, sachant qu'il n'a laissé ses fonds en société que pendant 20 mois.

1151. — Une personne qui doit 2400 fr. à un 1er créancier, 740 fr. à un 2°, 3070 fr. à un 3°, et 120 fr. à un 4°, ne laisse après sa mort qu'une somme de 1339 fr. On demande ce qui revient à chacun à proportion de sa créance.

1152. — Une personne charitable voulant soulager 5 pauvres familles leur envoie 118kg,8 de pain. La 1re famille est composée de 6 personnes, la 2° de 3, la 3° de 7, la 4° de 2 et la 5° de 4. Faire la part de chaque famille.

***1153.** — Une commune dont les contributions s'élèvent à 16250 fr. doit payer une imposition extraordinaire de 1950 fr. ; quelle somme devront payer pour cet objet 2 contribuables dont les impôts s'élèvent à 250 fr. pour le 1er et à 472 fr. pour le 2° ?

1154. — Six hommes s'étant associés ont mis, le 1er 1200 fr., le 2° 300 fr. de plus que le 1er, le 3° 300 fr. de plus que le 2°, et ainsi des autres en augmentant de 300 fr. Dire ce qu'il revient à chacun sur un bénéfice de 189 fr. 15.

1155. — Quatre associés ont à se partager un bénéfice de 25748 fr.

Le 1er a mis 5000 fr. qui sont restés dans la société 2ans 3mois,
Le 2°　　　　4500　　　　　　　　　　　　　　3　　»
Le 3°　　　　6000　　　　　　　　　　　　　　1　　8
Le 4°　　　　8000　　　　　　　　　　　　　　»　　7

D'après cela, on demande quelle sera la part de chaque associé.

RÈGLE DES MOYENNES ET DE MÉLANGE (*).

271. — On appelle *moyenne* une quantité qui tient le milieu entre plusieurs autres quantités données.

EXEMPLE. — Il est né dans une commune, en une année, 48 enfants, 56 en une autre, 38 en une 3ᵉ, et 62 en une 4ᵉ. Quelle est la moyenne des naissances pendant ces 4 années ?

272. — RÈGLE. — *Pour trouver la moyenne* de plusieurs quantités connues, on fait le total de ces quantités et on divise par leur nombre.

```
       48
       56
       38
       62
Total 204 | 4
       04 | ――――――――――
        0 | 51 moyenne cherchée.
```

EXPLICATION. —Si pour 4 années, on a 204 naissances, pour une année on a en moyenne $\frac{204}{4}$ ou 51 naissances.

273. — La *règle de mélange* est une opération par laquelle on cherche le prix moyen de plusieurs substances mélangées lorsqu'on connaît le nombre et la valeur particulière de chacune de ces substances

EXEMPLE. — Un épicier a du café à 1 fr. 50, à 1 fr. 80 et à 2 fr. 30 le kilogramme ; s'il mélange 4 kilog. de la première espèce avec 8 kilog. de la 2ᵉ et 6 de la 3ᵉ, à combien reviendra le kilogramme de café ainsi obtenu ?

274. — RÈGLE. — *Pour trouver le prix moyen de plusieurs substances mélangées,* on multiplie d'abord le nombre d'unités de chaque espèce par le prix de l'unité, puis on fait la somme de ces divers produits, ensuite on divise cette somme par le total des unités.

```
4 kil. à 1 fr 50 =  6 fr.
8      à 1    80 = 14   40
6      à 2    30 = 13   80
―――――――――――――――――――――――――   | 18
18. kil. coûtent   34 fr. 20  | ――――――――
                   16     20  |  1 fr. 90
                   00     00
```

Réponse · Le prix moyen est de 1 fr. 90.

EXPLICATION. — Il résulte du total de la marchandise et des divers prix, que l'on a un mélange de 18 ᴋᴳ pour 34ᶠ,20 ; si donc 18 ᴋᴳ coûtent 34ᶠ,20 ; un ᴋᴳ coûte 18 fois moins ou $\frac{34^f,20}{18}$ = 1 fr. 90.

275. — La règle de mélange a aussi pour but de chercher combien on doit prendre de parties de différentes sortes de marchandises dont on connaît le prix, pour en former un mélange à un prix moyen déterminé dans l'énoncé de la question.

―――――――――――――――――――――――――

(*) Lorsqu'il s'agit de métaux, on l'appelle *règle d'alliage*.

1ᵉʳ EXEMPLE. — Un aubergiste a du vin a 0ᶠ,60 et à 0ᶠ,80 le litre, combien doit-il mettre de litres de chaque sorte pour faire un mélange qu'il puisse donner à 0ᶠ,75 le litre ?

276. — RÈGLE. — *Pour trouver la quantité que l'on doit prendre de différentes sortes de marchandises* pour en former un mélange d'un prix déterminé ;

On écrit les uns sous les autres, et par ordre de grandeur, les différents prix donnés ; un peu à droite et à son rang de grandeur, on écrit le prix moyen.

```
0,60              5 lit. à 0,60 =  3 fr.
         0,75
0,80             15 lit. à 0,80 = 12 fr.
                 ________________________
Total et preuve, 20 lit. à 0,75 = 15 fr.
Réponse : 5ˡⁱᵗ à 0ᶠ,60 et 15ˡⁱᵗ à 0ᶠ,80.
```

Cela fait, on trouve la différence de chaque prix inférieur au prix moyen et on l'écrit en face de chaque prix supérieur ; on fait de même la différence de chaque prix supérieur au prix moyen et on l'écrit en face de chaque prix inférieur. Les nombres ainsi écrits indiquent la quantité de marchandise à prendre pour former le mélange demandé.

EXPLICATION. — En revendant 0ᶠ.75 le lit,, 5 lit. qui ne coûtaient que 0ᶠ,60, l'aubergiste gagne 5 fois 0ᶠ,15 ou 0ᶠ,75 ; mais en revendant 0ᶠ,75 le litre 15 litres qui coûtaient 0ᶠ,80, il perd 15 fois 0ᶠ,05 ou 0ᶠ,75 ; il y a donc compensation. On conçoit encore que l'on pourrait, sans troubler cette compensation, doubler, tripler, etc., la quantité de chaque espèce de marchandise, de même que l'on pourrait n'en mettre que la moitié, le tiers, le quart, etc.

2ᵉ EXEMPLE. — On a du café à 3 fr., à 2 fr. 80 et à 2 fr. 50 le kilog. ; combien faut-il en mettre de chaque sorte pour en faire un mélange qui revienne à 2 fr. 75 le kilog. ?

```
300                           25 à 3 fr.      =  75 fr.
280                           25 à 2   ,80 =  70
              275
250               25 + 5 = 30 à 2   ,50 =  75
                              ____________________
Total et preuve.              80 à 2   ,75 = 220 fr.
```

277. — *Si le total du mélange est donné dans le problème*, après avoir fait l'opération précédente, il suffira, pour obtenir le total demandé, de le multiplier par le nombre déjà trouvé pour chaque prix, et de diviser le produit par le total du mélange de la 1ʳᵉ opération.

3ᵉ EXEMPLE. — Avec du vin à 0 fr 30, à 0 fr. 34, à 0 fr. 40 et à 0 fr. 45, on veut faire un mélange de 252 lit. qu'on puisse revendre 0 fr. 38 le litre. Combien doit-on en mettre de chaque sorte ?

```
                   1ʳᵉ Opération (*).

0,30            2 + 7 =  9 à 0f. 30 = 2f. 70
0,34            2 + 7 =  9 à 0   34 = 3   06
       0,38
0,40            8 + 4 = 12 à 0   40 = 4   80
0,45            8 + 4 = 12 à 0  .45 = 5   4
                        ________________________
Total et preuve.        42 à 0f. 38 = 15f. 96
```

(*) On pourrait aussi comparer successivement au prix moyen un prix supérieur et un prix inférieur, par ex. 0 30 et 0 40, 0 34 et 0 45, ou 30 et 45, 34 et 40 ; ce qui ferait 3 solutions ou 3 manières différentes de faire le mélange demandé.

2ᵉ *Opération.*

Au lieu de 9 on met $\dfrac{252 \times 9}{42} = \dfrac{2268}{42}$ = 54 à 0 fr. 30 = 16 fr. 20

54 à 0 fr. 34 = 18 fr. 36

Au lieu de 12 on met $\dfrac{252 \times 12}{42} = \dfrac{3024}{42}$ = 72 à 0 fr. 40 = 28 fr. 80

72 à 0 fr 45 = 32 fr. 40

Total et preuve   252 à 0 fr. 38 = 95 fr. 76

Exercices sur les règles de moyenne et de mélange.

1156. — Sur une pièce de terre, on a récolté une année 840 gerbes de blé, une autre année 900, une 3ᵉ 775 et une 4ᵉ 853 ; quel est en moyenne le produit d'une année ?

1157. — Il est né dans une commune pendant dix années consécutives les nombres d'enfants suivants : 71, 49, 80, 50, 60, 64, 41, 70, 56 et 69 ; quel est en moyenne le nombre des naissances dans cette commune ?

1158. — On mélange 50 litres de vin à 0ᶠ,75 le litre avec 60 litres à 1ᶠ,25 ; quelle sera la valeur d'un litre de ce mélange ?

1159. — Un meunier a de la farine 1ʳᵉ qualité qui se vend 0ᶠ,60 le kilog., et de la farine 3ᵉ qualité qui se vend 0ᶠ,48 le kil. Il mêle 84 kilog. de la 1ʳᵉ avec 72 kilog. de la 3ᵉ et il fait ainsi une seconde qualité. Dire à quel prix revient le kilog. de cette seconde qualité.

1160. — Un cultivateur a de la graine de la dernière récolte qui se vend 12 fr. 80 l'hectolitre, et de la même graine de la récolte précédente qui ne vaut plus que 11 fr. 30. Il mêle 12 hectolitres de la 1ʳᵉ avec 8 de la 2ᵉ. Quel prix doit-il vendre l'hectolitre de mélange ?

*1161. — On verse 6 litres d'eau dans 34 litres de vin à 1 fr. 50 le litre. Quelle est la valeur d'un litre de ce mélange ?

1162. — On mêle 50 litres de vin à 0ᶠ,75 le litre avec 75 litres à 1ᶠ,25. Quelle est la valeur d'un litre de ce mélange ?

1163. — Le laiton se fait en fondant du cuivre avec du zinc dans le rapport de 30ᵏˢ de zinc sur 70 de cuivre. Si le kilog. de cuivre vaut 2 fr. 70 et le kilog. de zinc 0ᶠ,90, à combien revient le kilog. de laiton ?

*1164. — Combien doit-on verser d'eau dans 50 lit de vin à 1 fr. 10 le litre pour lui donner une valeur de 1 fr. le litre ?

1165. — Le bronze des canons et des statues s'obtient en fondant 11 kilog. d'étain avec 100 kilog. de cuivre. Trouver le prix d'un kilog. de ce bronze, l'étain étant à 5 fr. 20 le kilog. et le cuivre à 2 fr. 60.

1166. — On a fait une cloche en fondant 110 kilog. d'étain avec 390 de cuivre, 5 de zinc et 4 de plomb. L'étain étant à 5 fr. le kilog., le cuivre à 2 fr. 70, le zinc à 0ᶠ,80 et le plomb à 1 fr. 20, on demande le prix de cette cloche et celui d'un kilog. de ce bronze.

1167. — Les caractères d'imprimerie s'obtiennent en coulant dans des moules un alliage de 20 parties d'antimoine sur 80 de plomb et 5 de cuivre. Si l'antimoine vaut 1 fr. 50 le kilog., le plomb 1 fr. 30 et le cuivre 2 fr. 50, à combien revient le kilog. de cet alliage ?

1168. — Avec du vin à $0^r,60$ le litre et à $0^r,95$, faire un mélange qui revienne à $0^r,75$ le litre.

1169. — Avec de la farine 1re qualité qui vaut $0^r,60$ le kilog. et de la farine 3e qualité qui ne vaut que $0^r,48$, faites une seconde qualité qu'on puisse vendre $0^r,55$.

1170. — Un blatier a du grain à 19 fr., à 21 fr. et à 25 fr. l'hectolitre ; il désire avoir un mélange qu'il puisse vendre 22 fr. ; combien doit-il mettre d'hectolit. de chaque qualité ?

1171. — Un marchand de vin en a à $0^r,82$, à $0^r,85$, à $0^r,92$ et à 1 fr. le litre. Combien doit-il mettre de litres de chaque prix pour former un mélange qui vaille $0^r,87$ le litre ?

1172. — Avec du blé à 21 fr. et à 25 fr. l'hectolit., faire un mélange de 15 hect. qui revienne à 22 f. l'hect.

1173. — Faire un mélange de 180 litres qui revienne à $0^r,15$ le litre avec du cidre à $0^r,10$, à $0^r,175$ et à $0^r,125$.

1174. — On veut faire un mélange de 646 litres avec 4 sortes de vin : la 1re se vend $0^r,65$, la 2e 1 fr. 15, la 3e 1 fr. 25 et la 4e 1 fr. 45. Combien faut-il en mettre de chaque sorte pour que le litre du mélange vaille $0^r,95$?

1175. — Avec du grain de 19 fr. à 21 fr. et à 25 fr., faites un mélange de 3 hectolit. qui revienne à 22 fr.

*1176. — Ne pouvant trouver le débit de 560 lit. d'eau-de-vie que je ne puis vendre moins de 2 fr. 50 le litre, je me propose de la mélanger avec d'autre eau-de-vie qui ne vaut que 1 fr. 90. Combien dois-je ajouter de litres de cette dernière pour que je puisse vendre le mélange au prix de 2 fr. 10 le litre ?

1177. — Un aubergiste a 450 litres de vin à $0^r,40$ le litre qu'il se propose de mélanger avec d'autre vin qui en améliorera la qualité. Combien doit-il ajouter de litres de ce dernier qui vaut $0^r,70$ le litre pour que le mélange puisse être vendu $0^r,65$ le litre ?

1178. — Combien faut-il mettre d'eau dans 100 litres de vin à 1 fr. 50 le litre pour que le mélange revienne à 1 fr. 25 le litre ?

1179. — Dans quelle proportion doit-on mélanger deux farines qui valent la 1re $0^r,65$ et la 2^e $0^r,52$ le kilog., afin d'obtenir un mélange à $0^r,57$?

1180. — Un orfévre fond 3 k. d'argent contenant 0,1 de cuivre avec 5 k. qui en contiennent 0,125. Quelle est la proportion du cuivre dans le métal obtenu ?

1181. — On a de l'or contenant 0,005 de cuivre et d'autre qui en contient 0,02, dans quelle proportion faut-il les mélanger pour avoir un alliage contenant un centième de cuivre ?

I. — NOTIONS PRÉLIMINAIRES. — DES LIGNES ET DES ANGLES.

278. — Le *Toisé* est l'art de mesurer les surfaces et les corps, par exemple l'étendue d'une salle, d'un champ, le volume d'un bloc de pierre, d'un tas de fumier, etc.

Avant de commencer l'étude du toisé, il faut savoir ce qu'on entend par *lignes* et par *angles*.

279. — Une *ligne* est l'étendue en longueur seulement. — Une ligne n'a ni largeur ni épaisseur.

280. — Une ligne *droite* est le plus court chemin d'un point à un autre. Exemple AB (Fig. 1) (*).

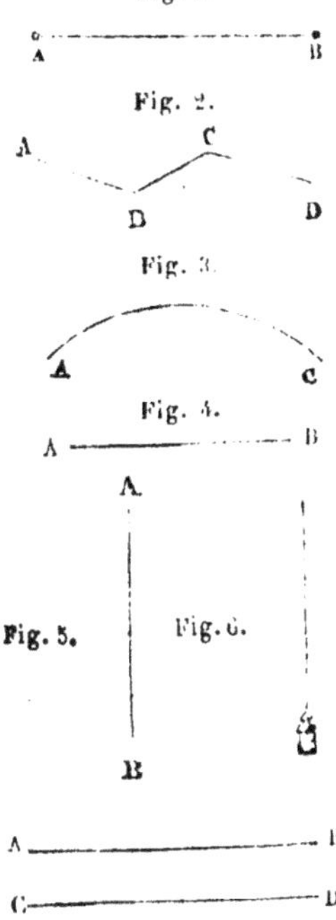

Fig. 1.

Fig. 2.

Fig. 3.

Fig. 4.

Fig. 5.

Fig. 6.

Fig. 7.

281. — Une ligne *brisée* est une ligne composée de plusieurs lignes droites. (ABCD. Fig. 2.)

282. — Une ligne *courbe* est une ligne qui n'est ni droite ni composée de lignes droites. (AC. Fig. 3.)

283. — Une *horizontale* est une ligne droite qui suit le niveau de l'eau tranquille. (AB. Fig. 4.)

284. — On vérifie l'exactitude d'une horizontale au moyen du *niveau* d'eau ou du *niveau* dont se servent les maçons.

285. — Une *verticale* est une ligne droite qui suit la direction d'un corps qui tombe. (AB. Fig. 5.)

286. — On vérifie l'exactitude d'une verticale au moyen d'un *fil à plomb*. (Fig. 6.)

La verticale forme avec l'horizontale un angle droit. (No 293.)

287. — On nomme parallèles des lignes qui sont toujours également éloignées l'une de l'autre. (AB et CD. Fig. 7.)

Ces lignes ne peuvent se rencontrer, à quelque distance qu'on les suppose prolongées.

On trace les parallèles au moyen d'une règle ordinaire, d'une équerre ou d'un compas (**).

(*) Il est bon de s'exercer à tracer des lignes droites et des lignes courbes d'une certaine étendue soit sur l'ardoise, soit sur un tableau noir. (V. prob. 1182 et suiv.)

(**) Aux élèves avancés, le maître développera les divers procédés employés pour tracer les parallèles.

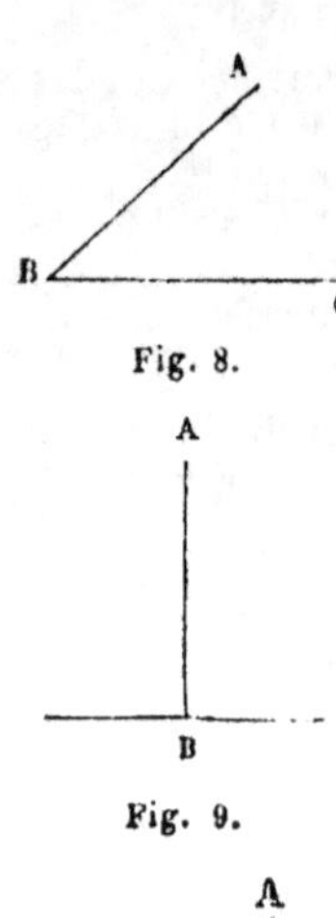

Fig. 8.

Fig. 9.

Fig. 10.

288. — On appelle *angle* l'espace indéfini compris entre deux lignes qui se coupent. (ABC. Fig. 8.)

289. — Les lignes AB et BC se nomment les *côtés* de l'angle.

290. — Le point B où les deux lignes se coupent se nomme le *sommet* de l'angle.

291. — Un angle est d'autant plus grand que ses côtés sont plus écartés l'un de l'autre. On mesure les angles avec le rapporteur. (V. fig. p. 120.)

292. — Une *perpendiculaire* est une ligne qui tombe sur une autre de manière à former avec cette autre deux angles égaux, appelés angles droits. (AB. Fig. 9.)

293. — Un *angle droit* est un angle dont les côtés sont perpendiculaires l'un sur l'autre.

On l'appelle aussi angle de 90 degrés (Probl. 1186).

On trace les perpendiculaires avec une *équerre* ou un *compas*.

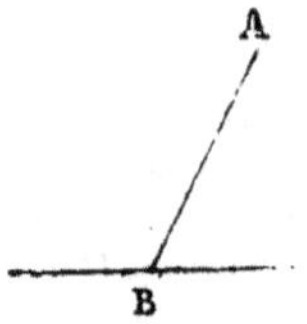

294. — Une *oblique* est une ligne droite qui tombe sur une autre de manière à former des angles inégaux. (AB. Fig. 10.)

295. — L'angle qui est plus grand que l'angle droit s'appelle angle *obtus*, celui qui est plus petit se nomme angle *aigu*.

II. — MESURE DES SURFACES.

296. — Une *surface* est l'étendue en longueur et largeur. Une surface n'a pas d'épaisseur.

297. — *Mesurer une surface*, c'est chercher combien cette surface contient de fois le mètre carré, l'are ou toute autre unité de superficie. (V. *Système métrique*, p. 58 et suiv.).

Ainsi mesurer ou *toiser* un plancher, un mur, un toit, une porte, etc., c'est trouver combien sa surface contient de fois le mètre carré, le décimètre carré, etc. Mesurer ou *arpenter* un champ, un bois, etc., c'est chercher combien sa surface contient d'hectares, d'ares, de centiares (Probl., nᵒ 1193 et suiv., 1201-1232, etc.)

Quand il s'agit de *l'étendue d'un pays*, d'une province, etc., l'unité est alors le myriamètre carré ou le kilomètre carré. Pour les *très-petites surfaces*, telles que celles d'une feuille de papier, de carton, etc., les unités sont le décimètre carré, le centimètre carré et le millimètre carré.

Il n'existe pas de mesures effectives pour les surfaces, parce qu'on ne les mesure pas en portant dessus l'une des unités dont on vient de parler. On mesure certaines dimensions ou lignes de la figure, puis on calcule la surface par les moyens indiqués ci-après.

298. — La mesure de toutes les surfaces se réduit à celles du rectangle ou du parallélogramme, du trapèze, du triangle et du cercle.

4° Mesure du rectangle et des autres parallélogrammes.

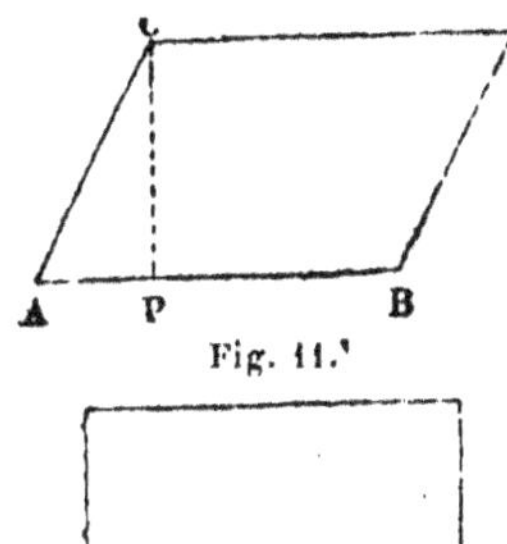

Fig. 11.'

Fig. 12.

299. — On appelle *parallélogramme* une surface dont les quatre côtés sont égaux et parallèles deux à deux. (F. 11, 12, 13, 14.)

300. — La base d'un parallélogramme est l'un des côtés (AB), la hauteur est la perpendiculaire (PC), menée de la base au côté opposé.

301. — Le parallélogramme dont les angles sont droits se nomme *rectangle*. (F. 12.)

On voit que, dans le rectangle, les côtés étant perpendiculaires, la hauteur est aussi l'un des côtés.

302. — Le parallélogramme dont les angles sont droits et les quatre côtés égaux se nomme *carré*. (Fig. 13.)

303. — Le parallélogramme dont les quatre côtés sont *égaux* se nomme *losange*. (Fig. 14.)

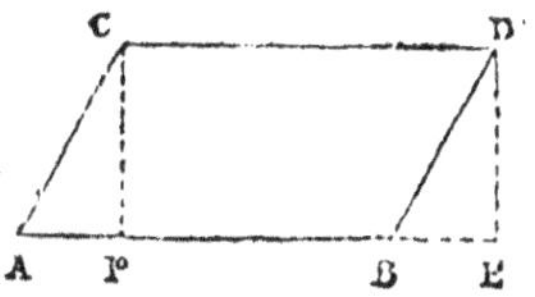

Fig. 13.   Fig. 14.

304. — REMARQUE. — Un parallélogramme peut toujours être transformé en un rectangle de même grandeur, c.-à-d. de même base et de même hauteur. Ainsi le parallélogramme C D A B (fig. 11 *bis*) est équivalent au rectangle C D F E, car s'il contient de plus la partie A C P, il contient de moins la partie égale D B E.

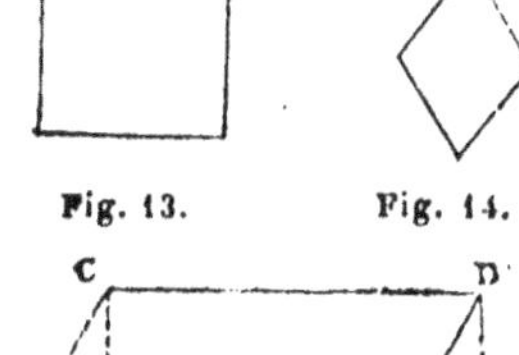

Fig. 11 *bis*.

305. — *On trouve la grandeur ou surface d'un rectangle en multipliant la base par la hauteur, en d'autres termes, la longueur par la largeur,* B × H.

Soit le rectangle de la figure 12 dont on suppose la base égale à 8 mètres et la hauteur égale à 5 mètres. Le long de la base on peut ranger 8 mètres carrés, et comme cette rangée ne prend qu'un mètre sur la largeur de la figure, on peut faire encore quatre autres rangées semblables à la 1re, ce qui fait en tout 5 fois 8 mètres carrés, ou 40 mèt. car. dans la surface du rectangle, qui se trouve ainsi être le produit de sa base 8m par sa hauteur 5m.

306. — Puisqu'un parallélogramme est équivalent à un rectangle de même base et de même hauteur, *la surface de tout parallélogramme est égale au produit de sa base par sa hauteur.*

307. — Dans le carré, les côtés étant égaux, la base et la hauteur sont égales, et il suffit alors de multiplier la longueur d'un côté par elle-même pour trouver la surface.

Quant au losange, il suit la règle du parallélogramme ordinaire. Voir, toutefois, prob. n° 1390, un moyen facile d'en calculer la surface.

6

2° Mesure du trapèze.

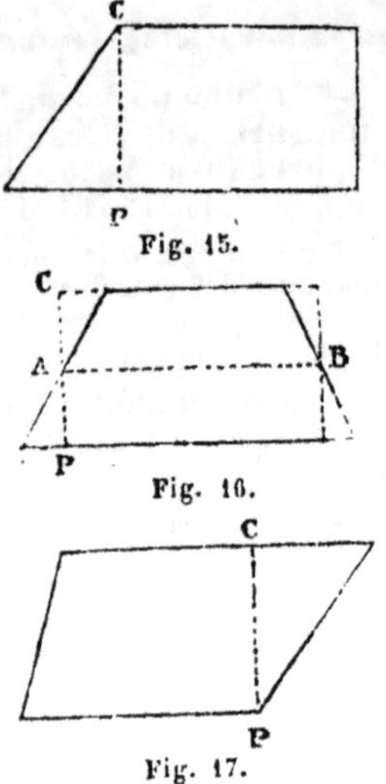

Fig. 15.

Fig. 16.

Fig. 17.

308. — On appelle trapèze une surface à quatre côtés dont deux seulement sont parallèles.
Les fig. 15, 16, 17 sont des trapèzes.

309. — On voit à l'inspection de la figure 16 qu'un trapèze peut être transformé en un rectangle de même hauteur et dont la base est égale à la demi-somme des deux côtés parallèles du trapèze.

310. — *Pour trouver la mesure d'un trapèze, on fait la somme des deux côtés parallèles, on en prend la moitié et on multiplie par la hauteur.* $\frac{B+b}{2} \times H$.

311. — On pourrait aussi, pour trouver la surface d'un trapèze, multiplier la hauteur (CP) par une ligne AB située à égale distance des deux côtés parallèles. (Fig. 16.)

3° Mesure des triangles.

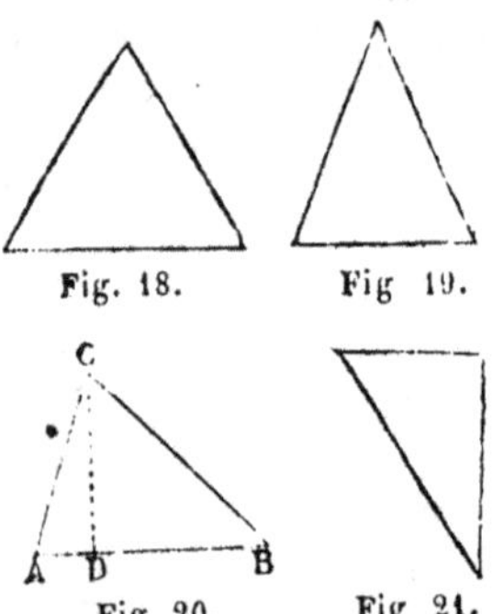

Fig. 18.

Fig 19.

Fig. 20.

Fig 21.

312. — On appelle *triangle* une surface à trois côtés.
Fig. 18, 19, 20 et 21.

313. — Quand les trois côtés sont égaux, le triangle se nomme *équilatéral.* (Fig. 18.)

314. — Si deux côtés seulement sont égaux, le triangle s'appelle *isocèle.* (Fig. 19.)

315. — Si les trois côtés sont inégaux, c'est un triangle *scalène.* (Fig. 20.)

316. — On nomme *triangle rectangle* celui qui a un angle droit. (Fig. 21.)

317. — A l'inspection des figures 18 à 21, on reconnaît facilement que tout triangle est la moitié d'un rectangle ou d'un parallélogramme de même base et de même hauteur. — Il suit de là que :

318. — *On trouve la surface d'un triangle en multipliant la base par la hauteur et prenant la moitié du produit.* $\frac{B \times H}{2}$.
Voir page 137, note du bas, le procédé des trois côtés.

319. — La *base* d'un triangle n'est autre chose qu'un des côtés (AB).
La *hauteur* est la perpendiculaire menée de la base au sommet opposé. (CD. Fig. 20.)

320. — Par *polygone*, on entend une surface quelconque ayant au moins trois côtés.

321. — Il y a deux sortes de polygones : les polygones *réguliers* et les polygones *irréguliers*.

322. — Les polygones *réguliers* sont ceux dont les côtés et les angles sont égaux. (Fig. 13, 18, 22, 23 et 24.)

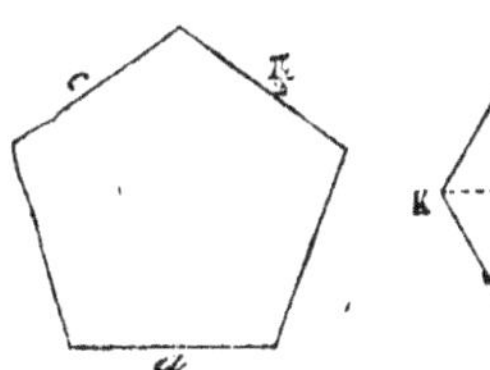

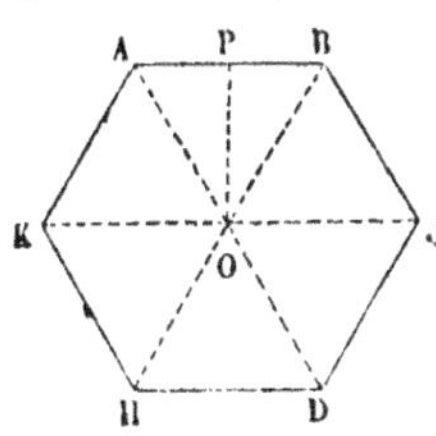

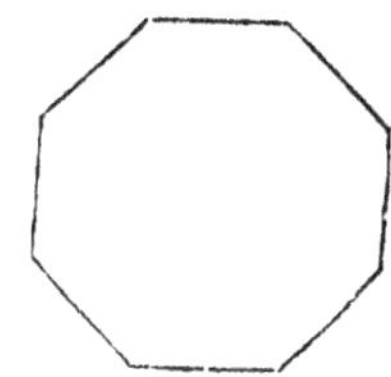

Fig. 22.   Fig. 23.   Fig. 24.

Pentagone, 5 côtés.   *Hexagone*, 6 c.   *Octogone*, 8 c.

323. — *Nota.* — Ces polygones peuvent se décomposer en autant de triangles isocèles qu'ils ont de côtés. Chaque côté sert de base à un de ces triangles dont les sommets opposés se réunissent tous au point central du polygone.

     Il suit de là que :

324. — *Pour trouver la surface d'un polygone régulier, il suffit d'en multiplier le contour ou périmètre par la hauteur* (O P) *d'un des triangles qui le composent (c'est-à-dire par la perpendiculaire abaissée du centre* (O) *sur le milieu* (P) *d'un des côtés* (A B) *et de prendre la moitié du produit).*

325. — Les polygones *irréguliers* sont ceux dont les côtés et les angles sont inégaux.

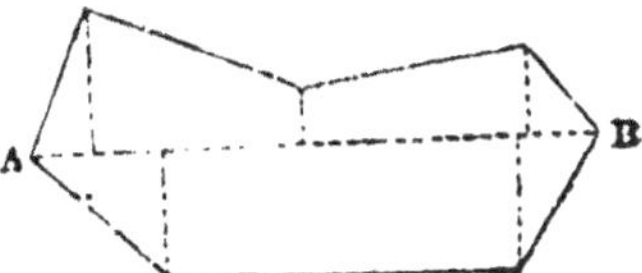

Fig. 25. Quadrilatère ou   Fig. 26. Pentagone   Fig. 27. Heptagone irrégulier.
Polygone irrég. de 4 côtés.   irrégulier (5 côtés).   (7 côtés).

326. — *Pour mesurer un polygone irrégulier quelconque* (Fig. 27), *on trace une ligne* (AB) *appelée* directrice, *qui joint deux sommets opposés de ce polygone, puis, du sommet de chaque angle, on abaisse sur cette directrice des perpendiculaires qui décomposent le polygone en triangles et en trapèzes que l'on mesure d'après les moyens ordinaires.*

Nota. — S'il s'agit d'une grande surface, d'un pré, par exemple, on commence par en faire le tour, afin de reconnaître les limites. Chemin faisant, on plante un jalon à chaque angle, de manière à décomposer le contour en lignes sensiblement droites. Cela fait, on choisit une directrice (A,B) qu'on puisse, autant que possible, parcourir sans obstacle en apercevant les jalons du pourtour ; on détermine cette ligne en y plantant deux jalons ; puis, partant d'une extrémité (A) de la directrice et se dirigeant vers l'autre extrémité, on cherche au moyen d'une *équerre d'arpenteur*, le pied des perpendiculaires qui coupent la pièce à mesurer. Il ne reste plus alors qu'à prendre, avec un décamètre, la longueur des diverses parties de la directrice et des perpendiculaires.

327. — Un *cercle* est une surface terminée par une ligne courbe appelée *circonférence*, dont tous les points sont également éloignés d'un point intérieur appelé *centre*. (Fig. 28.)

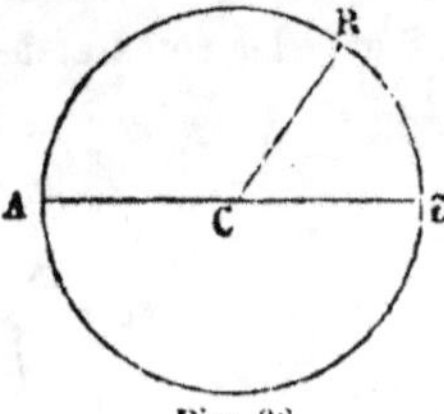

Fig. 28.

328. — Le *diamètre* d'un cercle est une ligne droite qui traverse ce cercle en passant par le centre ; A B est un diamètre. (F. 28.)

329. — Le *rayon* d'un cercle est une ligne droite qui part du centre et se termine à la circonférence ; CR est un rayon (Fig. 28.) — Le rayon est égal à la moitié du diamètre.

330. — Quand on connaît le diamètre d'un cercle, en le multipliant par 3,1416, on trouve la circonférence.

Et réciproquement,

331. — Quand on connaît la circonférence, on trouve le diamètre en divisant la circonférence par 3,1416.

332. — *On trouve la surface d'un cercle en multipliant la circonférence par le rayon et prenant la moitié du produit* (*). $\frac{C \times R}{2}$.

Ceci résulte de ce que le cercle peut être considéré comme composé d'un grand nombre de triangles ayant pour base chacun une petite portion de la circonférence et pour hauteur le rayon.

Exercices sur les lignes et les angles.

1182. — Tracez une ligne droite. — Une ligne brisée. — Une ligne courbe. — Une ligne de 12 centim. — Une ligne de 1 décim. 05, etc.

1183. — Mesurez la largeur du tableau noir. — De la fenêtre. — La hauteur de l'estrade. — De la table. — La longueur du banc.

1184. — Tracez une horizontale. — Voyez si la table est placée horizontalement. — Tracez une verticale. — Vérifiez l'aplomb du mur.

1185. — Tracez deux lignes parallèles. — Tracez trois lignes parallèles. — Voyez si les deux bords de la table sont parallèles.

1186. — Tracez un angle. — Une perpendiculaire. — Une oblique. — Un angle droit. — Un angle obtus. — Un angle aigu.

Nota. — Lorsque les élèves auront étudié le cercle, le maître pourra leur expliquer que la circonférence se divise en 360 degrés (0) ; que cette circonférence mesure l'ouverture de 4 angles droits, de telle sorte qu'un angle droit vaut $\frac{360}{4}$ ou 90° ; que deux angles droits (espace compris d'un seul côté d'une ligne droite) valent 180° et qu'il ne peut, par suite, y avoir d'angle de cette mesure.

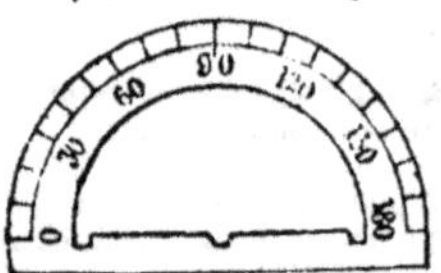

Si l'élève est muni d'un rapporteur (*v.* la fig.), il pourra ensuite passer aux exercices suivants :

1187. — Tracez un angle de 45°, de 60°, de 90°, de 89°, de 10°, de 15°.

1188. — Tracez un angle de 185°, de 160°, de 145°, de 135°, de 179°.

(*) On trouve aussi la surface d'un cercle en *multipliant le carré du rayon par* 3,14159, *ou* 3,1416. Le carré du rayon est le produit du rayon multiplié par lui-même : πR^2 (pronon. *pi*).

[Il est à propos que les élèves joignent à la solution de chaque problème une figure représentant la surface à mesurer. Il faut accoutumer les élèves à faire cette figure sur une échelle donnée au moyen d'un décimètre ces simples exercices, en leur facilitant l'intelligence de la question, les amèneront insensiblement à se faire une idée d'un plan et les prépareront utilement aux exercices graphiques que comporte son exécution]

1189. — Trouvez la mesure d'un rectangle dont la base est de 47^m et la hauteur de 16^m.

Figurer un rectangle (fig. 12) à l'échelle de 1 *millim. pour mètre*, c'est-à-dire ayant 47 millim. de base et 16 de hauteur (*).

1190. — Quelle est la mesure d'un parallélogramme de 18^m de longueur sur 9^m de largeur?

Fig. 11. — Ech. de 2 mill. pour mèt., c.-à-d. 36 mill. de base et 18 de hauteur.

1191. — Combien un carré de 17^m,20 de côté contient-il de mètres carrés? Fig. 13. Échelle de 1 millim. pour décimètre.

1192. — Un rectangle de 0^m,8 de base a 0^m,75 de hauteur; quelle en est la mesure? Échelle de 2 millim. pour mètre.

1193. — Un appartement de forme rectangulaire a 17^m de long sur 8^m,50 de large; quelle en est la surface?

1194. — Une porte a 2 mètres de hauteur sur 0^m,90 de largeur; en dire la superficie.

Quelle figure présente la surface d'une porte?

1195. — Un terrain parfaitement carré a 13^m sur chaque côté; quelle en est la superficie?

1196. — Les deux côtés de la couverture d'une maison ont chacun 8^m,15 de longueur sur 4^m de hauteur; que doit-on au couvreur à raison de 2 fr. 75 le mètre carré?

Les deux côtés de la couverture d'un livre ouvert donnent une idée du toit d'une maison.

1197. On fait paver un appartement de 7^m,25 de long sur 4^m,80 de large à raison de 3 fr. 50 le mèt^2; quel sera le prix de ce travail?

*1198. — On fait badigeonner les murs intérieurs d'un appartement long de 6^m,40 et large de 5^m à raison de 0 fr. 25 le mèt^2, le plafond étant élevé de 3^m; dites le prix de ce travail.

Représenter le développement des 4 murs au moyen d'un rectangle divisé sur la longueur en 4 parties.

1199. — Les deux côtés parallèles d'un trapèze sont 17^m et 11^m,60, la hauteur 5^m; quelle en est la superficie?

Fig. 15. Échelle de 2 millim. p. mèt. Tracer d'abord une base de 34 millim. sur laquelle on élève une perpendiculaire PC de 10 millim.; on trace ensuite le 2e côté parallèle de 23 millim., on joint enfin les 4 extrémités.

1200. — Le toit d'un hangar a la forme d'un trapèze; on se propose de le faire couvrir à raison de 11 fr les 4^{m2}; dire le prix de ce travail, sachant que cette couverture aura 9^m de long au faîtage, 10^m,80 à la gouttière, et que la perpendiculaire menée entre ces deux longueurs est de 4^m,10.

1201. — Les 4 côtés d'un champ sont des lignes droites, et 2 de ces côtés parfaitement parallèles ont l'un 35^m,5 de long, et l'autre 200^m; la largeur de ce champ étant de 35^m, quelle en est la surface en ares?

(*) Le maître pourra désigner une autre échelle s'il le juge convenable; cela serait même indispensable s'il s'agissait d'une figure au tableau noir.

1202. — Dites la mesure d'un triangle de 8ᵐ de base sur 4 de hauteur.

Fig. 20. Echelle de 3 millim. p. mèt. Tracer d'abord une base de 24 millim., puis, pour hauteur PS, une perpendiculaire de 12 millim.

1203. — Dites la mesure d'un triangle de 17ᵐ,20 de base sur 15ᵐ,40 de hauteur.

1204. — Dites la mesure d'un triangle de 0ᵐ,75 de base sur 0ᵐ,45 de hauteur.

1205. — Un polygone est décomposé en deux triangles : le 1ᵉʳ a 25ᵐ de base sur 17ᵐ,40 de hauteur ; le 2ᵉ, de même base que le 1ᵉʳ, a 9ᵐ de hauteur ; quelle est la surface du polygone ?

1206. — Le diamètre d'un cercle est de 1ᵐ,45 ; quel est le rayon ?

Fig. 28. Échelle de 2 millim. p. mèt. On trace un cercle en prenant une ouverture de compas égale au rayon.

1207. — Le diamètre d'un cercle est de 1ᵐ,45, quelle est la circonférence ?

1208. — Le diamètre d'un cercle est de 0ᵐ,145, quel est le rayon ?

1209. — Le diamètre d'un cercle est de 0ᵐ,145, quelle est la circonférence ?

1210. — La circonférence d'un cercle est de 6ᵐ,2832, quel est le diamètre ?

1211. — La circonférence d'un cercle est de 6ᵐ,2832, quel est le rayon ?

1212. — La circonférence d'un cercle est de 22ᵐ,46244, quel est le diamètre ?

1213. — La circonférence d'un cercle est de 22ᵐ,46244, quel est le rayon ?

1214. — Le rayon d'un cercle est de 2ᵐ,80, quelle est la circonférence ?

1215. — La circonférence d'un cercle est de 14ᵐ, quel est le diamètre ?

1216. — Trouvez la surface d'un cercle de 2ᵐ,80 de rayon.

1217. — Surface d'un cercle de 11ᵐ,20 de diamètre.

1218. — Surface d'un cercle de 7ᵐ,66 de circonférence.

1219. — Trouvez la surf. d'un cercle de 0ᵐ,45 de rayon.

1220. — Un bassin de forme circulaire a 19ᵐ de diamètre, quelle en est la surface ?

1221. — Le lambris d'un appartement long de 6ᵐ,75 et large de 5ᵐ, s'élève à 1ᵐ de hauteur ; combien est-il dû au menuisier pour la fourniture de ce lambris à raison de 5 fr. 25 le mètre² ?

Fig. analogue à celle du n° 1198.

1222. — Dans la surface d'une porte, haute de 2ᵐ,10 et large de 0ᵐ,92, il se trouve deux losanges de chacun 0ᵐ,35 de base sur 0ᵐ,25 de hauteur. Ces deux losanges doivent être peints à raison de 5 fr. le mètre car., et le reste de la porte, d'un seul côté, à raison de 1 fr. 75. Combien le tout ?

1223. — La toiture d'une maison se compose de 2 trapèzes et de 2 triangles qui ont tous 5ᵐ de hauteur. La base des triangles est de 6ᵐ,65 ; les côtés parallèles des trapèzes ont l'un 0ᵐ et l'autre 8ᵐ,50. Que doit-on au couvreur à raison de 3 fr. 25 le mètre carré ?

1224. — On fait mettre en couleur, à 0 fr. 45 le m.², les 4 murs et le plafond d'un appartement long de $10^m,60$, large de $8^m,85$ et haut de $2^m,75$. Quel est le prix de ce travail?

Fig. et solution analogues à celles du n° 1198, le plafond en plus.

1225. — Le diamètre de la pièce de 5 fr. est de 37 millim., celui de la pièce de 2 fr. de 27 millim., celui de la pièce de 1 fr. de 23 millim., celui de la pièce de 0 fr. 50 de 18 millim. et celui de la pièce de 0 fr. 20 de 15 millim. Dire la surface de chacune de ces pièces.

1226. — On demande la base d'un rectangle de 4^m de hauteur et de $9^{m²},60$ de superficie.

La surface 9,60 est un produit dont on connaît l'un des facteurs, 4^m de haut, on trouve l'autre, qui est la base, par une division.

1227. — Trouvez la hauteur d'un rectangle de $17^m,5$ de base et $84^{m²},70$ de superficie.

***1228.** — Les deux côtés parallèles d'un trapèze sont $18^m,1$, et $17^m,6$, la superficie $133^m,518$; quelle est la hauteur?

1229. — La superficie d'un triangle est de $19^{m²},20$, la base de 8^m; trouver la hauteur.

La superficie $19^{m²},20$ est la moitié du produit de la base par la hauteur, le produit est donc $38^{m²},40$ (continuer comme au n° 1226).

1230. — Un triangle dont la superficie est de $42^{m²},35$ a une hauteur de $3^m,5$: calculez la longueur de la base.

***1231.** — Un bassin circulaire a $7^m,15$ de diamètre en y comprenant la maçonnerie, et intérieurement un diamètre de $6^m,50$; on demande la surface occupée 1° par l'eau; 2° par la maçonnerie.

1232. — La surface d'un terrain irrégulier peut être décomposée en 2 trapèzes ayant, le 1ᵉʳ 7^m et $4^m,80$ pour côtés parallèles, et pour hauteur, $5^m,10$; le 2ᵉ, pour côtés parallèles, $11^m,60$ et 19^m, et pour hauteur, 15^m; et en 3 triangles ayant pour hauteurs $5^m,10$, 4^m et $11^m,25$, et pour bases, $4^m,80$, $5^m,90$ et $11^m,60$. Quelle est la superficie de ce terrain?

1233. — Un triangle a 5^m de hauteur sur 3^m de base. On demande de trouver la hauteur d'un second triangle double en surface et qui aurait 4^m de base.

1234. — Quelle est la base d'un triangle qui a $5^m,9$ de hauteur et $41^m,89$ de surface?

1235. — Sur un champ qui a régulièrement une longueur de 176^m, on doit fournir une étendue de $37^a,84$; quelle largeur doit-on prendre? Voir l'explication du n° 1226.

1236. — On donne 0 fr. 10 par mètre carré pour cultiver un jardin de 30^m de long sur $24^m,80$ de large. Que faut-il payer pour ce travail?

1237. — Combien faut-il de carreaux de $0^m,25$ de long sur $0^m,15$ de large pour carreler une salle de $8^m,25$ de longueur sur $6^m,4$ de largeur?

1238. — Quelle est la superficie en ares d'un parc de 460^m de long sur 250^m de large?

1239. — On a payé 322 fr. 50 pour la peinture d'une surface triangulaire ayant 15^m de base sur 10 de hauteur; à combien revient le mètre carré?

333. — Un *corps* est l'étendue en longueur, largeur et épaisseur.

334. — Trouver le volume d'un corps ou le *mesurer*, c'est chercher combien ce corps contient de fois le mètre cube, le stère ou toute autre unité de volume.

Ainsi, mesurer, *toiser* ou *cuber* un bloc de pierre, un tas de fumier, etc. (prob. nᵒˢ 1276 et suivants), c'est chercher combien de fois ce bloc ou ce tas contient le mètre cube, le décimètre cube, etc. Toiser une pièce de bois, une charpente (prob. 1285 et suiv.), c'est chercher combien de fois elle contient le stère, le décistère, etc.

Excepté pour le bois cassé (nᵒˢ 155-156), il n'existe pas de mesures effectives pour les volumes : on mesure la longueur de certaines dimensions des corps et on en calcule le volume au moyen des procédés indiqués ci-après.

La contenance ou la capacité d'une cuve, d'un vase, d'une futaille, etc., n'étant autre chose que son volume intérieur, on peut calculer ce volume (prob. nᵒˢ 1275, 1278, 1291 et suiv.), et en déduire la contenance par la relation qui existe entre les mesures de volume et celles de contenance (nᵒ 217).

On peut encore trouver la capacité d'un vase, d'une futaille, etc., au moyen du rapport qui existe entre le volume et le poids de l'eau qu'il contient (nᵒ 218 et prob. 779-780).

335. — La mesure de tous les corps se réduit à celles du prisme, du cylindre, de la pyramide, du cône et de la sphère.

1° Mesure des prismes.

336. — Un *prisme* est un corps dont deux faces opposées appelées *bases* sont égales et parallèles et dont les faces latérales sont des parallélogrammes. (Fig. 29.)

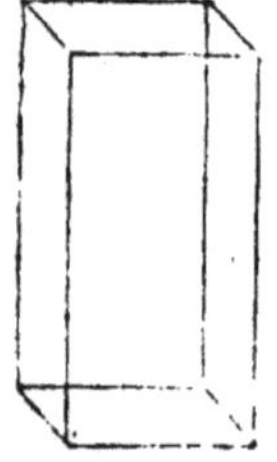

Fig. 29.

337. — *On trouve le volume d'un prisme en multipliant la surface de la base par la hauteur du prisme.* — $S \times H$.

EXPLICATION. — Soit le prisme (fig. 29) dont nous supposerons la hauteur de 5ᵐ. Supposons de plus que le rectangle de la base ait 3ᵐ de longueur sur 2 de largeur et qu'il présente par conséquent une superficie de 6ᵐ carrés. Sur chaque mètre carré de la base on peut placer un mètre cube, ce qui fait sur toute cette base une plaque de 6ᵐ cubes. Cette plaque ne prend qu'un mètre sur la hauteur du prisme, et, comme le prisme a 5 mèt. de hauteur, on pourra placer jusqu'au haut encore 4 plaques semblables à la première, ce qui fera en tout 5 fois 6 mèt. cubes ou 30 mèt. cub. pour le volume du prisme, volume qui se trouve ainsi être le produit de sa base 6ᵐ² par sa hauteur 5ᵐ.

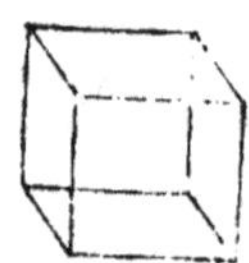

Fig. 30.

338. Pour trouver le volume d'un prisme dont toutes les faces sont des rectangles, il suffit de faire le produit des trois dimensions, longueur, largeur et épaisseur ou hauteur. Tels sont, par exemple, les murs, les pierres, les poutres équarries, etc., etc.

Pour le cube (fig. 30), prisme terminé par 6 faces carrées égales, il suffit de multiplier le côté deux fois par lui-même.

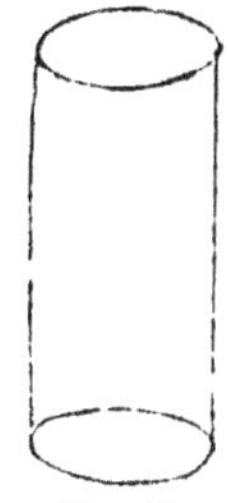

339. — Un *cylindre* ou rouleau est un corps dont les deux bases sont des cercles égaux et parallèles. (Fig. 31.)

310. — *On trouve la surface latérale d'un cylindre* en multipliant la circonférence de la base par la hauteur ou longueur du cylindre.

Expl. — Ceci résulte de ce que la surface d'un cylindre équivaut à celle d'un rectangle dont un côté est égal à la circonférence du cylindre et l'autre à sa hauteur.

On peut s'en convaincre en roulant en forme de cylindre une feuille de papier. Du reste, les tuyaux cylindriques des poêles ne sont-ils pas faits au moyen de feuilles de tôle rectangulaires ?

Fig. 31.

311. — *On trouve le volume d'un cylindre en multipliant la surface de la base par la hauteur.* — S × H.

Explication analogue à celle du n° 337.

Voir, pour la mesure du bois rond, le système métrique n°s 157 à 160 et le tableau page 64.

3° Mesure de la pyramide et du cône.

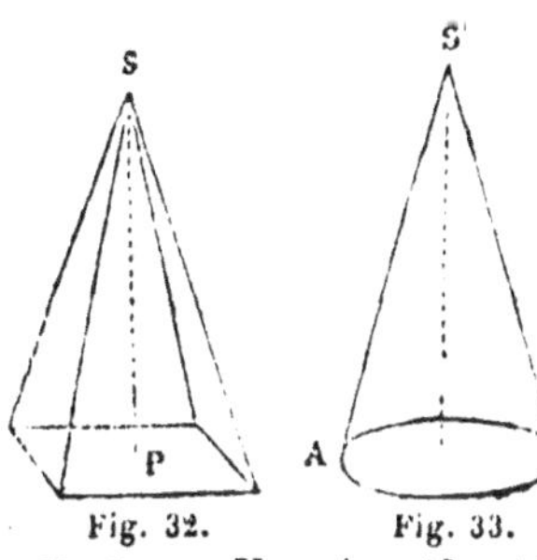

Fig. 32.   Fig. 33.

342. — Une *pyramide* est un corps dont la base est un polygone quelconque, et dont les faces latérales sont des triangles dont les sommets se réunissent tous en un point appelé *sommet* de la pyramide. (F. 32.)

Les flèches des clochers sont des pyramides. Une pyramide est dite *triangulaire, quadrangulaire, pentagonale*, etc., selon qu'elle a pour base un *triangle*, un *quadrilatère*, un *pentagone*, etc.

343. — Un *cône* (dont la forme est celle d'un pain de sucre) est un corps terminé en pointe et dont la *base* est un cercle. (Fig. 33.)

344. — *On trouve la surface latérale du cône* en multipliant la circonférence de sa base par la distance (AS) de cette circonférence au sommet et prenant la moitié du produit.

Expl. — Cela tient à ce que la surface d'un cône peut être considérée comme composée d'un grand nombre de triangles qui ont pour base chacun une petite portion de la circonférence de la base et pour hauteur la distance de cette base au sommet.

345. — *On trouve le volume de la pyramide ou du cône en multipliant la surface de la base par la hauteur et prenant le tiers du produit.* — $\dfrac{S \times H}{3}$.

Expl. — Ceci résulte de ce qu'une pyramide ou un cône est le tiers d'un prisme ou d'un cylindre de même base et de même hauteur. (*A démontrer sur un prisme triangulaire divisé en trois pyramides égales. On plongera chaque pyramide dans un verre d'eau, et on fera voir que le volume d'eau déplacé est le même dans les trois cas.*)

6.

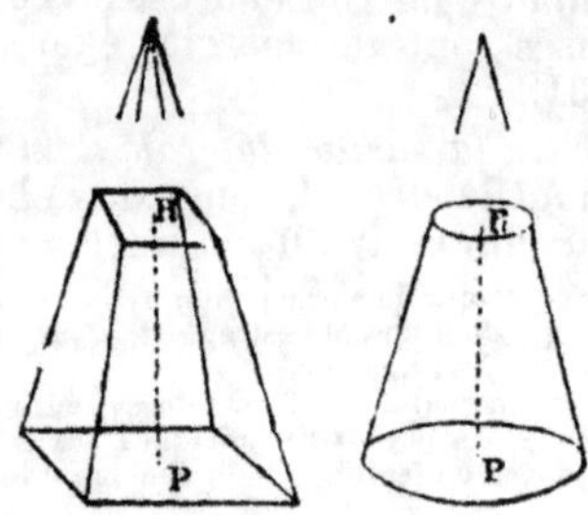

Fig. 34.   Fig. 35.

346. — Une pyramide *tronquée* est une pyramide dont on a enlevé la partie supérieure. (Fig. 34.)

347. — Un cône *tronqué* est un cône dont on a enlevé la partie supérieure. (Fig. 35.)

348. — *Pour trouver le volume d'un cône tronqué, on additionne le diamètre de la grande base avec celui de la petite, et on prend la moitié du total. Cette moitié est le diamètre d'un cylindre de même hauteur que le cône tronqué et qui lui est équivalent. En conséquence on continue comme pour la mesure du cylindre* (*).

(Il ne faut pas oublier que la hauteur (HP) du tronc du cône est la perpendiculaire menée entre les deux bases.)

5° Mesure de la sphère.

349. — On appelle *sphère* un corps terminé par une surface courbe dont tous les points sont également distants d'un point intérieur appelé centre. (F. 36.)

Fig. 36.

350. — *On trouve la surface d'une sphère en multipliant la circonférence par le diamètre.*

351. — *On trouve le volume d'une sphère en multipliant la surface par le rayon et prenant le tiers du produit.* — $\dfrac{S \times R}{3}$.

Expl. — Une sphère peut être considérée comme composée d'un grand nombre de petites pyramides qui ont pour base chacune une petite portion de la surface et pour hauteur le rayon ; de là la règle.

(*) Ce moyen n'est pas rigoureux ; il donne une erreur en moins qui diminue à mesure que le cône tronqué se rapproche de la forme du cylindre Mais comme, dans la pratique, les applications les plus communes de cette règle se réduisent à la mesure des cuves en bois, cuviers, baquets et poutres rondes, mesure qui n'est pas susceptible d'une grande précision, l'erreur que nous signalons ne tire pas à conséquence.

Voici, du reste, un moyen rigoureux qui s'applique à la fois au cône tronqué et à la pyramide tronquée.

Pour trouver le volume d'un cône tronqué ou d'une pyramide tronquée, on fait la somme des surfaces de la grande base, de la petite et d'une moyenne entre ces deux surfaces, on prend le tiers du total et on multiplie par la hauteur.

Pour le cône tronqué, on trouve la surface moyenne en multipliant le rayon de la grande base par celui de la petite et le produit par 3,1416.

Quant à la moyenne de la pyramide tronquée, voir page 138.

352. — *Pour trouver le volume des corps irréguliers*, on les dé-
compose en tranches formant des prismes ou autres corps faciles
à évaluer.

Mesure du tonneau.

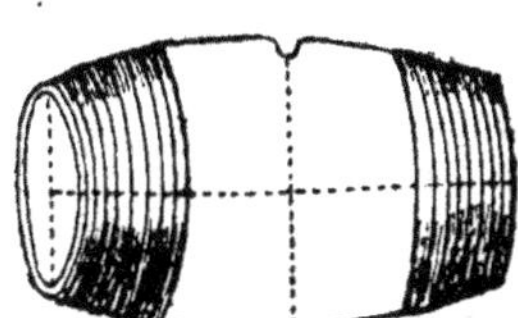

Le procédé suivant, établi par l'instruction
ministérielle de pluviôse an VII, est à la fois
simple et exact. Il ramène la mesure du tonneau à celle du cylindre.

353. — *Pour trouver la contenance d'un tonneau,* on prend trois
mesures : la longueur intérieure
du tonneau, le diamètre du *bouge* et celui des *fonds*.

Cela fait, on retranche le diamètre des fonds de celui du
bouge. On prend le tiers de la différence et on soustrait ce
tiers du diamètre du bouge. On obtient ainsi un reste qui
est le diamètre d'un cylindre de même longueur que le
tonneau et qui lui est équivalent. En conséquence, on continue comme pour la mesure du cylindre.

EXEMPLE :

Trouver la contenance d'un tonneau dont la longueur est de
1ᵐ,92, le diamètre du bouge de 0ᵐ,97 et celui des fonds de 0ᵐ,88.

    0ᵐ,97 — 0ᵐ,88   =   0ᵐ,09 différence dont le tiers est 0ᵐ,03.
    0ᵐ,97 — 0ᵐ,03   =   0ᵐ,94 diamètre du cylindre équivalent.
    0ᵐ,94 : 2   =   0ᵐ,47 rayon de   id.
    0ᵐ,47 × 0ᵐ,47 × 3,1416 = 0ᵐ²,693979 surface de la base du id.
    0ᵐ²,693979 × 1ᵐ,92 =   1ᵐ3,332439 ou 1332 lit. 44 contenance du tonneau.

Pour la mesure des fûts en vidange, voir ci-après prob. n° 1847 et le *Suppl.*, p. 46.

Exercices sur la mesure des corps.

Il est encore très-utile de joindre une figure à chaque question ; mais, à cause
de la perspective, on ne doit plus exiger que les dimensions des corps soient
reproduites sur une échelle rigoureuse.

1240. — Trouvez le volume d'un prisme dont la base présente
une surface de 17ᵐ²,15 et dont la hauteur est de 0ᵐ,75.

1241. — Quel est le volume d'un prisme dont la base est de
1ᵐ²,174 et la hauteur de 0ᵐ,25 ?

1242. — Calculez la solidité d'un cube de 0ᵐ,75 de côté.

1243. — Trouvez le volume d'un cube de 2ᵐ,50 de côté.

1244. — Quel est le volume d'un prisme de 0ᵐ,80 de hauteur et
dont la base est un rectangle de 2ᵐ de longueur sur 1ᵐ,40 de
largeur ?

1245. — Quelle est la solidité d'un prisme de 1ᵐ de hauteur et
dont la base est un parallélogramme ayant 0ᵐ,48 de base et 0ᵐ,15
de hauteur ?

1246. — Trouvez le volume d'un prisme de 1ᵐ,20 de hauteur et
dont la base est un carré de 0ᵐ,26 de côté.

1247. — Calculez la solidité d'un prisme de 2ᵐ,94 de hauteur, et
dont la base est un trapèze dont les côtés parallèles sont 4ᵐ,25
et 6ᵐ, et la hauteur 5ᵐ.

1248. — Trouvez la surface latérale d'un cylindre dont la circonférence de la base est de 2ᵐ,40 et la hauteur 1ᵐ,75.

***1249.** — Trouvez la surface latérale d'un cylindre de 2ᵐ,10 de hauteur et dont le cercle de la base a un diamètre de 0ᵐ,45.

1250. — Quelle est la surface latérale d'un cylindre de 1ᵐ,50 de hauteur et dont la base présente un rayon de 0ᵐ,32 ?

1251. — Dites le volume d'un cylindre dont la surface de la base est de 0ᵐ²,4625 et la hauteur de 0ᵐ,56.

***1252.** — Calculez le volume d'un cylindre de 1ᵐ,92 de hauteur et dont le rayon de la base est de 0ᵐ,47.

1253. — Trouvez la solidité d'un cylindre dont la base présente une circonférence de 1ᵐ,15 et dont la hauteur est de 3ᵐ.

1254. — Quel est le volume d'un cylindre de 1ᵐ,80 de hauteur et dont la base a un diamètre de 0ᵐ,54 ?

1255. — Un cône a pour base un cercle de 0ᵐ,76 de circonférence, et la distance de cette circonférence au sommet est de 0ᵐ,84 ; quelle est la surface latérale de ce cône ?

***1256.** — Calculez la surface latérale d'un cône dont la base a 0ᵐ,48 de diamètre, la distance de la circonférence de cette base au sommet étant de 1ᵐ,10.

***1257.** — Calculez la surface totale (y compris celle de la base) d'un cône dont le rayon de la base est de 0ᵐ,47 et dans lequel la distance de la circonférence de la base au sommet est de 3ᵐ,84.

1258. — Quel est le volume d'un cône dont la base est de 0ᵐ²,465 et la hauteur de 0ᵐ,36 ?

***1259.** — La base d'un cône présente un diamètre de 0ᵐ,48 et la hauteur est de 0ᵐ,96 ; quel en est le volume ?

***1260.** — La base d'une pyramide est un rectangle long de 0ᵐ,26 et large de 0ᵐ,15, sa hauteur est de 0ᵐ,85 ; quel en est le volume ?

1261. — Une pyramide haute de 6ᵐ,40 a pour base un **carré de** 1ᵐ,30 de côté ; quel en est le volume ?

1262. — La base d'une pyramide est un triangle de 0ᵐ,52 de base et de 0ᵐ,15 de hauteur ; quelle en est la solidité si elle présente une hauteur de 0ᵐ,85 ?

1263. — La hauteur d'une pyramide est de 14ᵐ,25, sa base est un trapèze dont les côtés parallèles sont 2ᵐ,10 et 1ᵐ,75 et la hauteur 0ᵐ,90 ; quel est son volume ?

***1264.** — Quel est le volume d'un tronc de cône dont les **rayons** des bases sont 5ᵐ et 3ᵐ et la hauteur 7ᵐ ?

***1265.** — La petite base d'un tronc de cône a 8ᵐ de circonférence et la grande 9ᵐ,80, sa hauteur est de 12ᵐ,55 ; quel est son volume ?

1266. — Les diamètres des bases d'un tronc de cône sont 0ᵐ,32 et 0ᵐ,48 ; sa hauteur est de 2ᵐ, quel est le volume de ce corps ?

1267. — Les rayons des bases d'un tronc de cône sont 0ᵐ,41 et 0ᵐ,36, la hauteur 0ᵐ,84 ; quel en est le volume ?

1268. — Quelle est la surface d'une sphère de 5 centimètres de diamètre?

1269. — Une sphère a 3 décim. de diamètre, quelle en est la surface?

1270. — Une sphère a 0^m,6 de diamètre, trouvez-en la surface.

1271. — Une sphère a 0^m,12 de rayon, quelle en est la surface?

*1272. — Quel est le volume d'une sphère dont le diamètre est de 0^m,36?

1273. — Le rayon d'une sphère est de 6 centimètres; quel en est le volume?

1274. — Calculez le volume d'une sphère de 14 décim. de diamètre.

1275. — Une cuve en pierre a la forme d'un prisme; elle a intérieurement une base de 0^{m2},9575 et une hauteur de 0^m,84; quelle en est la contenance en litres?

1276. — Une lumière a 4^m de long, 3^m de large et 1^m,75 de haut; combien contient-elle de mètres cubes et quel en est le prix à 1 fr. 80 le mèt.?

1277. — Une pierre a 8 décim. de hauteur, 1^m,40 de longueur et 0^m,75 d'épaisseur; quel en est le volume et le prix à 7 fr. 50 le mètre cube?

*1278. — Une timbale cylindrique a 0^m,22 de diamètre et 0^m,32 de hauteur; quelle en est la capacité en lit.?

1279. — Un puits a 1^m,25 de diamètre, l'eau s'y élève à 3^m,45 de hauteur; combien y en a-t-il de lit.? (V. sol. 1278.)

1280. — Une colonne a 1^m,25 de circonférence et 3^m de hauteur, on la fait peindre à raison de 1 fr. 30 le mèt.^{2}; dire ce qui sera dû au peintre. (V. sol. n° 1249.)

1281. — Un tas de pierres présente la forme d'un prisme haut de 1^m,50 et dont la base est un rectangle de 3^m,05 de large sur 4^m,75 de long; combien y a-t-il de mètres cubes de pierres?

1282. — La toiture d'un pavillon a la forme d'un cône dont la base a 8^m,15 de circonférence; la distance de cette circonférence au sommet étant de 3^m,40, combien doit-on au couvreur à raison de 2 fr. 75 le mètre carré?

1283. — Un entonnoir conique a 0^m,25 de diamètre à sa plus grande largeur, la hauteur (déduction faite du tuyau qui le termine) est de 0^m,26; quelle en est la contenance?

1284. — Un seau de la forme d'un cône tronqué est haut de 0^m,40; l'un de ses diamètres (pris intérieurement) est de 0^m,25, l'autre de 0^m,20; quelle en est la capacité en litres? R. 15^{lit},97.

1285. — Une poutre a 4^m,15 de longueur sur 0^m,38 d'équarrissage; quel en est le volume en mèt. cub.?

1286. — Une pièce de bois ronde a 0^m,48 de diamètre sur une longueur de 2^m,70; quel en est le volume en stères?

1287. — Une citerne de 5^m de profondeur présente régulièrement une longueur de 4^m,75 sur une largeur de 2^m,90; combien faut il de mètres cubes de terre pour la remplir?

1288. — Une boîte présente intérieurement une longueur de 1^m,30 et 0^m,56 de largeur sa hauteur étant de 0^m,80 ; quelle en est la capacité ?

1289. — Une pièce de bois en forme de cône tronqué a 0^m,48 de diamètre en un bout et 0^m,42 en l'autre ; sa longueur étant de 6^m, quel en est le volume en stères?

1290. — Un mât de bateau a 0^m,98 de circonférence en un bout et 0^m,24 en l'autre ; sa longueur étant 16^m,50, quel en est le volume en stères?

1291. — Une cuve dont la forme est celle d'un cône tronqué a intérieurement un diamètre de 0^m,80 dans le fond, et un diamètre de 1^m à l'ouverture ; sa hauteur est de 1^m ; quelle est en litres la capacité de cette cuve?

1292. — Un baquet dont les deux diamètres sont 0^m,60 et 0^m,75, est haut de 0^m,54 ; quelle en est la contenance?

1293. — Les deux circonférences d'une cuve sont 8^m et 9^m,80 ; en calculer la capacité en hectolitres, sachant que la hauteur est de 2^m,45.

1294. — Une poutre ronde, dont les circonférences des extrémités sont l'une 1^m,75 et l'autre 1^m,48, présente une longueur de 5^m,40 ; quel en est le volume?

1295. — On fait construire un cuvier qui devra avoir les dimensions suivantes : diamètre de l'ouverture, 1^m,90 ; diamètre dans le fond, 1^m,75 ; hauteur, 1^m,40. Quelle sera la capacité du cuvier ?

1296. — Une pièce de bois ronde présente à l'un de ses bouts un diamètre de 0^m,48 et à l'autre une circonférence de 1^m,20 ; quel est en stères le volume de cette pièce de bois qui a une longueur de 4^m,76 ?

1297. — Un tonneau de 2^m de longueur a 0^m,98 de diamètre à la bonde et 0^m,92 à chaque bout, ces dimensions prises intérieurement ; on demande la contenance du tonneau?

1298. — Une barrique de 1^m,50 de longueur présente un diamètre de 0^m,80 à la bonde et de 0^m,70 à chaque bout. Dire à combien revient le litre du cidre dont elle est remplie si elle coûte, non compris le fût, 45 fr.

1299. — Quelle est la contenance d'un tonneau de 1^m,20 de diamètre à la bonde, de 1^m,02, de diamètre à chaque bout et de 2^m,10 de longueur?

1300. — Quelle est la contenance d'une futaille qui a intérieurement les dimensions suivantes : longueur, 1^m,25 ; diamètre du bouge, 0^m,69 ; diamètre du jable, 0^m,60?

1301. — Une tonne de 3^m de longueur a un diamètre de 3^m,75 au bouge et un diamètre de 3^m,27 au jable ; quelle en est la capacité en hectolitres ?

1302. — Un tonneau plein est vendu 190 fr. ; il a 1^m de diamètre à la bonde, 0^m,87 au jable, sa longueur est de 2^m,02 ; dire le prix du double litre du liquide qu'il contient.

354. — On appelle *carré* d'un nombre le produit de ce nombre multiplié par lui-même. Ainsi le carré de 7 est 49, car $7 \times 7 = 49$.

355. — On appelle *racine carrée* d'un nombre un autre nombre qui, multiplié par lui-même, reproduit le nombre donné. Ainsi la racine carrée de 49 est 7, car $7 \times 7 = 49$.

356. — Les carrés des 9 premiers nombres

sont......... 1, 4, 9, 16, 25, 36, 49, 64, 81 et
les racines sont 1, 2, 3, 4, 5, 6, 7, 8, 9.

357. — Pour indiquer qu'il faut extraire la racine carrée d'un nombre, on place avant ce nombre un signe qu'on appelle *radical* ($\sqrt{}$). Ainsi $\sqrt{49}$ se lit racine carrée de 49 :

Soit à extraire la racine carrée de 455625.

45.56.25	675
36	
95.6	12 7
88.9	
672.5	134 5
672.5	
000.0	

1° Je partage le nombre en tranches de 2 chiffres en commençant par la droite : 45.56.25. 2° Je trouve (n° 356) que le plus grand carré contenu dans 45 est 36 dont la racine est 6, que j'écris à droite du nombre donné en les séparant par un trait vertical. 3° Je retranche 36, carré de 6, de la 1re tranche 45, et, à droite du reste, 9, j'abaisse la 2e tranche, 56, dont je sépare le dernier chiffre par un point. 4° Je divise la partie à gauche du point, 95, par 12, double de la racine trouvée, 6, et j'écris le quotient, 7, à droite du double de la racine 12. 5° Je multiplie le nombre ainsi formé, 127, par son dernier chiffre, 7, et je retranche le produit, 889, de 956 ; comme la soustraction peut s'effectuer, j'écris 7 à la racine. 6° A droite du reste, 67, j'abaisse la tranche suivante, 25, dont je sépare le dernier chiffre ; je divise 672 par 134, double de la racine trouvée, 67, j'écris le quotient 5 à droite du double de la racine, ce qui donne 1345 que je multiplie par son dernier chiffre 5 ; je retranche le produit 6725 de 6725, reste 0 ; enfin, j'écris 5 à la racine, ce qui donne pour résultat 675.

358. — *Pour extraire la racine carrée d'un nombre entier :*
1° On partage ce nombre en tranches de 2 chiffres en commençant par la droite (la dernière tranche à gauche peut bien n'avoir qu'un chiffre). — 2° On cherche quel est le plus grand carré contenu dans la première tranche à gauche, et l'on écrit la racine de ce carré à droite du nombre donné, dont on la sépare par un trait vertical. — 3° On retranche le carré de la racine trouvée de la première tranche à gauche, et, à droite du reste, on abaisse la tranche suivante dont on sépare le dernier chiffre à droite par un point. — 4° On divise la partie à gauche du point par le double de la racine et on écrit le quotient à droite de ce double. — 5° On multiplie le nombre ainsi formé par son dernier chiffre et on retranche le produit du nombre formé par le premier reste suivi de la seconde tranche ; si la soustraction a pu s'effectuer, on écrit le quotient à la racine pour en être le 2e chiffre. — 6° A droite du reste, on abaisse la tranche suivante, dont on sépare le dernier chiffre par un point, et l'on continue comme il vient d'être dit (4° et 5°) jusqu'à ce que toutes les tranches aient été abaissées.

359. — **Remarques.** — 1° *Le chiffre mis à la racine est trop fort* lorsque la soustraction ne peut s'effectuer.

360. — 2° *Le chiffre mis à la racine est trop faible* lorsque le reste est plus grand que le double de la racine trouvée. Donc

361. — 3° *Le chiffre mis à la racine est exact* quand la soustraction peut s'effectuer, et que le reste n'est pas plus grand que le double de la racine déjà trouvée.

362. — 4° Si, après avoir abaissé une tranche et séparé le dernier chiffre par un point, la partie à gauche de ce point ne contenait pas le double de la racine, on écrirait 0 à la racine et on abaisserait la tranche suivante.

363. — 5° Il doit y avoir à la racine autant de chiffres qu'il y a de tranches dans le nombre donné.

Manière d'opérer quand l'extraction donne un reste.

364. — Si la dernière soustraction donne un reste, on peut écrire à droite de ce reste autant de tranches de zéros que l'on veut avoir de chiffres décimaux à la racine.

Expl. — En écrivant les deux premiers zéros à droite du reste, on le convertit en centièmes, dont la racine donne des dixièmes. Le nouveau reste, s'il y en a un, exprime des centièmes ; en écrivant deux nouveaux zéros, on convertit ces centièmes en dix-millièmes, dont la racine donne des centièmes, et ainsi de suite pour les autres chiffres.

Preuve de la racine carrée.

365. — *Pour faire la preuve de la racine carrée,* on multiplie la racine trouvée par elle-même ; s'il y a un reste, on l'ajoute au produit et la somme doit être égale au nombre donné.

RACINE CARRÉE DES NOMBRES DÉCIMAUX.

Soit à extraire la racine carrée de 52,5625.

52,5625	7,25
49	
035.6	14 2
2 8 4	
0722.5	1445
7225	
000.0	

Preuve. 7,25
7,25
———
3625
1450
5075
———
52,5625

366. — *Pour extraire la racine carrée d'un nombre décimal,* on commence par rendre pair, s'il ne l'est pas, en écrivant un zéro à droite, le nombre des chiffres décimaux du nombre donné.

Puis on partage tout le nombre en tranches de deux chiffres, à droite et à gauche, en partant de la virgule.

Ensuite on opère comme si le nombre était entier, sauf à placer la virgule à la racine quand on y arrive dans le nombre donné.

Pour la théorie des racines, voir le *Supplém.* à l'Arithm. élém., page 19.

Exercices sur les carrés.

Formez le carré

1303. — De	25		1307. — De	0,1 (*)
1304. — De	56		1308. — De	0,01
1305. — De	124		1309. — De	63,16
1306. — De	4896		1310. — De	0,00101

Exercices sur l'extraction de la racine carrée.

Extrayez la racine carrée

1311. — De	144		1320. — De	17715681
1312. — De	169		1321. — De	64500
1313. — De	324		1322. — De	64560
1314. — De	1849		323. — De	194567
1315. — De	18496		1324. — De	564925
1316. — De	490000		1825. — De	23070816
1317. — De	43681		1326. — De	1456947
1318. — De	931225		1327. — De	2045676
1319. — De	2455489		1328. — De	10000000

1329. — De	23,04		1334. — De	124,9
1330. — De	110,25		1335. — De	142,7845
1331. — De	85,5625		1336. — De	3699,684519
1332. — De	9,425		1337. — De	0,001
1333. — De	0,01 (**)		1338. — De	0,0000010201

1339. — Un jardinier a 2304 choux qu'il veut planter en carré ; on demande combien il y aura de choux dans chaque rangée.

1340. — 10404 soldats doivent être rangés en bataillon carré ; combien y aura-t-il d'hommes sur chaque côté ?

1341. — On veut former un parterre carré de 961^{m2} de superficie ; quelle sera la longueur des côtés ?

1342. — Un terrain de forme carrée est planté d'arbustes placés à égale distance les uns des autres. Combien y en a-t-il sur chaque face, sachant que le terrain en contient 94864 ?

(*) Le carré d'une fraction est toujours plus petit que cette fraction. (Voir, ci-après, n° 418.)

(**) La racine carrée d'une fraction est toujours plus grande que cette fraction. Sans cela, en faisant le cube de la racine, on ne pourrait jamais, selon la remarque précédente, retrouver la fraction (n° 418).

367. — On appelle *cube* d'un nombre le produit de ce nombre multiplié deux fois par lui-même. Ainsi le cube de 3 est 27, car $3 \times 3 = 9$ et $9 \times 3 = 27$.

368. — On appelle *racine cubique* d'un nombre un autre nombre qui, multiplié deux fois par lui-même, reproduit le nombre donné. Ainsi la racine cubique de 27 est 3, car $3 \times 3 = 9$ et $9 \times 3 = 27$.

369. — Les cubes des neuf premiers nombres sont.......... : 1, 8, 27, 64, 125, 216, 343, 512, 729 et les racines cub. : 1, 2,   3,   4,   5,   6,   7,   8,   9.

370. —Pour indiquer qu'il faut extraire la racine cubique d'un nombre, on place avant ce nombre le signe $\left(\sqrt[3]{} \right)$. Ainsi $\sqrt[3]{512}$ se lit racine cubique de 512.

Soit à extraire la racine cubique de 308915776.

	308 915 776	676
Cube de 6216		36 carré de 6.
		3
	929.15	108 triple carré.
1ʳᵉ et 2ᵉ tranches.	308 9 15	4489 carré de 67.
Cube de 67.	300 7 63	3
	008 1 527.76	13467 triple carré.
1ʳᵉ, 2ᵉ, 3ᵉ tranch.	308 9 15 7 76	
Cube de 676.	308 9 15 7 76	servant de preuve.
	000 0 00 0 00	

1º Je partage le nombre en tranches de trois chiffres en commençant par la droite : 308.915.776. 2º Je trouve (nº 369) que le plus grand cube contenu dans 308 est 216 dont la racine est 6 que j'écris à droite du nombre donné en les séparant par un trait vertical. 3º Je retranche 216, cube de 6, de la 1ʳᵉ tranche, 308, et. à droite du reste, 92, j'abaisse la 2ᵉ tranche 915 dont je sépare deux chiffres à droite par un point. 4º Je divise la partie à gauche du point, 929, par 108, triple carré de la racine trouvée, 6, et je place le quotient, 7, à la racine. 5º Je fais le cube des deux chiffres ainsi obtenus 67, j'obtiens 300763 que je retranche de l'ensemble des deux premières tranches 308.915. 6º A droite du reste, 8152, j'abaisse la dernière tranche, 776, dont je sépare les deux derniers chiffres ; je divise la partie à gauche du point 81.527 par 13467, triple carré de la racine trouvée, 67, et j'écris le quotient, 6, à la racine ; je fais le cube de 676, j'obtiens 308.915.776 que je retranche de l'ensemble des trois tranches du nombre ; il reste 0, et la racine cherchée est 676.

371. — *Pour extraire la racine cubique d'un nombre entier :* 1º On partage ce nombre en tranches de trois chiffres en commençant par la droite (la dernière tranche à gauche peut bien n'avoir qu'un ou deux chiffres) ; 2º on cherche quel est le plus grand cube contenu dans la première tranche à gauche, et l'on écrit la racine de ce cube à droite du nombre donné, dont on la sépare par un trait vertical ; 3º on retranche le cube de la racine trouvée de la première tranche à gauche et, à droite du reste, on abaisse la tranche suivante, dont on sépare les deux derniers chiffres à droite par un point ; 4º on divise la partie à gauche du point par le triple carré de la racine trouvée, et on place le quotient à droite du premier chiffre de la racine ; 5º on fait le cube des deux chiffres placés à la racine et on le soustrait, s'il n'est pas trop grand, de l'ensemble des deux premières tranches. (Si ce cube est plus grand que le nombre formé par l'ensemble des deux premières tranches, on diminue le dernier chiffre de la racine d'une ou plusieurs unités jusqu'à ce que la soustraction puisse s'effectuer). 6° A droite du reste, on abaisse la tranche suivante, dont on sépare les 2 derniers chiffres par un point et on continue, comme il vient d'être dit (4° et 5°), jusqu'à ce que toutes les tranches aient été abaissées.

372. — REMARQUES. — 1° *Un chiffre placé à la racine est trop grand* lorsque la soustraction ne peut s'effectuer.

373. — 2° *Un chiffre placé à la racine est trop faible* lorsque le reste est plus grand que le triple carré de la racine plus trois fois cette racine. Donc

374. — 3° *Un chiffre placé à la racine est exact* lorsque la soustraction peut s'effectuer et que le reste n'est pas plus grand que le triple carré de la racine déjà trouvée, plus trois fois cette racine.

375. — 4° Si, après avoir abaissé une tranche et séparé les deux derniers chiffres par un point, la partie à gauche de ce point ne contenait pas trois fois le carré de la racine trouvée, on écrirait 0 à la racine et on abaisserait la tranche suivante.

376. — 5° Il doit y avoir à la racine autant de chiffres qu'il y a de tranches dans le nombre donné.

Manière d'opérer quand l'extraction donne un reste.

377. — *Si la dernière soustraction donne un reste,* on peut écrire à droite de ce reste autant de tranches de zéros que l'on veut obtenir de chiffres décimaux à la racine.

Explication analogue à celle du n° 364.

Preuve de la racine cubique.

378. — *Pour faire la preuve de la racine cubique,* on multiplie la racine trouvée deux fois par elle-même ; s'il y a un reste, on l'ajoute au produit, et la somme doit être égale au nombre donné.

RACINE CUBIQUE DES NOMBRES DÉCIMAUX.

Soit à extraire la racine cubique de 1,95315.

1,953. 150	1 25
Cube de 1... 1	1 carré de 1.
0 9 53	3 triple carré.
1re et 2e tranch. 1 9 53	144 carré de 12.
Cube de 12. 1 7 28	× 3
2 25 1 50	432 triple car.
1re, 2e, 3e tranch. 1 9 53 1 50	
Cube de 125 1 9 53 1 25	serv. de preuve.
Reste... 0 0 00 0 25 à ajouter.	
Total... 1 9 53 1 50 égal.	

379. — *Pour extraire la racine cubique d'un nombre décimal,* on commence par faire en sorte (en écrivant des zéros à droite s'il est nécessaire) que le nombre des chiffres décimaux soit de 3, 6, 9, etc.

Puis on partage tout le nombre en tranches de 3 chiffres à droite et à gauche en partant de la virgule.

Ensuite on opère comme si le nombre était entier, sauf à placer la virgule à la racine quand on y arrive dans le nombre donné.

Pour la théorie de la racine cubique, voir le *Supplément*, page 20.

Exercices sur les cubes.

Formez le cube

1343. — De 20	1346. — De 0,1 (*)
1344. — De 384	1347. — De 0,25
1345. — De 507	1348. — De 8,7

Exercices sur l'extraction de la racine cubique.

Extrayez la racine cubique

1349. — De 1728	1360. — De 8365427
1350. — De 13824	1361. — De 86350888
1351. — De 29791	1362. — De 3105745579
1352. — De 110592	1363. — De 2053225511
1353. — De 125000	1364. — De 64560
1354. — De 287496	1365. — De 194567
1355. — De 343000	1366. — De 564925
1356. — De 531441	1367. — De 999999
1357. — De 970299	1368. — De 1747949
1358. — De 3048625	1369. — De 94567896
1359. — De 2048383	1370. — De 356476237

1371. — De 1,728	1376. — De 76,847125
1372. — De 29,791	1377. — De 451,149483
1373. — De 449,455096	1378. — De 0,01
1374. — De 0,001 (**)	1379. — De 3110,262505
1375. — De 2,3	1380. — De 0,0456

1381.—Quelles doivent être les dimensions d'une boîte de forme cubique devant contenir $3^{m3},375$?

1382.—Une citerne de forme cubique doit être creusée en enlevant 2744^{m3} de terre ; quelles en seront les dimensions ? R. 14^{m}.

(*) Le cube d'une fraction est toujours plus petit que cette fraction. (Voir, ci-après, n° 418.)

(**) La racine cubique d'une fraction est toujours plus grande que cette fraction. Sans cela, en faisant le cube de la racine, on ne pourrait jamais, selon la remarque précédente, retrouver la fraction (n° 418).

Problèmes sur le toisé et les racines.

*1383.—Les trois côtés d'un triangle sont 7^m, 11^m et 12^m; quelle en est la superficie (*)?

1384. — Quelle est la mesure d'un triangle dont les trois côtés sont 8^m,25, 15^m,2, et 13?

1385. — Les trois côtés d'un triangle sont 15^m,4, 8^m,12 et 19^m; trouvez-en la superficie.

*1386. — Les deux côtés de l'angle droit d'un triangle rectangle sont 15^m et 8^m,45; quelle est la longueur de l'hypoténuse ?

Nota. L'hypoténuse est le côté du triangle opposé à l'angle droit. — Le carré de l'hypoténuse est égal à la somme des carrés des deux autres côtés.

*1387. — Au moyen d'une échelle de 11^m de longueur, on veut arriver à une fenètre située à 8^m,10 du sol; quel écartement doit-on donner au pied de l'échelle?

*1388. — Calculez la surface d'un rectangle dont la base est de 12^m et la diagonale (ligne qui joint deux sommets opposés) de 15^m.

*1389. — Les trois côtés d'un triangle équilatéral ont chacun 12^m : quelle est la surface du triangle?

1390. — Trouvez la surface d'un losange dont une diagonale est de 7^m,15 et l'autre de 4^m,90.

Il suffit de multiplier une diagonale par l'autre et de prendre la moitié du produit.

1391. — La diagonale d'un carré vaut 15^m,40; quelle en est la superficie en ares?   (On opère comme pour le losange.)

*1392. — Trouvez la surface d'un losange dont chaque côté a 2^m de longueur et une diagonale 3^m,60.

1393. — Quel est le côté d'un carré de 295^{m2},84 de superficie?

1394. — Trouvez la hauteur d'un triangle de 5^m,4 de base et égal en surface à un carré de 10^m,8 de côté.

1335. — Trouvez le côté d'un carré équivalent à deux autres dont les côtés seraient 3^m et 4^m.

*1396. — Quel est le rayon d'un cercle de 98^{m}25040 de surface?

(Voir la note (p. 120) de laquelle il résulte que la surface du cercle est égale au produit du carré du rayon par 3,1416. Il suffit donc de *diviser la surface par 3,1416 et d'extraire la racine carrée du quotient.*)

1397. — Retrouver le rayon d'un cercle qui a 3567^{m2} de superficie?

1398. — Quel est le diamètre d'un cercle de 24^{m2},6260 de superficie?

1399. — Trouvez la circonférence d'un cercle de 71^{m2},62 de surface.

1400. — Trouvez le rayon d'un cercle équivalent en surface à un carré de 3 mètres de côté.

(*) Voici la règle : *Pour trouver la surface d'un triangle, — on fait la somme des 3 côtés — on en prend la moitié — on retranche de cette moitié successivement chacun des 3 côtés — on fait le produit de la demi-somme et des trois restes — enfin on extrait la racine carrée du produit.* Cette racine est la surface du triangle. (Voir solution i.° 1383.)

1401. — La surface d'un cercle est 9 fois plus petite que celle d'un autre cercle, et celui-ci a 6^m de diamètre; quel est le diamètre du premier?

*1402. — Les deux bases d'une pyramide tronquée sont des rectangles ayant l'un $1^m,80$ de long sur $0^m,90$ de large, et l'autre 2^m de long sur 1^m de large; quel est le volume de ce corps, qui a 3^m de hauteur (*)?

1403. — Un tas de pierres présentant la forme d'une pyramide tronquée a pour bases deux carrés ayant l'un 3^m de côté et l'autre $2^m,10$; il s'élève à 2^m de haut; combien contient-il de mètres cubes de pierres?

1404. — Une poutre équarrie présente en un bout un carré de $0^m,34$ de côté et en l'autre un carré de $0^m,42$; sa longueur est de $4^m,50$; quel en est le prix à raison de 40 fr. le stère?

1405. — Quel est le côté d'un cube de 343^{m3} de volume? R. 7^m.

1406. — Côté d'un cube de $5088^{m3},448$ de volume?

*1407. — Quelle longueur doit-on prendre sur un madrier dont la largeur est de $0^m,22$ et l'épaisseur de $0^m,12$ pour avoir, à raison de 24 fr. le mètre cube, pour 3 fr. de bois?

*1408. — A quelle hauteur doit-on verser de l'eau dans un vase cylindrique de $0^m,50$ de diamètre pour que le volume contenu soit de $0^{m3},14$?

*1409. — Quel est le rayon de la base d'un cylindre dont la hauteur est de $1^m,40$ et le volume de $0^{m3},75$?

1410. — Calculez les dimensions du litre en bois pour les grains.

Cette mesure est un cylindre dont la hauteur est égale au diamètre de la base. D'après la règle qui donne le volume du cylindre, on multiplie la surface de la base par la hauteur; or, la surface de la base est égale à 3,14159 multiplié par le carré du rayon — et la hauteur est égale au rayon multiplié par 2. On a donc, appelant R le rayon, $3,14159 \times R^2 \times R \times 2$ ou $2 \times 3,14159 \times R^2 \times R = 1$ décim³. Mais, $R^2 \times R$ est le cube du rayon, donc en divisant 1 décim³ par $2 \times 3,14159$ ou 6,28318, le quotient sera le cube du rayon ou 0 décim³ 159155. Extrayant la racine cubique, on a 0 décim. 54 pour rayon, et par suite 1 décim. 08 pour diam. et hauteur du litre.

1411. — Calculez les dimensions du double litre en étain.

Dans cette mesure, la hauteur étant double du diamètre ou égale à 4 fois le rayon, on divisera la contenance ou 2 décim.³ par $4 \times 3,14159$ et on continuera comme précédemment.

1412. — Calculez les dimensions du demi-hectolitre en bois.

(*) *Pour trouver la moyenne entre les deux surfaces des bases de la pyramide tronquée*, on multiplie l'une par l'autre et on extrait la racine carrée du produit. Cette racine est la moyenne cherchée.

Dans la pratique on se contente souvent de prendre la moyenne entre les dimensions des bases. Ainsi, dans le problème précédent, la longueur moyenne serait $\frac{1^m,80 + 20}{2} = \frac{3^m,80}{2} = 1^m,90$ et la largeur moyenne, $\frac{1^m + 0^m,90}{2} = \frac{1^m,90}{2} = 0,95$. On multiplierait donc $1^m,90$ par $0^m,95$, ce qui donnerait $1^{m2},805$ de surface qu'on multiplierait par la hauteur du tronc de la pyramide. — Ce moyen abrégé donne une erreur analogue à celle que nous avons signalée pour le cône tronqué.

Au n° 6, on a vu que

380. — Une *fraction* est un nombre plus petit que l'unité, comme un *demi*-mètre, un *quart* d'heure.

On peut dire aussi :

381. — Une *fraction* est une ou plusieurs parties égales de l'unité.

382. — Il y a deux sortes de fractions : les fractions décimales et les fractions ordinaires.

Au n° 27, on a vu que

383. — Les *fractions décimales* ou simplement *décimales* sont des parties 10 fois, 100 fois, 1000 fois, etc., plus petites que l'unité et de dix en dix fois plus petites les unes que les autres.

384. — Les *fractions ordinaires* ou simplement *fractions* se représentent au moyen de deux nombres placés l'un au-dessous de l'autre et séparés par un trait $\frac{3}{8}$ $\frac{5}{6}$. Ces deux nombres s'appellent *termes* de la fraction.

385. — Le terme supérieur se nomme *numérateur*, et le terme inférieur *dénominateur*.

386. — *Pour lire une fraction*, on lit d'abord le numérateur et ensuite le dénominateur, auquel on ajoute la terminaison *ième*, $\frac{3}{8}$ $\frac{5}{6}$ se lisent donc *trois huitièmes, cinq sixièmes*. Lorsque le dénominateur est 2, 3, 4, on lit *demi, tiers, quart*.

387. — Le dénominateur indique en combien de parties égales l'unité est divisée, et le numérateur, combien la fraction contient de ces parties.

Il suit de là que

388. — 1° *Plus le numérateur d'une fraction est grand*, le dénominateur restant le même, *plus aussi la fraction est grande*, parce qu'elle contient plus de parties d'unité ;

2° *Plus le numérateur est petit, plus la fraction est petite*, parce qu'elle contient moins de parties d'unité ;

3° *Plus le dénominateur d'une fraction est grand*, le numérateur restant le même, *plus la fraction est petite*, parce que l'unité étant divisée en un plus grand nombre de parties, ces parties sont plus petites ;

4° *Plus le dénominateur est petit, plus la fraction est grande*, parce que l'unité étant divisée en moins de parties, ces parties sont plus grandes.

---

*) Toute fraction ordinaire pouvant aisément se transformer en fraction décimale, et tout problème où il entre des fractions ordinaires pouvant ainsi se résoudre sans la connaissance de règles spéciales, nous croyons que c'est ici la véritable place des fractions ordinaires. Cependant, comme ce qui est relatif à cette partie forme un chapitre tout à fait distinct, il est facile, suivant l'opinion de chacun ou les besoins de l'enseignement, de faire étudier ce chapitre à la place que l'on croira devoir lui assigner

En d'autres termes :

389. — 1° Si l'on ajoute un certain nombre au numérateur d'une fraction, cette fraction augmente ;

2° Si l'on retranche un certain nombre du numérateur d'une fraction, cette fraction diminue ;

3° Si l'on ajoute un certain nombre au dénominateur d'une fraction, cette fraction diminue ;

4° Si l'on retranche un certain nombre du dénominateur d'une fraction, cette fraction augmente.

Mais

390. — 1° Si l'on *ajoute* un même nombre aux deux termes d'une fraction, cette fraction *augmente*.

Explication. — Soit la fraction $\frac{5}{7}$ aux deux termes de laquelle j'ajoute 4; j'obtiens $\frac{9}{11}$ fraction plus grande que $\frac{5}{7}$. En effet, pour avoir une unité ou $\frac{7}{7}$, faut ajouter $\frac{2}{7}$ à $\frac{5}{7}$, tandis que pour avoir une unité ou $\frac{11}{11}$, il faut ajouter $\frac{2}{11}$ à $\frac{9}{11}$; or, les *onzièmes* sont plus petits que les *septièmes*; il manque donc moins à la seconde raction qu'à la première pour valoir une unité, cette seconde fraction $\frac{9}{11}$ est donc plus grande que la première, $\frac{5}{7}$.

2° Si l'on *retranche* un même nombre des deux termes d'une fraction, cette fraction diminue.

Explication analogue à la précédente.

391. — Remarque. — S'il s'agit d'une *expression fractionnaire* (fraction dont le numérateur est plus grand que le dénominateur), c'est le contraire qui a lieu, c'est-à-dire que

1° Si l'on *ajoute* un même nombre aux deux termes d'une expression fractionnaire, cette expression *diminue*.

Explication. — Soit l'expression fractionnaire $\frac{8}{7}$ aux deux termes de laquelle j'ajoute 2, ce qui donne $\frac{10}{9}$, expression plus petite que $\frac{8}{7}$. En effet, il faut $\frac{2}{9}$ ou $\frac{7}{9}$ pour faire *une unité*; $\frac{10}{9}$ vaut donc *une unité* $+ \frac{1}{9}$ et $\frac{8}{7}$ *une unité* $+ \frac{1}{7}$; mais $\frac{1}{9}$ est plus petit ue $\frac{1}{7}$, donc l'expression $\frac{10}{9}$ est plus petite que $\frac{8}{7}$.

2° Si l'on *retranche* un même nombre des deux termes d'une expression fractionnaire, cette expression *augmente*.

Explication analogue à la précédente.

392. — *Toute fraction peut être considérée comme le quotient d'une division* dont le numérateur est le dividende, et le dénominateur le diviseur. Ainsi $\frac{3}{4}$ n'est autre chose que 3 : 4.

En effet, 1 : 4 est évidemment $\frac{1}{4}$, donc 3 : 4 n'est autre chose que $\frac{3}{4}$.

Il suit de là que

393. — Ce qui a été dit à la division (n°ˢ 79 à 83) des changements qu'éprouve le quotient lorsqu'on multiplie ou qu'on divise le dividende et le diviseur est vrai pour les fractions. — Donc

394. — *Pour rendre une fraction 2, 3, 4... fois plus grande,* il suffit de multiplier son numérateur ou de diviser son dénominateur par 2, 3, 4...

Expl. — En effet, quand, par exemple, le numérateur est multiplié par 4, il est rendu 4 fois plus grand et la fraction contient 4 fois plus de parties d'unité, elle est donc bien 4 fois plus grande.

De même, quand, par exemple. le dénominateur est divisé par 4, il est rendu 4 fois plus petit, et alors l'unité est divisée en 4 fois moins de parties ; ces parties sont 4 fois plus grandes, et la fraction est ainsi rendue 4 fois plus grande.

395. — *Pour rendre une fraction 2, 3, 4... fois plus petite,* il suffit de diviser son numérateur ou de multiplier son dénominateur par 2, 3, 4...

Explication analogue a la précédente.

396. — *On ne change pas la valeur d'une fraction* en multipliant ou en divisant ses deux termes par un même nombre.

Expl. — Si, par exemple, on multiplie les deux termes par 4, on obtient, par la multiplication du numérateur, 4 fois plus de parties, mais, par la multiplication du dénominateur, ces parties sont rendues 4 fois plus petites ; il y a donc compensation, et la fraction ne change pas de valeur.

D'un autre côté, si l'on divise les deux termes par 4, on obtient, par la division du numérateur, 4 fois moins de parties, mais, par la division du dénominateur, ces parties sont rendues 4 fois plus grandes : il y a donc encore compensation, et la fraction ne change pas de valeur.

Exercices.

1413. — Rendre 3 fois plus grandes, en multipliant le numérateur, les fractions : $\frac{1}{6}$ $\frac{2}{7}$ $\frac{1}{4}$ $\frac{5}{18}$ $\frac{3}{8}$ $\frac{4}{15}$ $\frac{6}{19}$ $\frac{3}{21}$ $\frac{1}{9}$ $\frac{3}{10}$ $\frac{5}{14}$.

1414. — Rendre 4 fois plus grandes, en divisant le dénominateur, les fractions : $\frac{1}{6}$ $\frac{2}{12}$ $\frac{1}{8}$ $\frac{3}{16}$ $\frac{3}{20}$ $\frac{5}{24}$ $\frac{6}{28}$ $\frac{7}{36}$ $\frac{3}{32}$ $\frac{9}{40}$ $\frac{11}{48}$.

1415. — Rendre 2 fois plus petites, en divisant le numérateur, les fractions $\frac{2}{8}$ $\frac{4}{8}$ $\frac{8}{6}$ $\frac{12}{14}$ $\frac{6}{7}$ $\frac{14}{20}$ $\frac{40}{30}$ $\frac{34}{36}$ $\frac{16}{23}$ $\frac{24}{32}$ $\frac{18}{73}$.

1416. — Rendre 5 fois plus petites, en multipliant le dénominateur, les fractions : $\frac{1}{2}$ $\frac{2}{3}$ $\frac{3}{4}$ $\frac{4}{5}$ $\frac{2}{7}$ $\frac{1}{6}$ $\frac{2}{9}$ $\frac{5}{12}$ $\frac{7}{8}$ $\frac{11}{12}$ $\frac{5}{6}$.

1417. — Trouver, en multipliant les deux termes par un même nombre, 8 fractions égales à $\frac{1}{2}$.

    8 fractions égales à $\frac{2}{3}$.

    8 fractions égales à $\frac{3}{4}$.

1418. — Trouver des fractions égales à $\frac{240}{720}$ en divisant les deux termes par 2, par 3, par 4, par 5.

    par 8, par 10, par 12, par 24.

Pour ce dernier exercice, voir au besoin la note du n° 401.

On a vu par les exercices qui précèdent que

397. — La valeur d'une fraction ne dépend pas de la grandeur des nombres qui l'expriment.

398. — Une fraction exprimée par de petits nombres peut être égale à une autre dont les termes sont beaucoup plus grands.

399. — *Simplifier une fraction*, c'est trouver une autre fraction égale à la première, mais dont les termes soient plus petits.

400. — Il existe deux moyens de simplifier une fraction.

1ᵉʳ Moyen. — Méthode des divisions successives.

401. — Pour simplifier une fraction, on divise ses deux termes d'abord par 2 autant de fois qu'il est possible, puis par 3, par 5, par 7, par 11, etc., c'est-à-dire par un nombre premier.

On appelle *nombre premier* tout nombre qui n'est divisible exactement que par lui-même ou par 1. Ex. : 3, 5, 7, 11, 13, 17,...

On appelle *nombres premiers entre eux* ceux qui n'ont d'autre diviseur commun que l'unité; tels sont 3 et 8, 5 et 9, etc. Chacun de ces nombres pris séparément peut bien ne pas être un nombre premier (*).

Exercices. — Simplifiez les fractions suivantes.

1419. — $\frac{2}{4}\ \frac{4}{8}\ \frac{6}{12}\ \frac{8}{16}\ \frac{10}{20}$.	**1422.** — $\frac{5}{30}\ \frac{7}{49}\ \frac{30}{90}\ \frac{90}{180}$.
1420. — $\frac{2}{6}\ \frac{3}{9}\ \frac{4}{12}\ \frac{5}{15}\ \frac{6}{18}$.	**1423.** — $\frac{51}{57}\ \frac{42}{44}\ \frac{10}{36}\ \frac{180}{210}$.
1421. — $\frac{2}{8}\ \frac{3}{12}\ \frac{4}{16}\ \frac{5}{20}\ \frac{6}{24}$.	**1424.** — $\frac{50}{55}\ \frac{122}{198}\ \frac{1070}{1386}\ \frac{506}{924}$.

(*) On reconnaît qu'un nombre est divisible

1° *Par* 2, lorsqu'il est terminé par un chiffre pair, c'est-à-dire par 0, 2, 4, 6, 8. Ex. 70, 36, 182.

2° *Par* 3, lorsque la somme de ses chiffres égale 3 ou un multiple de 3. Ex. 21, 63, 720. (Un nombre est dit multiple d'un autre lorsqu'il le contient plusieurs fois exactement.)

3° *Par* 4, lorsque le nombre exprimé par ses deux derniers chiffres est divisible par 4. Ex. 104, 736, 2340.

4° *Par* 5, lorsqu'il est terminé par 5 ou par 0. Ex. 45, 60, 125, 250.

5° *Par* 6, lorsqu'il l'est par 2 et par 3, c'est-à-dire lorsqu'il est terminé par un chiffre pair et que la somme de ses chiffres égale 3 ou un multiple de 3. Ex. 726, 4560, 24750.

6° *Par* 8, lorsque le nombre exprimé par ses trois derniers chiffres est divisible par 8. Ex. 7024, 3120, 10048.

7° *Par* 9, lorsque la somme de ses chiffres égale 9 ou un multiple de 9. Ex. 180, 729, 34767.

8° *Par* 10, lorsqu'il est terminé par 0. Ex. 10, 50, 720, 8000, 10000, etc.

Pour la théorie, voir le *supplém.*, p. 13.)

2e Moyen. — Méthode du plus grand commun diviseur.

402. — *Pour réduire tout d'une fois une fraction à sa plus simple expression,* on divise ses deux termes par leur plus grand commun diviseur.

403. — On appelle *plus grand commun diviseur* de deux nombres le plus grand nombre qui les divise à la fois l'un et l'autre.

Soit proposé de trouver le plus grand commun diviseur des deux termes de la fraction $\frac{506}{1430}$ qu'il s'agit de réduire à sa plus simple expression.

404. — *Pour trouver le plus grand commun diviseur des deux termes d'une fraction,* on divise le dénominateur par le numérateur; s'il ne reste rien, c'est le numérateur qui est le plus grand commun diviseur. S'il y a un reste, on divise le numérateur par ce reste, et l'on continue ainsi

	2	1	4	1	3
1430	506	418	88	66	22
418	88	66	22	00	

22, dernier diviseur, est le P. G. C. D.
506 : 22 = 23 numérateur
1430 : 22 = 65 dénominateur
et la fraction simplifiée est $\frac{23}{65}$

jusqu'à ce que la division se fasse exactement. Le dernier diviseur employé est le plus grand commun diviseur cherché. Si le dernier diviseur était l'unité, la fraction serait irréductible, c'est-à-dire qu'elle ne pourrait être exprimée par de moindres termes.

Pour la théorie, voir le *Supplément*, page 14.

Exercices.

(On pourra, si l'on veut multiplier les exercices, appliquer le précédé du p. g. c. d. aux nos 1419 à 1424, qui précèdent.)

1425. — Réduisez à leur plus simple expression les fractions $\frac{25}{45}$ et $\frac{49}{77}$.

1426. — Réduisez à leur plus simple expression les fractions $\frac{78}{135}$ et $\frac{72}{108}$.

1427. — Quelle est la plus simple expression des fractions $\frac{49}{105}$ et $\frac{44}{77}$?

1428. — Mettez à leur plus simple expression les fractions $\frac{126}{140}$ et $\frac{213}{312}$.

1429. — Trouvez la plus simple expression des fractions $\frac{1012}{1848}$ et $\frac{3465}{15635}$.

1430. — On veut connaître la plus simple expression des fractions $\frac{10010}{30100}$ et $\frac{711}{2133}$.

     II. — CONVERSION DES ENTIERS EN FRACTIONS.

Soit à convertir : 1° 6 entiers en cinquièmes, et 2° 5 unités $\frac{1}{6}$ en une seule fraction.

1° $5 \times 6 = 30$ cinqmes ou $\frac{30}{5}$

2° $\frac{5}{\times 6}$
$\frac{\overline{30}}{+1}$

Total 31 sixièmes ou $\frac{31}{6}$

405. — *Pour convertir des entiers en fractions*, on les multiplie par le dénominateur donné.

Expl. *Une* unité vaut 5 cinquièmes, *six* unités valent donc bien 6 fois 5 ou 30 cinquièmes.

S'il y a une fraction jointe aux entiers, on ajoute le numérateur au produit.

Exercices.

Exercices. — 1431. — Convertissez 11 en cinquièmes.

1432. — Transformez 14 entiers en dix-huitièmes.

1433. — Convertissez 34 $\frac{5}{7}$ en une seule fraction.

1434. — Combien y a-t-il de seizièmes dans 43 ?

1435. — Convertissez 104 $\frac{3}{11}$ en une seule fraction.

1436. — On veut convertir 317 en 45mes, combien y en a-t-il ?

1437. — Combien y a-t-il de tiers dans 164 unités ?

1438. — Convertissez en une seule fraction 42 $\frac{17}{28}$.

1439. — Mettez 7 et 3 $\frac{41}{54}$ en une seule fraction.

1440. — Convertissez en une seule fraction 14 $\frac{5}{7}$ et 18.

III. — EXTRACTION DES ENTIERS CONTENUS DANS UNE EXPRESSION FRACTIONNAIRE.

406. — Lorsque, dans une fraction, le numérateur est égal au dénominateur, cette fraction est égale à l'unité ou 1.

Lorsque le numérateur est plus grand que le dénominateur, la fraction est plus grande que l'unité.

C'est alors que la fraction prend le nom d'*expression fractionnaire*.

Soit à extraire les entiers contenus : 1° dans $\frac{30}{5}$; 2° dans $\frac{58}{5}$.

$\begin{array}{r|l} 30 & 5 \\ \hline & 6 \text{ entiers.} \end{array}$

1° Rép. 6 unités.

$\begin{array}{r|l} 58 & 5 \\ 08 & \hline \\ 3 & 11 \text{ unités } \frac{3}{5} \end{array}$

2° Rép. 11 unités $\frac{3}{5}$

407. — *Pour extraire les entiers contenus dans une fraction*, on divise le numérateur par le dénominateur, le quotient donne la réponse.

Expl. Il faut 5 cinquièmes pour faire une unité, il y a donc autant d'unités dans $\frac{30}{5}$ qu'il y a de fois 5 dans 30, c'est-à-dire 6.

S'il y a un reste, ce sera le numérateur d'une fraction qui aura pour dénominateur celui de la fraction primitive.

Exercices. — Extraire les entiers et simplifier, s'il y a lieu.

1441. — $\frac{45}{9}$.

1442. — $\frac{78}{18}$.

1443. — $\frac{96}{8}$.

1444. — $\frac{100}{9}$.

1445. — $\frac{215}{16}$.

1446. — $\frac{192}{8}$.

1447. — $\frac{2745}{42}$.

1448. — $\frac{19375}{125}$.

1449. — $\frac{7588}{24}$.

1450. — $\frac{2159}{102}$.

408. — La réduction des fractions au même dénominateur est une opération qui a pour but de transformer plusieurs fractions en d'autres fractions égales aux premières, mais qui ont toutes le même dénominateur.

1° *Réduire* $\frac{2}{3}$ *et* $\frac{4}{5}$ *au même dénominateur.*

$$\frac{2}{3} = \frac{2 \times 5}{3 \times 5} = \frac{10}{15}$$

$$\frac{4}{5} = \frac{4 \times 3}{5 \times 3} = \frac{12}{15}$$

409. — 1° *Pour réduire deux fractions au même dénominateur*, on multiplie les deux termes de la première par le dénominateur de la 2ᵉ, et les deux termes de la 2ᵉ par le dénominateur de la 1ʳᵉ.

2° *Réduire* $\frac{1}{2}\ \frac{3}{4}\ \frac{2}{5}\ \frac{1}{3}$ *au même dénominateur.*

$$\frac{1}{2} = \frac{1 \times 4 \times 5 \times 3}{2 \times 4 \times 5 \times 3} = \frac{1 \times 60}{2 \times 60} = \frac{60}{120}$$

$$\frac{3}{4} = \frac{3 \times 2 \times 5 \times 3}{4 \times 2 \times 5 \times 3} = \frac{3 \times 30}{4 \times 30} = \frac{90}{120}$$

$$\frac{2}{5} = \frac{2 \times 2 \times 4 \times 3}{5 \times 2 \times 4 \times 3} = \frac{2 \times 24}{5 \times 24} = \frac{48}{120}$$

$$\frac{1}{3} = \frac{1 \times 2 \times 4 \times 5}{3 \times 2 \times 4 \times 5} = \frac{1 \times 40}{3 \times 40} = \frac{40}{120}$$

410. — 2° *S'il y a plus de deux fractions*, on multiplie les deux termes de chacune par le produit des dénominateurs de toutes les autres.

Expl. — En opérant ainsi, on ne change pas la valeur des fractions, puisqu'on multiplie les deux termes de chacune par le même nombre (n° 396); d'un autre côté, ces fractions ne peuvent manquer d'avoir le même dénominateur puisqu'il est le produit de tous les dénominateurs primitifs.

On peut parfois simplifier la réduction des fractions au même dénominateur.

3° *Réduire* $\frac{1}{4}\ \frac{5}{6}\ \frac{7}{12}$ *au même dénominateur.*

12. Dénomʳ commun.

$$\frac{1}{4} = \frac{1 \times 3}{4 \times 3} = \frac{3}{12}$$

$$\frac{5}{6} = \frac{5 \times 2}{6 \times 2} = \frac{10}{12}$$

$$\frac{7}{12} = \frac{7 \times 1}{12 \times 1} = \frac{7}{12}$$

411. — 1° Si l'un des dénominateurs était divisible exactement par chacun des autres, il pourrait être le dénominateur commun.

Dans ce cas, on diviserait ce dénominateur commun par le dénominateur de chaque fraction, et l'on multiplierait les deux termes de cette fraction par le quotient obtenu.

4° *Réduire* $\frac{4}{5}\ \frac{5}{6}\ \frac{3}{10}$ *au même dénominateur.*

$10 \times 3 = 30$ D. C.

$$\frac{4}{5} = \frac{4 \times 6}{5 \times 6} = \frac{24}{30}$$

$$\frac{5}{6} = \frac{5 \times 5}{6 \times 5} = \frac{25}{30}$$

$$\frac{3}{10} = \frac{3 \times 3}{10 \times 3} = \frac{9}{30}$$

412. — 2° Lorsque le plus grand dénominateur n'est pas divisible exactement par chacun des autres dénominateurs, on examine si un nombre égal à 2 fois, 3 fois, etc. ce dénominateur pourrait être divisé exactement par tous les dénominateurs. Alors ce nombre serait le dénominateur commun, et on opérerait comme précédemment.

Nota. — On peut toujours trouver un dénominateur commun en multipliant entre eux les dénominateurs des fractions proposées, mais alors on se dispense, s'il y a lieu, de multiplier par ceux des dénominateurs qui en divisent d'autres exactement. Par exemple, si l'on devait opérer sur les fractions $\frac{2}{3}\ \frac{4}{5}\ \frac{5}{6}\ \frac{7}{10}$, le d. c. pourrait être 6×10 ou 60 en se dispensant de multiplier par 3 qui divise 6 et par 5 qui divise 10. Voir *Supplém.*, n° 49.)

1451. — Réduisez $\frac{1}{2}$ $\frac{2}{3}$ au même dénom.
1452. — Id.   id.
1453. — Id. $\frac{3}{11}$ $\frac{7}{13}$ id.
1454. — Id.   id.
1455. — Id.   id.
1456. — Id. $\frac{3}{11}$ $\frac{5}{7}$ $\frac{2}{9}$ id.
1457. — Id. $\frac{7}{8}$ $\frac{8}{17}$ $\frac{5}{7}$ id.
1458. — Id. $\frac{5}{17}$ $\frac{4}{5}$ $\frac{3}{18}$ $\frac{4}{5}$ id.
1459. — Id.   id.
1460. — Id. $\frac{3}{5}$ $\frac{1}{10}$ $\frac{3}{10}$ id.
1461. — Id. $\frac{3}{8}$ $\frac{7}{12}$ id.
1462. — Id. $\frac{5}{6}$ $\frac{7}{8}$ id
1463. — Id. $\frac{5}{8}$ $\frac{13}{82}$ $\frac{1}{4}$ id
1464. — Id.   id.
1465. — Id.   id.
1466. — Id. $\frac{7}{10}$ $\frac{3}{4}$ id.
1467. — Id. $\frac{7}{21}$ $\frac{11}{12}$ $\frac{7}{8}$ $\frac{9}{9}$ id.
1468. — Id. $\frac{17}{18}$ $\frac{13}{72}$ id.
1469. — Id. $\frac{11}{25}$ $\frac{1}{18}$ $\frac{2}{5}$ id.
1470. — Id. $\frac{7}{29}$ $\frac{2}{11}$ $\frac{1}{3}$ $\frac{1}{2}$ id.

ADDITION DES FRACTIONS.

1° Soit à additionner $\frac{2}{3}$ $\frac{4}{5}$ $\frac{1}{2}$.

$$\frac{2}{3} \times 10 = 20 \qquad (30\ D.\ c.)$$

$$\frac{4}{5} \times 6 = 24$$

$$\frac{1}{2} \times 15 = 15$$

Total $59 \mid 30$
$29 \mid$ 1 unité $\frac{29}{30}$

2° Additionner $3\frac{1}{4}$ $7\frac{1}{2}$ $11\frac{2}{3}$.

$$3\frac{1}{4} \times 6 = 6 \qquad (24\ D.\ c.)$$

$$7\frac{1}{2} \times 12 = 12$$

$$11\frac{2}{3} \times 8 = 16$$

$1 \qquad 34 \mid 24$
Total 22 unités $\frac{5}{12}$ $10 \mid$ 1 u. $\frac{10}{24}$ ou $\frac{5}{12}$

Comme on ne peut additionner que des unités de même espèce, de même aussi on ne peut additionner que des fractions de même espèce, des *tiers* avec des *tiers*, des *quarts* avec des *quarts*, etc. Or, cela n'arrive que lorsque ces fractions ont le même dénominateur. — Il suit de là que

413. — RÈGLE. — *Pour additionner plusieurs fractions*, il faut commencer par les réduire au même dénominateur si elles n'y sont pas, faire ensuite la somme des numérateurs, donner à cette somme le dénominateur commun, extraire les entiers et simplifier s'il y a lieu.

414. — *S'il y a des entiers joints aux fractions*, on fait d'abord le total des fractions, puis on extrait les entiers pour les ajouter ensuite à la colonne des unités.

Exercices sur l'addition des fractions.

Faire les additions suivantes :

1471. — $\frac{1}{2} + \frac{1}{2} + \frac{1}{2}$

1472. — $\frac{1}{4} + \frac{2}{3}$

1473. — $\frac{2}{7} + \frac{5}{7} + \frac{6}{7}$

1474. — $\frac{13}{42} + \frac{17}{42} + \frac{5}{42} + \frac{41}{42}$

1475. — $\frac{1}{2} + \frac{3}{8}$

1476. — $\frac{1}{4} + \frac{3}{8}$

1477. — $\frac{12}{15} + \frac{11}{17}$

1478. — $\frac{1}{2} + \frac{3}{8} + \frac{4}{5}$

1479. — $\frac{3}{4} + \frac{5}{7} + \frac{6}{11} + \frac{1}{12}$

1480. — $\frac{3}{5} + \frac{2}{8} + \frac{4}{7} + \frac{5}{9} - \frac{1}{15}$

1481. — $\frac{1}{3} + \frac{3}{4} + \frac{1}{2} + \frac{2}{8} + \frac{4}{6}$

1482. — $4\frac{1}{4} + 3\frac{2}{5}$

1483. — $7\frac{3}{4} + 2\frac{1}{2} + 4\frac{2}{5}$

1484. — $48\frac{2}{3} + 17\frac{2}{11} + 8\frac{104}{105}$

1485. — $17\frac{2}{4} + 11\frac{5}{7} + 18\frac{1}{12} + 27\frac{5}{11}$

1486. — On a coupé une pièce d'étoffe en 4 morceaux qui ont, le 1er, 3m $\frac{1}{2}$ de long; le 2e, 5m $\frac{2}{3}$; le 3e, 6m $\frac{3}{4}$; et le dernier 7m. On demande quelle était la longueur de la pièce?

1487. — Paul fait le $\frac{1}{15}$ d'un certain ouvrage en un jour, Léon $\frac{1}{20}$, et Jean le $\frac{1}{25}$; combien en font-ils tous les trois?

SOUSTRACTION DES FRACTIONS.

(Observation analogue à celle de l'addition.)

1° De $\frac{3}{4}$ ôtez $\frac{1}{3}$

$\frac{3}{4} \times 3 = 9$ (12 D. C.)

$\frac{1}{3} \times 4 = 4$ Rép. $\frac{5}{12}$

————

Reste 5

415. — RÈGLE. — *Pour faire la soustraction des fractions, il faut commencer par les réduire au même dénominateur si elles n'y sont pas, ensuite retrancher le numérateur de l'une du numérateur de l'autre, donner à la différence le dénominateur commun, et simplifier s'il y a lieu.*

2° De 9 $\frac{4}{5}$ ôtez 6 $\frac{3}{8}$

9 $\frac{4}{5} \times 8 = 32$ (40 C. D.)

6 $\frac{3}{8} \times 5 = 15$ Rép. 3 un. $\frac{17}{40}$

——————

Reste 3 unités $\frac{17}{40}$

416. — *S'il y a des entiers joints aux fractions, on commence par retrancher la fraction du nombre inférieur de celle du nombre supérieur, et ensuite on fait la soustraction des entiers.*

3° De 17 unités $\frac{1}{3}$ ôtez 9 unités $\frac{1}{2}$

$$17\,\tfrac{1}{3} = 2 \times 2 \quad \text{(6 D. C.)}$$
$$\times \frac{6}{8}$$
$$9\,\tfrac{1}{2} \times 3 = 3$$

—————— Rép. 7 unités $\frac{5}{6}$

Reste 7 unités $\frac{5}{6}$

417. — *Si la fraction du nombre inférieur était plus grande que celle du nombre supérieur, on ajouterait une unité à cette dernière, et l'on retiendrait 1 pour l'ajouter au nombre inférieur.*

Pour ajouter une unité à la fraction du nombre supérieur, il suffit d'ajouter à son numérateur le dénominateur commun.

Expl. — Dans l'exemple, on ne peut ôter 3 sixièmes de 2 sixièmes ; on augmente alors 2 sixièmes d'une unité, c.-à-d. de 6 sixièmes, ce qui fait 8 sixièmes, desquels on ôte 3 sixièmes. De cette manière on ajoute une unité au nombre supérieur, et c'est pour compenser qu'on retient une unité que l'on ajoute au nombre inférieur (Voir Expl. n° 49).

On opère de la même manière lorsqu'il s'agit d'ôter une fraction ou un *nombre fractionnaire* (*) d'un nombre entier. (N° 1510-1513 ci-dessous.)

Exercices sur la soustraction des fractions.

1488. — De $\frac{3}{4}$ ôtez $\frac{1}{4}$		1502. — De $5\,\frac{1}{4}$ ôtez $4\,\frac{1}{4}$	
1489. — $\frac{7}{9}$	$\frac{4}{9}$	1503. — $54\,\frac{3}{7}$	$46\,\frac{2}{7}$
1490. — $\frac{28}{29}$	$\frac{17}{29}$	1504. — $126\,\frac{21}{23}$	$96\,\frac{11}{23}$
1491. — $\frac{103}{206}$	$\frac{96}{206}$	1505. — $18\,\frac{2}{7}$	9
1492. — $\frac{3}{4}$	$\frac{1}{2}$	1506. — $4\,\frac{1}{3}$	$3\,\frac{1}{4}$
1493. — $\frac{4}{5}$	$\frac{2}{3}$	1507. — $17\,\frac{3}{4}$	$15\,\frac{2}{3}$
1494. — $\frac{6}{7}$	$\frac{5}{6}$	1508. — $74\,\frac{10}{11}$	$13\,\frac{4}{9}$
1495. — $\frac{2}{3}$	$\frac{21}{41}$	1509. — $17\,\frac{4}{5}$	$\frac{3}{8}$
1496. — $\frac{1}{2}$	$\frac{15}{39}$	1510. — 14	$\frac{7}{8}$
1497. — $\frac{36}{37}$	$\frac{14}{17}$	1511. — $\frac{25}{6}$	4
1498. — $\frac{77}{100}$	$\frac{48}{100}$	1512. — $4\,\frac{1}{3}$	$3\,\frac{1}{2}$
1499. — $\frac{21}{33}$	$\frac{15}{22}$	1513. — 7	$5\,\frac{9}{4}$
1500. — $\frac{35}{47}$	$\frac{17}{119}$	1514. — $25\,\frac{2}{3}$	$17\,\frac{9}{4}$
1501. — $\frac{17}{41}$	$\frac{10}{103}$	1515. — $39\,\frac{1}{9}$	$28\,\frac{1}{7}$

Problèmes.

1516. Une pièce d'étoffe contenait $71^{m}\frac{1}{2}$; on vient d'en couper $41^{m}\frac{3}{4}$; qu'en reste-t-il ?

1517. — Que reste-t-il d'une chose dont on a enlevé les $\frac{3}{7}$? Les $\frac{13}{18}$? La $\frac{1}{2}$ et le $\frac{1}{4}$? Les $\frac{2}{5}$ et les $\frac{6}{10}$?

(*) Un *nombre fractionnaire* est un nombre composé d'unités entières et d'une fraction, comme $4\,\frac{1}{3}$.

On a vu au n° 54 une définition de la multiplication particulière aux nombres entiers. En voici une autre qui s'applique à tous les cas :

418. — La *multiplication* est une opération par laquelle on forme un nombre appelé *produit* avec un autre appelé *multiplicande*, comme un 3ᵉ appelé *multiplicateur* est formé avec l'unité.

Il suit de là que :

Si le multiplicateur est 2, 3 ou 4 unités, le produit sera 2, 3 ou 4 fois le multiplicande ; mais si le multiplicateur n'est que la $\frac{1}{2}$, le $\frac{1}{3}$ ou le $\frac{1}{4}$ de l'unité, le produit ne sera que la $\frac{1}{2}$, le $\frac{1}{3}$ ou le $\frac{1}{4}$ du multiplicande.

En d'autres termes :

Multiplier un nombre par une fraction, c'est prendre de ce nombre une partie indiquée par la fraction.

Ainsi multiplier 8 par $\frac{3}{4}$, c'est prendre les $\frac{3}{4}$ de 8.

De là viennent les règles suivantes :

1° Soit à multiplier $\frac{3}{8}$ par 4.

$$\frac{3}{8} \times 4 = \frac{3 \times 4}{8} = \frac{12}{8} = 1\frac{4}{8} \text{ ou } \frac{1}{2}.$$

2° Soit à multiplier 4 par $\frac{3}{8}$.

$$4 \times \frac{3}{8} = \frac{4 \times 3}{8} = \frac{12}{8} = 1\frac{4}{8} \text{ ou } \frac{1}{2}.$$

419. — *Pour multiplier une fraction par un entier, ou un entier par une fraction*, on multiplie le numérateur de la fraction par l'entier.

Nota. On peut encore, quand il y a lieu, diviser le dénominateur par l'entier.

Expl. — Dans le 1ᵉʳ exemple, multiplier $\frac{3}{8}$ par 4, c'est rendre 4 fois plus grande la fraction $\frac{3}{8}$, ce qui se fait en multipliant le numérateur ou en divisant le dénominateur par 4 (n° 394).

Dans le 2ᵉ exemple, multiplier 4 par $\frac{3}{8}$, c'est prendre les $\frac{3}{8}$ de 4 (418). Or, le huitième de 4 est $\frac{4}{8}$, et les trois huitièmes sont $\frac{4 \times 3}{8}$ ou $\frac{12}{8}$ ou $1\frac{4}{8}$ ou $1\frac{1}{2}$.

On voit que, dans les deux cas, on serait arrivé au même résultat en divisant le dénominateur 8 par 4, ce qui donne $\frac{3}{2}$ ou $1\frac{1}{2}$.

3° Soit à multiplier $\frac{2}{5}$ par $\frac{5}{9}$.

$$\frac{2}{5} \times \frac{5}{9} = \frac{2 \times 5}{5 \times 9} = \frac{10}{45} \text{ ou } \frac{2}{9}$$

420. — *Pour multiplier une fraction par une fraction*, on multiplie numérateur par numérateur et dénominateur par dénominateur, et l'on simplifie s'il y a lieu.

Expl. — Multiplier $\frac{2}{5}$ par $\frac{5}{9}$, c'est prendre les $\frac{5}{9}$ de $\frac{2}{5}$ (418). Or, le neuvième de $\frac{2}{5}$ es $\frac{2}{5 \times 9}$, et les 5 neuvièmes sont $\frac{2 \times 5}{5 \times 9}$ ou $\frac{10}{45}$ ou $\frac{2}{9}$.

4° Soit à multiplier $2\frac{3}{7}$ par $5\frac{1}{8}$.

$$2\frac{3}{7} = 5\frac{1}{8} = \frac{17}{7} \times \frac{41}{8} = \frac{17 \times 41}{7 \times 8} = \frac{697}{56} = 12\frac{25}{56}.$$

421. — *Lorsqu'il y a des entiers joints aux fractions*, on réduit ces entiers chacun en fraction de même espèce que celle qui l'accompagne, puis on opère comme lorsqu'on a une fraction à multiplier par une fraction.

7.

422. — On appelle *fractions de fractions* plusieurs fractions qui dépendent les unes des autres. Ex. : la $\frac{1}{2}$ des $\frac{3}{4}$ de $\frac{3}{10}$.

423. — *Pour trouver la valeur d'une suite de fractions de fractions*, il suffit de les multiplier les unes par les autres.

La série précédente égale donc : $\frac{8}{10} \times \frac{3}{4} \times \frac{1}{2} = \frac{8 \times 3 \times 1}{10 \times 4 \times 2} = \frac{24}{80} \times \frac{3}{10}$.

Expl. — En effet, en multipliant $\frac{8}{10}$ par $\frac{3}{4}$ on prend les $\frac{3}{4}$ de $\frac{8}{10} = \frac{8 \times 3}{10 \times 4}$, et en multipliant cette expression par $\frac{1}{2}$ on en prend la $\frac{1}{2}$ ou $\frac{8 \times 3 \times 1}{10 \times 4 \times 2}$.

On a donc bien ainsi la $\frac{1}{2}$ des $\frac{3}{4}$ de $\frac{8}{10}$.

Exercices sur la multiplication des fractions.

1518. — $\frac{3}{5} \times \frac{1}{2}$	1529. — $4\frac{1}{5} \times 2\frac{3}{4}$
1519. — $\frac{4}{7} \times \frac{3}{5}$	1530. — $7\frac{1}{2} \times 8\frac{1}{4}$
1520. — $\frac{7}{8} \times \frac{2}{3}$	1531. — $10\frac{2}{3} \times 3\frac{1}{11}$
1521. — $\frac{11}{13} \times \frac{4}{17}$	1532. — $2\frac{2}{3} \times 4$
1522. — $\frac{26}{37} \times \frac{3}{40}$	1533. — $12 \times 5\frac{6}{7}$
1523. — $\frac{41}{253} \times \frac{36}{100}$	1534. — $46 \times 7\frac{1}{10}$
1524. — $\frac{1}{4} \times 2$	1535. — $\frac{27}{36} \times \frac{15}{90}$
1525. — $\frac{3}{10} \times 5$	1536. — $103 \times \frac{115}{1188}$
1526. — $\frac{7}{22} \times 11$	1537. — $27\frac{1}{9} \times 11\frac{11}{13}$
1527. — $4 \times \frac{3}{13}$	1538. — $4\frac{1}{2} \times 10$
1528. — $23 \times \frac{57}{161}$	1539. — $85 \times 17\frac{4}{15}$

Problèmes.

1540. — Quels sont les $\frac{3}{4}$ de 72 ?

Quel est le quart de 72 ? et les trois quarts ? (Faire des questions analogues pour chacun des problèmes suivants.)

1541. — On remet $\frac{2}{100}$ sur le montant d'une facture qui s'élève à 629 fr. ; quel est le rabais ?

1542. — Quelle est la part d'une personne qui doit avoir les $\frac{3}{8}$ d'une succession montant à 10540 fr ?

1543. — Quels sont les $\frac{3}{8}$ de $\frac{5}{7}$?

1544. — Quel est le prix de $4^{m}\frac{3}{4}$ de marchandise à 16 fr. le mèt.?

1545. — Quels sont les $\frac{2}{8}$ de $\frac{3}{4}$ de 56 ?

1546. — On achète 153 kilog. de marchandise et l'on obtient les $\frac{3}{17}$ de remise pour le poids de l'emballage ; que reste-t-il à payer ?

1547. Que revient-il à une personne qui doit avoir la $\frac{1}{3}$ des $\frac{2}{8}$ de 4500 fr. ?

(Revoir les définitions de la division n°s 68, — 69, — 70.)

1° Soit à diviser $\frac{4}{5}$ par 2

$$\frac{4}{5} : 2 = \frac{4}{5 \times 2} = \frac{4}{10} \text{ ou } \frac{2}{5}$$

ou bien :

$$\frac{4}{5} : 2 = \frac{4 : 2}{5} = \frac{2}{5}$$

424. — *Pour diviser une fraction par un entier*, on multiplie le dénominateur de la fraction par l'entier.

Nota. — On peut aussi, quand il y a lieu, diviser le numérateur par l'entier.

Expl. Diviser $\frac{4}{5}$ par 2, c'est rendre 2 fois plus petite la fraction $\frac{4}{5}$. Pour cela il suffit (n° 395) de multiplier son dénomin. ou de diviser son numérat. par 3.

2° Soit à diviser 4 par $\frac{2}{3}$.

$$4 : \frac{2}{3} = \frac{4 \times 3}{2} = \frac{12}{2} = 6.$$

3° Soit à diviser $\frac{5}{6}$ par $\frac{3}{4}$.

$$\frac{5}{6} : \frac{3}{4} = \frac{5}{6} \times \frac{4}{3} = \frac{20}{18} = 1\frac{2}{18} \text{ ou } 1\frac{1}{9}$$

425. — *Pour diviser un entier ou une fraction par une fraction*, on multiplie l'entier ou la fraction par la fraction diviseur renversée (*).

Expl. Diviser $\frac{5}{6}$ par $\frac{3}{4}$ c'est bien, d'après la 3ᵉ définition de la division, chercher le nombre qui étant multiplié par $\frac{3}{4}$ reproduit $\frac{5}{6}$. On a donc : quotient $\times \frac{3}{4} = \frac{5}{6}$, c'est-à-dire que les $\frac{3}{4}$ du quotient font $\frac{5}{6}$ (car multiplier le quotient par $\frac{3}{4}$ c'est en prendre les $\frac{3}{4}$).

La question n'est donc autre chose que celle-ci :

Les $\frac{3}{4}$ du quotient font $\frac{5}{6}$, quel est le quotient tout entier ?

Si $\frac{5}{6}$ sont les 8 *quarts* du quotient *un quart* est *trois fois* moins ou $\dfrac{5}{6 \times 3}$;

et les *quatre quarts*, ou le quotient tout entier sont *quatre fois* plus ou $\dfrac{5 \times 4}{6 \times 3}$,

c'est-à-dire la fraction dividende $\times$ la fraction diviseur renversée.

4° Soit à diviser $4\frac{1}{2}$ par $2\frac{2}{3}$.

$$4\frac{1}{2} : 2\frac{2}{3} = \frac{9}{2} : \frac{8}{3} = \frac{9}{2} \times \frac{3}{8} = \frac{27}{16} = 1\frac{11}{16}$$

426. — S'il y a des entiers joints aux fractions, on réduit ces entiers chacun en fraction de même espèce que celle qui l'accompagne, ensuite on opère comme lorsqu'on a une fraction à diviser par une fraction.

427. — Remarque. — Quand on connaît une partie d'un nombre, exprimée par une fraction, on trouve ce nombre tout entier par une division de fractions.

Ex. : Les $\frac{4}{5}$ d'un nombre font 28 ; quel est ce nombre ? — Il suffit de diviser 28 par $\frac{4}{5}$; or, $28 : \frac{4}{5} = \frac{28}{1} \times \frac{5}{4} = \frac{140}{4} = 35$, nombre dont 28 sont les $\frac{4}{5}$.

(Explication semblable à celle du n° 425.)

(*) La division d'un entier par une fraction peut s'expliquer comme la division d'une fraction par une fraction. On peut dire plus simplement :

Diviser 4 par $\frac{2}{3}$ c'est chercher combien de fois 4 contient $\frac{2}{3}$, or 4 unités valent 4 fois 3 tiers ou 4×3 ou 12 tiers, et 12 tiers contiennent 2 tiers 6 fois, ce qui revient bien à $\dfrac{4 \times 3}{2} = \dfrac{12}{2} = 6.$

1548. — $\frac{1}{9}$: $\frac{2}{3}$			1556. — 23 : $\frac{1}{10}$		
1549. — $\frac{5}{4}$: $\frac{3}{5}$			1557. — $\frac{17}{37}$: 100		
1550. — $\frac{6}{7}$: $\frac{5}{11}$			1558. — $5\frac{3}{5}$: $7\frac{3}{7}$		
1551. — $\frac{11}{23}$: $\frac{4}{17}$			1559. — $100\frac{2}{3}$: $18\frac{1}{2}$		
1552. — $\frac{2}{5}$: 3			1560. — 7 : $2\frac{2}{3}$		
1553. — 7 : $\frac{1}{12}$			1561. — 18 : $4\frac{21}{43}$		
1554. — 12 : $\frac{2}{5}$			1562. — $171\frac{2}{15}$: $74\frac{7}{9}$		
1555. — $\frac{43}{120}$: 17			1563. — $\frac{64}{128}$: $\frac{52}{78}$		

Problèmes.

1564. — On peut couper une pièce d'étoffe de 24ᵐ en morceaux de $\frac{3}{4}$ de mètre chacun ; combien y en aura-t-il ?

Combien 24ᵐ font-ils de *quarts* de mètre ? Combien y a-t-il de fois 3 *quarts* dans 96 *quarts* ?

1565. — Si $\frac{2}{3}$ de mètre ont coûté 12 fr., quel est le prix du mèt. ?

Si *deux* tiers coûtent 12 fr., combien *un seul* tiers ? combien *trois* tiers ?

1566. — Une vis avance de $\frac{3}{8}$ de millimètre par tour : combien de fois faudrait-il la tourner pour la faire avancer de 3 millim. $\frac{1}{4}$?

1567. — On a payé 105 fr. pour 3 douzaines et demie de paires de bas ; combien est-ce la douzaine ?

1568. — Quel serait le prix d'un objet dont les $\frac{5}{12}$ coûtent 0 fr. 75 ?

1569. — Les $\frac{7}{11}$ d'un nombre font 35, quel est ce nombre ?

1570. — Quel est le nombre dont les $\frac{3}{10}$ font 28 $\frac{1}{3}$?

CONVERSION DES FRACTIONS DÉCIMALES EN FRACTIONS ORDINAIRES.

428. — *Pour convertir une fraction décimale en fraction ordinaire*, on écrit la partie à droite de la virgule comme numérateur de la fraction cherchée, et on lui donne pour dénominateur l'unité suivie d'autant de zéros qu'il y a de chiffres décimaux, puis on simplifie s'il y a lieu.

Soit la fraction décimale 0,75. J'écris la partie à droite de la virgule, 75, et je lui donne pour dénominateur l'unité ou 1 suivi de 2 zéros : $\frac{75}{100}$ ou $\frac{3}{4}$.

NOTA. — On peut dire qu'une fraction décimale est une fraction dont le dénominateur est l'unité suivie d'un ou plusieurs zéros.

1571. — Convertissez 0,3 en fraction ordinaire.

1572. — Mettez 0,54 sous forme de fraction ordinaire,

1573. — Convertissez 0,263 en fraction ordinaire.

1574. — Quelle est en fraction ordinaire la valeur de 0,04 ?

1575. — Mettez en fraction ordinaire l'expression 0,0075.

1576. — Convertissez 0,010074 en fraction ordinaire.

CONVERSION DES FRACTIONS ORDINAIRES EN FRACTIONS DÉCIMALES.

420. — *Pour convertir une fraction ordinaire en fraction décimale*, on divise le numérateur par le dénominateur en opérant comme dans une division où le dividende est plus petit que le diviseur.

EXPL. Cette règle est fondée sur ce que *toute fraction peut être considérée comme le quotient de son numérateur divisé par son dénominateur* (n° 392).

Pour se rendre compte de l'opération, revoir les n°ˢ 77-78.

Le maître fera remarquer aux élèves qu'on ne peut convertir exactement en décimales que les fractions qui, réduites à leur plus simple expression, ont pour dénominateur 2 ou 5, une puissance de ces nombres ou un de leurs produits ; telles sont les fractions des exercices suivants : n°ˢ 1577-79-81-84, etc.

Les autres donnent des fractions décimales dont tous les chiffres ou quelques-uns se retrouvent indéfiniment, et que, pour cette raison, on appelle *fractions périodiques*. (Voir le *Supplément*, n° 50.)

1577. — Convertissez $\frac{1}{2}$ en dixièmes.

1578. — Convertissez $\frac{2}{5}$ en fraction décimale.

1579. — Combien $\frac{4}{5}$ valent-ils de dixièmes?

1580. — Quelle est en décimales la valeur de $\frac{8}{9}$?

1581. — Transformez $\frac{1}{4}$ en une fraction décimale.

1582. — Convertissez $\frac{13}{40}$ en millièmes.

1583. — Convertissez en décimales la fraction $\frac{3}{11}$.

1584. — Mettez $\frac{7}{81}$ sous forme de fraction décimale.

1585. — Quelle est en décimales la valeur de $\frac{5}{18}$?

1586. — Convertissez $\frac{84}{64}$ en nombre décimal.

1587. — Combien $\frac{5}{13}$ valent-ils de dix millièmes ?

• 1588. — Transformez l'expression $\frac{48}{15}$ en un nombre décimal.

Problèmes de récapitulation sur les fractions.

Résoudre les n°ˢ 1589-94-95-96-98-1601 à 1604 par le calcul mental.

• 1589. — Le tiers et le quart d'un nombre font 14 ; quel est ce nombre?

1590. — La $\frac{1}{3}$, les $\frac{2}{5}$ et les $\frac{3}{7}$ d'un nombre font 67 ; quel est ce nombre?

• 1591. — Deux fontaines donnent la 1ʳᵉ 14 lit. en 3 heures, et la seconde 24 litres en 5 heures. On demande quelle est celle qui fournit le plus d'eau?

1592. — Un voyageur a 192 kilom. à faire en 3 jours. Le 1ᵉʳ jour, il a fait les $\frac{2}{5}$ de sa route ; le second, il en a fait le $\frac{1}{8}$. On demande ce qui lui reste de kilom. à faire le 3ᵉ jour.

1593. — Les $\frac{2}{5}$ d'une pièce de drap ont coûté 435 fr. ; combien coûteront les $\frac{5}{9}$ de la même pièce?

1594. — On demandait à un arithméticien quelle heure il était. Il répondit : Il est les $\frac{3}{4}$ des $\frac{5}{6}$ des $\frac{6}{7}$ des $\frac{7}{12}$ de 24 heures. Quelle heure était-il ?

1595. — Un ouvrier fait les $\frac{2}{7}$ de son ouvrage en 3 jours. Combien emploiera-t-il de jours pour le faire en entier?

1596. — Un voyageur fait 4 hectom. en 3 minutes, un autre fait 3 hectom. en 4 minutes. On demande ce que le premier fait de plus que l'autre par minute.

Exercices.

1597. — Un premier ouvrier fait 3^m d'ouvrage en 7 heures; un 2° en fait 5^m en 8 heures, et un 3° 11^m en 12 heures. Si ces trois ouvriers travaillent ensemble, combien feront-ils de mètres en une heure?

* 1598. — Quel est le nombre qui, étant augmenté de ses $\frac{2}{3}$ et de ses $\frac{3}{4}$, devient égal à 58?

* 1599. — Un ouvrier peut faire un ouvrage en 15 heures; un autre peut le faire en 12 heures. En combien d'heures le feront-ils travaillant ensemble?

1600. — Un certain ouvrage pourrait être fait en 8 heures par un homme, en 10 heures par une femme, et en 15 heures par un enfant. Combien d'heures resteront à le faire l'homme, la femme et l'enfant travaillant ensemble?

1601. — Quel est le nombre qui, augmenté de ses $\frac{2}{5}$, se trouve égal à 84?

1602. — Quel est le nombre qui, diminué de ses $\frac{3}{7}$, se trouve égal à 28?

1603. — Quel est le nombre qui, diminué des $\frac{3}{4}$ de sa $\frac{1}{2}$, se trouve égal à 7 $\frac{1}{2}$?

* 1604. — Quel est le nombre qui, diminué de sa $\frac{1}{2}$ et des $\frac{3}{4}$ de sa moitié, devient égal à 7 $\frac{1}{2}$?

* 1605. — Une fontaine donne 3 hectolitres d'eau en 5 minutes; une autre, 8 litres en 7 minutes; une 3° donne 4 litres par minute, et une 4° 5 litres en 8 minutes. Combien fourniront-elles d'hectolitres par heure, coulant toutes ensemble?

* 1606. — Un robinet verse 5 litres $\frac{1}{3}$ d'eau à la minute dans un bassin qui peut en contenir 1254 litres et qui, par une ouverture, en perd 3 lit. $\frac{1}{4}$ en 4 minutes. En combien d'heures le bassin sera-t-il plein?

1607. — On demande la quantité d'eau contenue dans le bassin précédent après que le robinet aura coulé 2 h. $\frac{1}{2}$.

1608. — On me livre par erreur 36^m $\frac{1}{4}$ d'étoffe au-lieu de 26^m ; que j'ai achetés moyennant 295 fr. 68. Combien dois-je payer en plus si je consens à garder l'excédent?

* 1609. — On fond 3 kilog. d'argent avec 2 de cuivre. On demande ce qu'il entre de chacun de ces deux métaux dans $\frac{3}{4}$ de kilog. d'alliage.

1610. — Quel serait le prix des $\frac{7}{8}$ d'une pièce de toile lorsque les $\frac{3}{4}$ de cette pièce sont vendus 78 fr.?

1611. — Partagez 460 fr. en trois parts proportionnelles aux fractions $\frac{2}{3}$, $\frac{1}{4}$ et $\frac{3}{4}$.

1612. — Partagez une somme de 360 fr. entre 4 personnes de la manière suivante : la 1re a droit aux $\frac{2}{8}$ de la somme, la 2° au $\frac{1}{6}$, la 3° aux $\frac{2}{5}$, et la quatrième au reste.

2° Quand on divise une pomme en deux parties égales, comment s'appelle chacune des parties? et si on la divise en 3 parties? en 4 parties? en 5 parties, etc.? Quand l'unité est divisée en 8 parties, comment s'appellent ces parties? (Revoir la 2° note, page 30)

2° Combien faut-il de demi-mèt. pour faire 1 mèt. ? De quarts d'heure pour faire une heure ? Combien faut-il de demies pour faire une unité ? Combien faut-il de tiers ? de quarts ? de cinquièmes, etc. ? — *Et réciproquement :* Combien le mètre vaut-il de demi-mèt. ? l'heure, de quarts d'heures, etc.

Dans les exercices suivants les élèves rendront raison de leurs réponses.

3° Combien 2 litres font-ils de demi-litres ? Combien 4 mèt. et demi font-ils de demi-mèt. ? Combien 2 heures et $\frac{3}{4}$ font-ils de quarts d'heure ? Combien 5 $\frac{2}{5}$ font-ils de tiers ? — *Et réciproquement :* Combien 5 demies font-elles d'unités ? Combien 9 tiers, 12 quarts, 15 cinquièmes, $\frac{42}{6}$ font-ils d'unités ?

4° Lequel est le plus grand de la $\frac{1}{2}$ ou du $\frac{1}{3}$ d'une orange ? de $\frac{2}{3}$ ou de $\frac{3}{5}$? de $\frac{2}{5}$ ou de $\frac{3}{6}$? Des fractions $\frac{2}{3}$, $\frac{3}{4}$, $\frac{5}{6}$ laquelle est la plus grande ? la plus petite ? Mettez par ordre de grandeur les fractions suivantes $\frac{2}{5}\,\frac{2}{5}\,\frac{1}{5}\,\frac{1}{3}$; les expressions $\frac{5}{2}\,\frac{5}{3}\,\frac{6}{5}\,\frac{7}{6}$.

5° Combien la fraction $\frac{2}{7}$ est-elle de fois plus petite que $\frac{6}{7}$? et plus grande que $\frac{2}{14}$? Combien la fraction $\frac{1}{4}$ est-elle de fois plus grande que $\frac{1}{8}$ et plus petite que $\frac{1}{2}$? Combien l'expression $\frac{5}{2}$ est-elle de fois plus grande que $\frac{5}{4}$ et plus petite que 5 unités ?

6° Rendez 2 fois plus grandes, et par deux moyens différents, les fractions $\frac{1}{4}\,\frac{3}{8}\,\frac{2}{10}$. Rendez 3 fois plus petites, et par deux moyens différents, les fractions $\frac{3}{5}\,\frac{6}{7}\,\frac{9}{11}$. Rendez 3 fois plus grandes les fractions $\frac{1}{4}\,\frac{2}{8}\,\frac{3}{10}$ et 2 fois plus petites les fractions $\frac{1}{2}\,\frac{3}{5}\,\frac{5}{6}$.

7° Trouvez des fractions égales à $\frac{1}{8}$, à $\frac{2}{8}$, à $\frac{1}{10}$, à $\frac{10}{16}$, à $\frac{4}{6}$, à $\frac{6}{8}$. Trouvez par deux moyens différents, des fractions égales à $\frac{4}{10}$, $\frac{6}{8}$, $\frac{9}{12}$, $\frac{7}{14}$, $\frac{8}{24}$. Quelle différence y a-t-il entre $\frac{1}{2}\,\frac{2}{4}\,\frac{3}{6}$? entre $\frac{10}{12}\,\frac{4}{6}\,\frac{2}{3}$? Simplifiez les fractions $\frac{12}{18}$, $\frac{18}{12}$.

8° Mettez au même dénominateur les fract. 1° $\frac{1}{2}\,\frac{1}{4}\,\frac{3}{4}$; 2° $\frac{1}{3}\,\frac{2}{6}\,\frac{2}{3}\,\frac{5}{6}$? 3° $\frac{1}{2}\,\frac{2}{3}$; 4° $\frac{1}{2}\,\frac{2}{3}\,\frac{3}{4}$; 5° $\frac{1}{2}\,\frac{3}{4}\,\frac{7}{12}$. Combien font $\frac{2}{3}$ et $\frac{3}{5}$? $\frac{1}{2}\,\frac{3}{8}$ et $\frac{5}{6}$? $\frac{1}{2}\,\frac{1}{4}$ et $\frac{3}{4}$; $\frac{1}{3}\,\frac{1}{4}$ et $\frac{1}{2}$? Quelle différence y a-t-il entre $\frac{3}{4}$ et $\frac{1}{4}$? entre une unité et $\frac{3}{8}$? entre 5 et $\frac{7}{4}$? entre 3 $\frac{1}{2}$ et trois demies ?

9° Multipliez $\frac{1}{2}$ par 2, 2 par $\frac{1}{2}$, $\frac{1}{2}$ par $\frac{1}{2}$, 2 $\frac{1}{2}$ par 2 $\frac{1}{3}$. Quels sont les $\frac{1}{4}$ de 20, de 24, de 30 ? la $\frac{1}{2}$, le $\frac{1}{3}$ et le $\frac{1}{4}$ de 12 ? Au lieu de multiplier 16 par $\frac{1}{8}$, que peut-on faire ? Quels sont les $\frac{2}{3}$ de $\frac{3}{4}$? la $\frac{1}{2}$ des $\frac{2}{3}$ de 12 ? Une bourse contenait 28 fr. ; on en a pris les $\frac{3}{4}$, que reste-t-il dans la bourse ? Qui me trouvera le tiers et demi de 5 ?

10° Divisez $\frac{1}{2}$ par 2, 2 par $\frac{1}{2}$, $\frac{1}{2}$ par $\frac{1}{2}$, 2 $\frac{1}{2}$ par 2 $\frac{1}{4}$. Quel est le nombre dont le $\frac{1}{4}$ fait 6 ? le nombre dont les $\frac{2}{3}$ font 12 ? le nombre dont la $\frac{1}{2}$ des $\frac{2}{3}$ fait 12 ? Lorsque $\frac{3}{5}$ de mèt. valent 15 fr., quel est le prix du mètre ?

11° Remplacez les fractions décimales 0,75 ; 0,25 ; 0,125 par des fractions ordinaires équivalentes. Remplacez les fractions $\frac{1}{2}$, $\frac{1}{4}$, $\frac{1}{4}$, $\frac{1}{5}$, $\frac{1}{8}$, $\frac{2}{5}$, $\frac{3}{5}$, $\frac{7}{20}$ par des fractions décimales équivalentes. Trouvez une fraction ordinaire pouvant se convertir exactement en décimales, un autre ne pouvant s'y convertir.

et de la circonférence du cercle

430. — L'*année* commune est de 365 jours.
Le *jour*, de .... 24 heures.
L'*heure*, de .... 60 minutes.
La *minute*, de .... 60 secondes.

On a vu, page 120, que la circonférence du cercle se divise en 360 *degrés* (360°). Le degré se divise en 60 *minutes* (60′) ; la minute en 60 *secondes* (60″) ; la seconde, en 60 *tierces* (60‴).

431. — Réduction des mesures principales en mesures plus petites et réciproquement.

1° Combien y a-t-il de minutes dans 8 années de chacune 365 jours ? (*)

$$
\begin{array}{r}
365 \text{ jours.} \\
\times \quad 8 \text{ ans.} \\
\hline
2920 \text{ jours.} \\
\times \quad 24 \text{ heures.} \\
\hline
11680 \\
5840 \\
\hline
70080 \text{ heures.} \\
\times \quad 60 \text{ minutes.} \\
\end{array}
$$

Réponse : 4204800 minutes.

2° Combien 4° 28′ 12″ font-ils des secondes ?

$$
\begin{array}{r}
4 \text{ degrés.} \\
\times \quad 60 \text{ minutes.} \\
\hline
240 \text{ minutes.} \\
+ \quad 28 \text{ minutes.} \\
\hline
268 \text{ minutes.} \\
\times \quad 60 \text{ secondes.} \\
\hline
15600 \text{ secondes.} \\
+ \quad 12 \text{ secondes.} \\
\end{array}
$$

Réponse : 15612 secondes.

3° Réduisez 30456274 minutes en années, jours, heures et minutes

$$
\begin{array}{lllll}
30456274 & \begin{array}{|l} 60 \\ \hline 507604 \text{ heures.} \\ 27 \\ 36 \\ 120 \\ \hline \text{Reste } 004 \end{array}
& \begin{array}{|l} 24 \text{ heures.} \\ \hline 21150 \text{ jours.} \\ 2900 \\ \hline \text{Reste } 345 \text{ jours.} \end{array}
& \begin{array}{|l} 365 \text{ jours.} \\ \hline 57 \text{ ans} \end{array} \\
456 \\
372 \\
0274 \\
\text{Reste } 34
\end{array}
$$

Rép. 57 ans, 345 jours, 4 heures, 34 minutes.

432. — Addition.

Un marin a fait 4 voyages de long cours : le 1ᵉʳ a duré 2 ans 126 jours 12 heures, le second, 3 ans 75 jours 4 heures ; le 3ᵉ, un an 28 jours 16 heures, et le dernier, 2 ans 215 jours. Combien de temps ont duré ces 4 voyages ?

Opération.

	ans	jours	heures
	2 ans	126 jours	12 heures
	3	75	4
	1	28	16
	2	215	»
Total	9 ans	80 jours	8 heures

Expl. — Le total des heures donne 32 h, c'est-à-d. 24ʰ ou 1 *jour* que l'on retient + 8 heures que l'on pose. *Un jour* que l'on retient joint à la colonne des jours, donne un total de 445 jours, c.-à-d. 365 j. ou 1 *an*, que l'on retient, plus 80 jours que l'on pose. Enfin 1 an de retenue joint à la colonne des ans, donne 9 ans.

(*) Le maître donnera les explications nécessaires.

Quel est aujourd'hui, 29 août 1856, à midi 15 min., l'âge d'un enfant né le 4 septembre 1846, à 10 heures 25 minutes du soir?

Opération.

```
De    1856 ans 7 mois 28 jours 12 heures 15 minutes,
J'ôte 1846 ans 8 mois  3 jours 22 heures 25 minutes.
───────────────────────────────────────────────────────
Reste    9 a.  11 m.   24 j.     13 h.     50
```

Expl. — Comme on ne peut ôter 25 min. de 15 min., on augmente 15′ de une heure ou 60′, ce qui fait 75′ dont on ôte 25′, reste 50′ que l'on pose. J'ai ainsi ajouté une heure au nombre supérieur, je dois, par compensation, ajouter également 1ʰ au nombre inférieur : je retiens donc 1ʰ, qui, ajoutée à 22, fait 23ʰ, et on continue en augmentant 12ʰ de 1 j. ou 24 heures, etc.

434. — Multiplication.

Soit proposé de multiplier 2 ans, 163 jours, 15 heures, 14 minutes, par 5.

Opération.

```
2 ans 163 jours 15 heures 14 minutes.
        × 5
────────────────────────────────────────
Produit : 12 a.    88 j.     4 h.    10 m.
```

435. — Division.

Soit à diviser 19 ans par 8, en exprimant le quotient en années, mois, jours, etc.

Opération.

```
            19ᵃ      | 8
Reste        3ᵃ      |───────────
           × 12ᵐ     | 2ᵃ 4ᵐ 15 j.
          ─────────
            36ᵐ
Reste        4ᵐ
           × 30 j.        Réponse 2 ans 4 mois 15 jours.
          ─────────
           120 j.
           000
```

Soit encore à diviser 12 a. 8 m. 16 j. 20 h. par 7.

Opération.

```
  12ᵃ    8ᵐ        16 j.        20ʰ  | 7
reste 5   :          .            •  |──────────────────────
     ×12  :          .            •  | 1 an 9 m. 23 j. 20 h.
     ──────
      60 + 8 = 68    .            •
          reste 5    .            •
          × 30       .            •
          ─────────────────────
           150 + 16 = 166         •
                  26              •
               reste 5           •
               × 24              •
              ──────────────────────
                120 + 20 = 140
                   000
```

436. — Au surplus, dans la multiplication et dans la division, on peut réduire les nombres donnés en unités de la plus petite espèce, opérer ensuite sur les nombres ainsi obtenus, sauf à convertir le résultat en années, jours, heures, etc.

Problèmes sur la mesure du temps et de la circonférence

1613. — Combien un enfant de 10 ans a-t-il déjà vécu d'heures?

1614. — Supposant qu'un homme respire 20 fois par minute, je demande combien a respiré de fois celui qui meurt à 80 ans?

1615. — Quelqu'un à qui j'ai appris mon âge m'a dit que j'ai déjà vécu 315360000 secondes; quel est donc mon âge?

1616. — Je me suis donné la peine de calculer l'âge de mon frère, et je l'ai trouvé de 7 ans, 18 jours, 16 heures; celui de ma sœur, que j'ai trouvé égal à 9 ans, 175 jours, 21 heures, 30 minutes; et enfin le mien, que j'ai trouvé égal à 11 ans, 200 jours, 2 heures, 45 minutes. Quel est, en minutes, le total de nos âges?

1617. — Une personne née le 24 septembre 1821, à midi, est morte le 8 mars 1856, à 11 heures du soir. Quel était son âge?

1618. — Aujourd'hui 1er juillet 1856, à 6 heures et demie du soir, je veux savoir mon âge; je suis né le 4 mai 1827, à 9 heures 45 du soir.

1619. — Combien s'est-il écoulé de minutes environ depuis la naissance de Jésus-Christ, comptant les années de 365 jours, jusqu'au 1er janvier 1856?

1620. — Combien s'est-il écoulé de minutes environ depuis la création du monde (4963 ans avant J.-C.) jusqu'au 1er août 1856?

1621. — Combien valent $\frac{7}{8}$ de jour, 1° en heures?
2° en minutes?
3° en secondes?

Le jour vaut 24 h. ou 1440', etc. $\frac{7}{8}$ de jour valent donc 24 h. $\times \frac{7}{8}$ ou 1440' $\times\frac{7}{8}$, etc.

1622. — Évaluer en heures 0,5 de jour. — 0,125 de j.
en minutes 0,6 d'heure. — 0,25 d'h.
en heur., minut., second. 0,135 de j.

Explication analogue à la précédente.

1623. — Mettre 3° 4′ 5″ 1° en une seule expression fractionnaire de degré; 2° en nombre décimal.

3° 4′ 5″ font 11045″; or, le degré vaut 3600″, les secondes sont donc des 3600° de degré.

1624. — J'ai 12 ans 14 jours 12 heures d'existence; quel serait l'âge d'une personne qui aurait 5 fois plus d'âge que moi?

1625. — Il se trouve aujourd'hui que l'âge de mon frère est exactement la moitié du mien; or j'ai 11 ans 29 jours et demi; quel est l'âge de mon frère?

1626. — Une personne est âgée de 36 ans 150 jours 15 heures 45 minutes, l'âge d'une autre personne est les $\frac{7}{8}$ de celui de la 1re; quel est donc l'âge de la seconde?

1627. — Pour trouver la réponse d'un problème en années, jours, heures, etc., il s'agit de diviser 44 ans par 27; donnez cette réponse.

Problèmes de récapitulation générale.

1628. — Écrire en mètres 3475 décimèt., et en mètres carrés 3475 décimètres carrés; dire ensuite le prix de l'hectare quand le mètre carré vaut 3ᶠ,25.

1629. — Un ouvrier fileur a reçu 42 fr. pour sa quinzaine (2 semaines). Sur cette somme, il paye son rattacheur 0 fr. 80 par jour; combien ce fileur a-t-il gagné par jour de travail?

1630. — Un cantonnier gagne 45ᶠ par mois, un facteur 600ᶠ par an et un journalier 2ᶠ,25 chaque jour, excepté le dimanche, et 10 autres jours de chômage. Lequel gagne le plus par mois?

* 1631. — Lorsque le double hectolitre de blé pèse 160ᵏˢ, est-il plus avantageux de l'acheter 40ᶠ le double hectolitre que 25ᶠ les 100ᵏ?

*1632. — Un épicier a du café à 2ᶠ,25 et à 1ᶠ,90 le kilog.; combien devra-t-il me donner de kilog. de chaque sorte pour 20 fr., si je prends 2 fois autant de la 1ʳᵉ qualité que de la 2ᵉ?

1633. — Combien doit recevoir un menuisier pour la fourniture suivante : 1° 4 planches de 3ᵐ,67 à 0 fr. 48 le mètre; 2° 5 planches de 2ᵐ,33 à 0 fr. 38 le mètre; 3° 3 planches de 6ᵐ à 0 fr. 58 et 4° 1 planche de 5ᵐ,67 à 0 fr. 26?

1634. — Le meunier a de la farine à 0ᶠ,45 et à 0ᶠ,40 le kilog.; quel poids devra-t-il me donner pour 20 fr. si j'en demande 3 fois autant de la 2ᵉ que de la 1ʳᵉ qualité?

1635. — Combien faut-il payer pour 8 planches de 4ᵐ,33 de longueur, 0ᵐ,42 de largeur et 0ᵐ,035 d'épaisseur, à raison de 70 fr. le stère?

*1636. — Un père et son fils, travaillant ensemble, ont gagné 54 fr.; la journée du père est de 2ᶠ,40, celle du fils n'en est que la moitié; combien donc ont-ils travaillé de jours?

*1637. — Un père et son fils ont gagné 108 fr. en 30 jours; la journée du fils n'est que les deux tiers de celle du père; que revient-il à chacun, 1° par jour, 2° pour 30 jours?

1638. — J'avais une lampe qui brûlait chaque soir, en 5 heures, 0ᵐˡ,2 d'huile à 2ᶠ,40 le double litre; maintenant j'ai une autre lampe qui brûle, dans le même temps, 0ᵐˡ,2 de luciline à 0ᶠ,70 le litre. Dites 1° à combien revient l'heure de chaque éclairage; 2° l'économie d'une soirée; 3° l'économie pendant 3 mois; 4° l'économie pour un établissement qui entretiendrait 6 lampes pendant 3 mois.

* 1639. — Sur 100ᵏˢ de blé, le meunier fait environ 20ᵏ de son; 5ᵏ de farine donnent 6ᵏ de pain; le meunier prend 8 °/₀ de grain pour son salaire. D'après cela, un cultivateur qui cuit son pain désire savoir ce qu'il en retirera d'un sac de blé pesant 164ᵏˢ, et à combien reviendra 1ᵏ de ce pain, le son compensant les frais de boulangerie, et le sac de blé étant estimé 60 fr.

* **1640.** — J'ai acheté 5 pièces de vin de chacune 240ᴵⁱᵗ à 225 fr. la pièce, plus 2 décimes par litre pour les droits, 8 fr. 40 par pièce pour le transport; on a employé 6 jours à 3 fr. l'un pour mettre en bouteilles; les bouchons coûtent 1 fr. 30 le cent, les bouteilles 20 fr. et chaque pièce a fourni 265 bouteilles. Combien dois-je vendre la bouteille pour gagner 0 fr. 23 par chacune?

1641. — Pour envoyer des fonds par la poste, il en coûte 1 f. % plus 0ᶠ,20 de timbre quand la somme dépasse 10 francs. Que devra verser Louis au bureau de la poste pour envoyer, par lettre affranchie, à ses parents, 130 francs qu'il a économisés?

1642. — J'ai payé 76ᶠ,16 pour 2 mottes de beurre pesant l'une 12ᵏᵍ ¼ et l'autre 11ᵏᵍ,7 décag.; quel est le prix de chaque motte?

1643. — Un cultivateur allant au marché emporte 12 fr.; il vend un sac de blé, 53 fr. 40; un veau, 46 fr.; 4 moutons, ensemble, 120 fr.; 8ᵏᵍ,3 de beurre, 1 fr. 85 le kilog.; 6 canards, 1 fr. 50 la pièce; il rencontre un de ses débiteurs qui lui paye 200 fr. Le même jour, il acquitte plusieurs notes : chez le pharmacien, 7 fr. 20; chez le cordonnier, 23 fr. 70; chez le bourrelier, 54 fr.; chez l'épicier, 18 fr. 10. Il achète un porc 28 fr. 50 et paye pour dîner 2 fr. 40; il a en outre déboursé 0 fr. 65 pour l'entrée de sa marchandise; combien rapporte-t-il à la maison? *Disposer les calculs en deux colonnes, recette, dépense.*

1644. — J'ai acheté 2 mottes de beurre pour 90ᶠ,06 à raison de 2ᶠ,85 le kilog.; quel est le poids de chaque motte, sachant que l'une pèse 5ᵏᵍ,2 de plus que l'autre ?

* **1645.** — Un marchand paie des assiettes 14ᶠ,75 le cent et il les revend 2ᶠ,25 la douzaine; quel sera son bénéfice lorsqu'il aura vendu pour 18ᶠ,75 de marchandise ?

1646. — Deux cultivateurs achètent, moyennant 7800 fr., une pièce de terre de 1 h. 87 a. 50 c.; l'un en prendra pour 2500 fr., et l'autre gardera le reste. Faire la part de chacun.

1647. — Combien coûtera le vitrage d'une maison qui a 12 croisées de 6 carreaux, chaque carreau ayant 0ᵐ,45 de long sur 0ᵐ,38 de large et le prix du verre étant 0 fr. 05 le décimètre carré ?

1648. — Lequel est le plus avantageux de payer les œufs 0ᶠ,75 la douzaine ou 8 fr. 20 le cent ?

1649. — Lorsque le mètre de toile coûte 1ᶠ,40, combien faut-il le revendre pour gagner 10 p. % ?

1650. — Lorsque le mètre de drap coûte 14ᶠ,80, combien doit-on revendre 18ᵐ,20 pour gagner 15 p. % ?

* **1651.** — En revendant un objet 817ᶠ,20, on gagne 13ᶠ,50 p. %; combien donc avait coûté cet objet ?

1652. — Combien gagne-t-on p. % lorsqu'on revend 1634ᶠ 40 ce qui en avait coûté 1440?

1653. — Le droit d'enregistrement sur une vente d'immeubles étant de 6ᶠ,05 p. %, quel sera le droit pour l'achat de 38ᵃ,40 de terre à 45 fr. l'are?

*1654. — J'ai acheté à raison de 24^f,50 les 60^{centia},78 (perche de 24 pieds (*), la moitié d'une pièce de terre de 1$^{hect a}$,205 ; combien est-ce l'are, et combien aurai-je à payer ?

1655. — Si 1 are vaut 1 perche 645, quelle est en perches la mesure d'un champ de 164^m de long sur 23^m,60 de large.

1656. — Lorsqu'on achète 500 fr. un jardin de 6^a,50 ; combien est-ce 1° la perche métrique de 24 pieds (8^m de côté ou 64^{m2} de superficie) ; 2° la perche ancienne de 60 centiares, 78 ?

1657. — Je lis sur un vieux contrat qu'un herbage de 369 perches anciennes de 22 pieds (51^{m2},072), fut vendu 8487 fr. ; combien serait-ce l'are ?

*1658. — Un libraire veut faire relier 1440 volumes dans le plus bref délai. Il s'adresse à 3 ateliers : le 1er aurait fini en 8 jours, le second en 12 jours et le 3e en 24 jours. Si les trois ateliers travaillent ensemble, en combien de jours le travail sera-t il terminé ?

1659. — Un 1er atelier relierait 720 volumes en 8 jours, un second en 12 jours et un 3e en 24 jours. Combien doit-on donner de volumes à chaque atelier pour que l'ouvrage soit terminé en même temps ?

1660. — Pour 1000^f, j'ai acheté un champ de 19^m,45 de long sur 10^m,28 de large. Combien l'are et la perche de 24 p. ?

*1661. — Combien pourra-t-on tailler de pièces de 20 fr. dans un lingot d'or pur pesant 2^{kg},78688, et combien faut-il ajouter de cuivre pour que la monnaie soit au titre légal ?

1662. — Dites la quantité de cuivre, d'étain et de zinc qui se trouve dans une somme de 35 fr. en monnaie de bronze ?

1663. — En supposant qu'un cheval puisse traîner 1000 kil., combien faudrait-il de chevaux pour traîner 1 milliard de francs en monnaie d'argent ?

1664. — Si un cheval traîne 1000 kilog., combien faudrait-il de chevaux pour traîner 1 billion de fr. en monnaie d'or ?

1665. — Quand le prix du sucre est de 1 fr. 80 le kilog., quel poids l'épicier doit-il donner pour 0 fr. 10 ?

1666. — A 2 centimes et demi les 15 centimètres de ruban, combien est-ce le mètre ?

*1667. — En alignant des pièces de 10 et de 5 centimes, on a obtenu la longueur du mètre ; on a employé en tout 34 pièces ; combien de chaque sorte ?

1668. — On a payé 295 fr. en pièces de 20 et de 5 fr. ; on a donné en tout 20 pièces ; combien de chaque sorte ?

1669. — Un navire arrive d'Angleterre aujourd'hui jeudi à 9^h 15^m du matin, après une traversée de 69^h $^1/_2$; quel jour et à quelle heure a-t-il mis à la voile ?

1670. — Les marins évaluent en milles la marche de leurs navires ; or, 54 milles font 10 myriam. ; quelle est donc la vitesse d'un navire qui file 12 nœuds, c.-à-d. 12 milles à l'heure.

1671. — En combien de temps le navire du problème précédent parcourt-il un myriam. ?

(*) V. *Supplément*, p. 12, la réduction des ares en perches, et réciproquement.

1672. — Une montre avance de 15 secondes par heure ; si on la met à l'heure exacte le 1ᵉʳ avril, à midi, quelle heure sera-t-il le 15 mai quand elle marquera midi ?

1673. — Dans une vente, j'ai acheté du foin à 36 fr. le cent, plus 0ᶠ,10 par franc pour frais de vente, et j'ai payé en tout 2079 fr combien donc ai-je acheté de foin ?

1674. — Une épicière donne 30ᵍʳ de poivre pour 0ᶠ,10 ; que gagne-t-elle par demi-kilog. si le kilog. lui coûte 2ᶠ,75 ?

1675. — De la toile de 1ᵐ,20 de lé à 2 fr. 40 le mèt. est-elle moins chère que de la toile de 0ᵐ,80 de lé à 1ᶠ,60 le mètre ?

1676. — Un ouvrier qui travaille 12 heures par jour a terminé un ouvrage en 50 jours ; combien eût-il employé de jours de plus s'il n'avait travaillé que 10 heures par jour ?

1677. — Une voiture est chargée de 280 bottes de foin pesant en moyenne 7 kilog. et demi ; combien faudrait-il de bottes pesant seulement 5 kilog. pour faire une pareille charge ?

1678. — 6 ouvriers travaillant 10 h. par jour ont pu faire en 8 j. 90 mèt. d'ouvrage ; combien 14 ouvriers de même force, travaillant 9 heures par jour, pourront-ils en faire en 14 jours ?

1679. — Un entrepreneur a employé pendant 16 jours et 10 heures par jour, 3 ouvriers qui ont fait 90ᵐ d'ouvrage ; combien faudrait-il de jours à 7 ouvriers qui travaillent 9 heures par jour pour faire 165ᵐ,375 du même ouvrage ?

1680. — Quelle rente annuelle pourrait-on se procurer avec un capital de 11000 fr., si on le plaçait à 3 1/2 p. °/₀ ?

1681. — Calculez les intérêts de 2520 fr. à 5 p. °/₀ pendant 2 ans.

1682. — Si l'on plaçait à 4 1/2 p. °/₀ pendant 6 mois un capital de 2000 fr., quels seraient les intérêts ?

1683. — On me doit les intérêts de 4800 fr. pendant 55 jours ; quelle somme dois-je réclamer, le taux étant 4 1/2 p. °/₀ ?

1684. — Quel est l'intérêt à 6 p. °/₀ de 4000 fr. pendant 50 jours ?

1685. — Un capital de 22500 fr. est placé à 3,50 p. °/₀ depuis 8 ans 1 mois 4 jours ; quels sont les intérêts échus ?

1686. — Un rentier vient de toucher 100 fr. pour les intérêts, pendant 6 mois, d'un capital de 4000 fr ; à quel taux ce capital est-il placé ?

1687. — Après 20 ans de commerce, un négociant se trouve en possession d'un capital de 75000 fr. qu'il place à 4 1/2 p. °/₀ ; quel est donc son revenu annuel ?

1688. — Quelle somme faudrait-il placer à 5 1/4 p. °/₀ pour avoir au bout de 4 ans 2100 fr. d'intérêts ?

1689. — En combien de temps 3740 fr. placés à 6 p. °/₀ produiront-ils un intérêt de 1870 fr. ?

1690. — Je connais quelqu'un qui laisse sans emploi un capital de 5460 fr. Si cet individu achetait des rentes 4 1/2 p. °/₀ sur l'Etat au cours de 90 fr. 65, quel revenu se ferait-il ?

1691. — La rente 4 1/2 p. °/₀ est à 94 fr. 80 ; combien me faudrait-il pour acheter 400 fr. de rente sur l'Etat ?

1692. — Quelle est la valeur actuelle d'un billet de 2500 fr. payable à 30 jours, escompte 4 1/2 p. °/₀ ?

*1693. — Je reçois 1275 fr. en remboursement d'un capital et de ses intérêts à 4 °/₀ pendant 6 mois ; quel est ce capital ?

1694. — En achetant du 4 1/2 °/₀ au cours de 103 fr. 40, à quel taux place-t-on son argent ?

1695. — Trois commerçants ont fait un fonds de 26500 fr. ; le 1ᵉʳ a mis 7500 fr. ; le 2ᵉ, 10000 fr. ; le 3ᵉ, le reste. Dire ce que chacun doit retirer sur un bénéfice de 12285 fr. 50.

*1696. — Il s'agit de transporter 240 kilog. de marchandises. A cet effet, on prend deux hommes également forts, une femme qui ne peut porter que la 1/2 de la charge d'un homme et un enfant qui portera le 1/3 de la charge de la femme. Faire le partage en conséquence.

1697. — Deux personnes ne peuvent s'entendre pour le partage de 300 fr. : l'une prétend aux 2/3 de cette somme et l'autre aux 3/5. Faire deux parts qui répondent autant que possible aux exigences de chacune.

1698. — Partagez 6100 fr. en trois parts proportionnelles aux fractions $\frac{1}{7}$, $\frac{1}{5}$, $\frac{1}{4}$.

1699. — J'ai acheté 25 litres de vin à 0 fr. 60, 35 à 0 fr. 85, et 40 à 1 fr. 20. Si je fais un mélange de ces 3 espèces de vin, à combien reviendra le litre de ce mélange ?

1700. — L'épicier a du café à 2 fr. 30, à 2 fr. 70, à 3 fr. et à 3 fr. 20 le kilog. Il paraît qu'on fait de meilleur café en en mélangeant diverses qualités. L'épicier convient donc de me vendre un kilog. de mélange de chaque sorte moyennant 2 fr. 90. Combien doit-il en mettre de chaque qualité ?

*1701. — Je demandais pour 20 fr. d'oranges à 0 fr. 10, mais le marchand n'en a plus qu'à 0 fr. 07, 0 fr. 09 et 0 fr. 12 ; je consens à en prendre de ces 3 prix, à condition d'en avoir le même nombre que j'en aurais eu ; combien de chaque sorte ?

*1702.—Un individu achète des pommes à raison de 4 fr. 25 l'hectol., mais à condition qu'on lui donnera les 4 p. °/₀ en sus. Il reçoit en tout 350 hectol. ; que doit-il payer ?

1703. — On fait peindre à 1ᵐ,80 de hauteur le lambris d'un appartement long de 5ᵐ,80 et large de 6ᵐ. Quel est le prix de ce travail à raison de 0 fr. 90 le mètre carré ?

1704. — Un champ a la forme d'un trapèze dont les 2 bases sont 78ᵐ et 102ᵐ,8 ; la hauteur étant de 18ᵐ,3, quel en est le prix à raison de 4500 fr. l'hectare ?

*1705. — Les côtés d'un quadrilatère (surface à 4 côtés) sont 78ᵐ, 68ᵐ, 80ᵐ et 102ᵐ; une diagonale 100ᵐ. Quelle en est la superficie ?

1706. — La pièce de 0 fr. 10 a 0ᵐ,03 de diamètre ; quelle en est la circonférence, puis la surface ?

1707. — Le mètre étant la dix-millionième partie du 1/4 de la circonférence de la terre, trouver : 1° la circonférence, 2° le diamètre, 3° le rayon, 4° la surface, 5° le volume de la terre.

1708. — Une colonne parfaitement cylindrique a $1^m,90$ de circonférence ; elle s'élève à une hauteur de $6^m,25$; quelle en est la surface ?

1709. — Une meule cylindrique en pierre a 2^m de diamètre et $0^m,38$ d'épaisseur ; quel en serait le prix à 60 fr. le mètre cube ?

1710. — Quelle est la surface totale (y compris celle des bases) d'un cylindre de 2^m de circonf. et de $1^m,75$ de hauteur ?

1711 — Calculez la surface totale d'un cône dont la circonférence de la base est de 2^m et dans lequel la distance de cette circonférence au sommet est de $1^m,40$.

1712. — Quelle est la solidité d'un cône de $2^m,4$ de hauteur et dont la base présente un diamètre de $0^m,636$?

1713. — Une pyramide haute de $3^m,20$ a pour base un carré de $1^m,30$ de côté ; quel en est le volume ?

***1714.** — La flèche d'un clocher a pour base un octogone régulier de $1^m,30$ de côté, et la perpendiculaire abaissée du sommet sur le milieu d'un des côtés a $8^m,75$. Qu'est-il dû pour la couverture en ardoise de cette pyramide à raison de 11 fr. 50 le mèt.² ?

1715. — Un baquet a $0^m,82$ de diamètre à l'orifice et $0^m,72$ dans le fond, sa hauteur est de $0^m,84$. Quelle en est la contenance en décalitres ?

1716. — Une auge en pierre présente la forme d'une pyramide tronquée dont les bases sont des rectangles. A l'orifice, la longueur intérieure est de 2^m, dans le fond, de $1^m,80$; la largeur, à l'orifice, est de 1^m, et, dans le fond, de $0^m,90$. La profondeur de cette auge étant de $0^m,75$, quelle en est la capacité en hectolitres ?

1717. — Quel est le volume d'une boule parfaitement ronde et dont le diamètre est de $0^m,24$?

1718. — Un tonneau dont la longueur est de $2^m,02$, a 1^m de diamètre à la bonde et $0^m,87$ au jable ; quelle en est la contenance ?

***1719.** — J'ai un petit jardin en forme de triangle rectangle ; un côté de l'angle droit a $18^m,50$, l'autre $29^m,60$. Mon voisin consent à ce que j'en fasse un rectangle de même grandeur en prenant à même sur son terrain une portion équivalente à ce que je lui laisserai ; nous convenons que mon jardin aura 20^m de long ; quelle en sera la largeur ?

1720. — Quel serait le côté d'un carré équivalent en surface à un rectangle de 54^m de long sur 35 de large ?

***1721.** — Retrouvez le rayon de la base d'un cône dont le volume est $0^{m3},2544$ et la hauteur $2^m,40$.

1722. — J'ai un champ qui présente exactement la figure d'un triangle rectangle dont les côtés de l'angle droit ont l'un $64^m,8$ et l'autre $95^m,80$. Si le propriétaire voisin voulait me permettre de le transformer en carré, quelle longueur devrais-je prendre sur chacun des deux côtés de l'angle droit de mon triangle ?

1723. — Il existe dans mon parterre un petit carré de $3^m,50$ de côté. Je voudrais le transformer en un cercle de même surface ; trouver le rayon de ce cercle.

1724. — Je possède une boîte de 0ᵐ,8 de long, 0ᵐ,6 de large et 0ᵐ,4 de haut : je voudrais faire construire une autre boîte de même grandeur que la 1ʳᵉ, mais parfaitement cubique. Quelles dimensions dois-je fournir au menuisier?

1725. — Deux cultivateurs achètent moyennant 4000 fr. un champ qu'on dit contenir 120ᵃ; le 1ᵉʳ doit avoir 70ᵃ et le 2ᵉ le reste. Vérification faite, il se trouve que le champ contient 126ᵃ; dire la part de chacun et ce qu'il doit payer.

*1726. — Combien $\frac{570}{377}$ font-ils de millièmes?

*1727. — Combien $\frac{3}{4}$ font-ils de tiers?

1728. — Jacques ferait un ouvrage en 2 heures; Paul le ferait en 3 heures; si on les emploie tous les deux ensemble, en combien de temps l'ouvrage sera-t-il terminé?

1729. — 17 dollars (monnaie des États-Unis), valent 77 fr. 55; quelle somme représentent 38 dollars?

1730. — 100 livres sterling (monnaie anglaise), valent 2512 fr.; combien valent 256 liv. sterlings?

1731. — Un ouvrier paie 2ᶠ,50 par trimestre à une société de secours mutuels qui lui procure, en cas de maladie, des médicaments et les soins d'un médecin; de plus, elle lui assure 1 fr. 25 par chaque jour qu'il est incapable de travailler. Après avoir, sans accident, payé sa cotisation pendant 3 ans, l'ouvrier fait une maladie qui l'arrête pendant 2 mois; il reçoit 11 visites de médecin qui lui auraient coûté 2 fr. 50 chacune, et il emploie pour 28 fr. 60 de médicaments. Quels avantages a-t-il ainsi retirés de son association?

Quelles conséquences peut-on déduire de ce problème?

*1732. — Un particulier très-avare, mais ami de l'instruction, cédant aux désirs généreux de son fils, encore écolier, consent à donner 10 fr. à trois pauvres qui se présentent à sa porte, savoir, un vieillard, une veuve et un enfant, à condition que le fils charitable leur partagera les 10 fr. de la manière suivante : la veuve aura 3 fois autant que le vieillard, plus 0 fr. 25, et l'enfant autant que le vieillard et la veuve, plus 0 fr. 45. Trouvez ce que chacun devra avoir.

*1733. — Partagez une succession de 8000 fr. entre 3 héritiers de manière que le 2ᵉ ait 2 fois autant que le 1ᵉʳ moins 400 fr. et le 3ᵉ 5 fois autant que le 2ᵉ moins 1200 fr.

1734. — Une bonne femme qui paraissait fort vieille ne voulait jamais dire son âge; comme elle s'était mariée deux fois, un jeune écolier, déjà avancé en calcul, s'y prit ainsi pour surprendre son secret. Un jour, il lui demanda à quel âge elle s'était mariée la 1ʳᵉ fois. A 20 ans, répondit-elle. Plus tard il sut que son premier mari n'avait vécu que 7 ans avec elle et qu'elle s'était remariée 5 ans après. Un autre jour, il lui fit dire que son second mari avait 38 ans quand elle l'avait épousé et qu'il était mort à 65 ans. Enfin, une autre fois l'écolier entendit dire à la vieille qu'elle était veuve depuis 23 ans. Quel âge avait-elle?

735. — Une personne est née le 12 mars 1787 à 8 heures 35 minutes du soir; elle est décédée le 6 octobre 1855 à 4 heures 50 minut. du matin; quel était son âge exact?

*1736. — Un mètre cube de bon fumier pèse 750^{k}, et contient 0,790 d'eau, 0,140 de gaz divers, 0,004 d'ammoniaque, et le reste de cendres. Exprimez en kilog. le poids de chacune de ces substances contenues dans 1^{m3} de fumier.

*1737. — On peut obtenir de bonne encre en faisant chauffer dans 64 parties en poids d'eau, 4 parties de noix de galle, 2 et demie de sulfate de fer, 2 de gomme arabique et une de bois de campêche. Quel poids devra-t-on mettre de chacune de ces substances dans 2 litres d'eau ?

1738. — Un courrier est parti de Lyon pour Marseille à 4 heures du matin, il fait 8^{km} à l'heure. A 7 h. 1/2 un second courrier, faisant 12 kilom. à l'heure, part à la suite du 1er pour lui porter un contre-ordre. A quelle distance l'atteindra-t-il et à quelle heure ?

1739. — Un ouvrier qui a la mauvaise habitude de fumer et de prendre le petit verre chaque matin, dépense, chaque jour, pour 12 cent. et demi de tabac et pour 0 fr. 15 d'eau-de-vie. Que dépense-t-il ainsi chaque année, et combien pourrait-il acheter de pain à 0 fr. 45 le kilog. avec l'argent ainsi employé ?
(Conséquences à déduire.)

1740. — Un jeune homme, commis à la ville, reçoit chaque année 1200 fr. ; il paie 550 fr. pour sa nourriture ; 8 fr. par mois pour son logement ; ses habits, son linge, lui coûtent 260 fr. par an ; de plus, il dépense en moyenne 5 fr. par semaine pour ses menus plaisirs. Son frère, ouvrier cordonnier, est resté à la campagne près de ses parents, auxquels il donne 40 fr. par mois, mais qui le logent, le nourrissent et le blanchissent ; il ne dépense par an que 80 fr. pour ses habits et 50 fr. pour divers objets. Il gagne 3 fr. 25 par jour, seulement il compte 60 jours de chômage dans l'année. Dire lequel des deux frères est le plus riche au bout de l'an.
(Conséquences à déduire.)

1741. — Outre que les oiseaux nous égayent par leur chant, n'oublions pas que Dieu nous envoie ces charmantes petites créatures pour détruire les insectes qui, sans eux, dévoreraient nos légumes et nos fruits. Une seule mésange mange au moins 500 insectes par jour ; trouvez combien 12 de ces oiseaux en détruisent en 15 jours, en 1 mois, en 6 mois ?
Conséquences à déduire.

*1742. — Il est midi : à quelle heure les deux aiguilles de l'horloge se rencontreront-elles pour la 1re fois ?

*1743. — A quelle heure les aiguilles de l'horloge se rencontrent-elles entre 3 et 4 heures ?

1744. — Quel est le rayon d'une sphère dont le volume est 1^{m3}, 4367584 ?
On peut trouver le volume d'une sphère en multipliant le cube du rayon par 3,14159 et par $\frac{4}{3}$ soit V $=$ R^3 $\times$ $\frac{4}{3}$ π. Donc en divisant le volume par $\frac{4}{3}$ π ou $\frac{12,56636}{3}$, on obtient au quotient le cube du rayon (R^3). Extrayant la racine cubique, on a le rayon.

1745. — On a trouvé que le volume d'une boule est de 904^{dm3}, 780. Quel en est le diamètre ?

1746. — Quelle est la circonférence d'une sphère dont le volume est de 24^{dm3},429 ?

1747. — MÉMOIRE des *Travaux de maçonnerie* faits pour le compte de M. DUCLOS, propriétaire à Caen, par NICOLLE, entrepreneur à Caen.

	1872	1° *Bâtiment neuf.*	F.	C.

Septembre. Développement des 4 murs. 22^m,50
Hauteur...................... 6
Pignon des gables, longueur. 6^m
Les 2 ensemble haut^r réduite. 3 50

Total...............

Ces à 8 fr. 25 l'un font............

2° *Ouvrages divers.*

Novembre. 10 journées, à réparer l'écurie, 2 f. 50 l'une.
Fourni un seuil en pierre dure :
Longueur........... 1^m,50
Largeur............ 0 60
Ces à 8 fr. le mètre font.............
Fourni 15 paniers de chaux à 0 fr. 90 l'un.
2 mèt. cub. de sable à 4 fr. 25 l'un.

Total...............

Pour acquit de la somme de mille trois cent quarante et un francs vingt centimes.

A Caen, le 20 février 1873. NICOLLE.

1748. — MÉMOIRE des *Travaux de charpente* faits pour le compte de M. DUCLOS, propriétaire à Caen, par MESNIL, charpentier à Caen.

1872 SAVOIR :

Octobre. Charpente du bâtiment neuf.
2 Arbalétriers, longueur ensemble 9^m
équarrissage 14 sur 15
2 Sablières, longueur ensemble 12
équarrissage 12 sur 16
2 Pannes, longueur ensemble 12
équarrissage 13 sur 14
1 Faîtage, longueur 6^m
équarrissage 12 sur 12
1 Poinçon, longueur 1^m,50
équarrissage 14 sur 14
1 Entrait, longueur 3^m,50
équarrissage 14 sur 14
2 Liens de faîtage, long. ensemble 3
équarrissage 11 sur 11

Total.............

Ces à 90 fr. le stère font.............

Total.............

     1749. — Mémoire d'un couvreur.

		F.	C.
1872.	**SAVOIR :**		
Novembre.	*Couverture neuve, en tuiles, fourniture et travail.*		
	Longueur......... 6^m,20 ⎫		
	Développement.... 9 » ⎭		
	Ces à 2 fr. 75 l'un font............		
Décembre.	*Réparation de la couverture de l'écurie.*		
	6 journées de chacune 2 fr. 50......		
	Fourni 350 tuiles à 22 fr. le mille..........		
	12 faîteaux à 0 fr. 35		
	3 paniers de chaux à 0 fr. 90.....		
	Total.............		

1750. — Mémoire d'un menuisier.

		F.	C.
1873	**SAVOIR :**		
Janvier.	5 Fourni 2 portes en sapin de 0^m,034 d'épaisseur, avec dormants, jets d'eau et panneaux à table saillante :		
	Hauteur... .... 2^m ⎫		
	Largeur...... ... 0 90 ⎭		
	Ensemble, à 6 f. 25 le mètre carré.		
	7 Fourni 4 croisées en chêne à 2 vantaux, avec dormants :		
	Hauteur.......... 1^m,75 ⎫		
	Largeur...... .... 0 80 ⎭		
	Ensemble à 9 f., y compris la vitrerie.		
Février.	10 Fourni 5 étagères en planches de sapin du Nord, de 0^m,034 d'épaisseur :		
	Longueur ensemble. 7^m, ⎫		
	Largeur.......... 0 40 ⎭		
	Ces à 4 fr. 50 l'un............		
	Total..........		

1751. — Mémoire d'un peintre-vitrier.

		F.	C.
1873	**SAVOIR :**		
Mars.	Peinture de 4 croisées, largeur.. 0^m,80 ⎫		
	hauteur. 1 75 ⎭		
	Ensemble à 0 fr. 75 l'un font.......		
	Peinture de 2 portes, largeur.. 0^m,90 ⎫		
	hauteur. 2 » ⎭		
	Ensemble, des deux côtés,, à 0 fr. 75 l'un.		
	Vitrerie de 4 croisées, largeur.. 0^m,60 ⎫		
	hauteur. 1 55 ⎭		
	Ensemble de verre à 5 fr. l'un.		
	Donné une couche de peinture à la porte cochère	2	»
	Fourni 3 carreaux à la vieille maison	1	50
	Total............ ...		

I. — CONTRIBUTIONS PUBLIQUES.

487. — On divise les *contributions* ou *impôts* en deux grandes catégories : les contributions *directes* établies sur les personnes ou sur les biens, et les contributions *indirectes* établies sur certaines denrées de consommation ou des objets de diverses natures.

488. — Les contributions directes sont de 4 sortes, dites : 1° *foncière*; 2° *personnelle et mobilière*; 3° *des portes et fenêtres*; 4° *des patentes.*

1° Contributions directes.

489. — **Impôt foncier.** — L'impôt foncier est payé proportionnellement à la valeur des propriétés. Tous les biens ont été arpentés et représentés sur un plan déposé dans chaque mairie et nommé *plan du cadastre.* De plus on a ouvert, dans chaque commune, un registre nommé *matrice cadastrale,* sur lequel chaque propriétaire a un compte où sont désignés et estimés les biens qu'il possède.

Le tableau suivant représente une page ou folio de la matrice cadastrale.

440. — **Extrait de la matrice cadastrale de la commune de C....., fo 24.**

Noms des Propriétaires.	Section.	N° du plan.	Lieux dits	Nature.	Conte-nance.	Classe.	Revenu.
Barbey, Louis, à C...	A	28	Village	Maison	»	3	20 f. »
		28	id.	Sol de id.	0 a.90	1	0 90
		29	id.	Jardin	3 50	1	3 50
	B	54	La Guerre	Labour	28 40	2	21 30
	D	115	Les Rues	Herbage	175 »	4	70 »
	C	3	Le Hamel	Grange, sol (*)	0 85	1	0 85
		4	id.	Labour	39 20	3	23 52
				Totaux......	247 a.85		140 f.07

441. — Chaque année l'impôt voté pour les besoins de l'État, des départements et des communes est réparti, pour chaque commune, d'après le revenu cadastral. La somme payée pour 1 fr. de revenu se nomme *centime le franc.*

1752. — Calculer d'après le tableau précédent la somme à payer pour chacun des articles qui y sont portés, puis la somme totale, le centime le franc étant 0 fr. 15075.

1753. — Que doit encore au même taux un propriétaire dont le revenu est de 170 fr. 25, sachant qu'il a déjà versé 19 fr. ?

1754. — Le propriétaire des biens désignés au tableau loue à 3 particuliers les pièces de terre B, 54; D, 115 et C, 4, en les chargeant de payer les impôts ; quelle est ainsi la part d'impôt due par chacun, le cent. le fr. étant 0,1615 ?

1755. — Quelle somme reste à la charge du propriétaire pour la maison, le jardin et la grange ? et combien cela lui ferait-il à verser tous les mois s'il voulait ne payer qu'un douzième à la fois ?

***1756.** — Lorsqu'on paie 21 fr. 11 pour un revenu de 140 fr. 07, quel est le centime le franc ?

***1757.** — Une pièce de terre d'un revenu cadastral de 65 fr. 40 se trouve vendue et partagée entre 3 individus ; le 1er en a les 2/5 et les 2 autres se partagent le reste. Combien chacun doit-il payer d'impôts, le centime le franc étant de 0,14205 ? (**)

(*) Les bâtiments consacrés à l'agriculture ne sont évalués qu'en raison de leur superficie sur le pied des meilleures terres de la commune.

(**) Chaque fois qu'un immeuble est vendu, échangé ou recueilli en succession, le changement doit en être fait sur la matrice cadastrale ; c'est ce changement qu'on appelle *mutation.*

442. — Impôt personnel et mobilier. — La *taxe personnelle* est due par toute personne jouissant de ses droits civils et non réputée indigente. En principe, cet impôt devrait représenter 3 journées de travail.

443. — La *cote mobilière* est due pour toute habitation meublée ; elle est calculée sur une valeur locative en rapport avec la partie consacrée à l'habitation et elle se répart au centime le franc comme l'impôt foncier.

1758. — Dans une commune où le *centime le franc* pour le mobilier est de 0,66683, et la cote personnelle de 3 fr., que paiera pour ces deux taxes un habitant dont le mobilier est évalué à un loyer de 10 fr. ?

1759. — Que paiera un autre habitant pour une cote personnelle et une valeur mobilière de 45 fr. ?

1760. — Quel est le centime le franc dans une commune où l'on paie 16 fr. sur une valeur locative de 24 fr.

444. — Impôt des portes et fenêtres. — L'impôt des *portes et fenêtres* est établi d'après le nombre des ouvertures de chaque maison d'habitation, et sur un tarif qui varie suivant la population des communes et les centimes additionnels.

1761. — Le tarif d'une commune étant établi comme il suit :

Maisons à					Pour chaque ouv. en plus.	Porte cochère ou de magasin.
1 ouv.	2 ouv.	3 ouv.	4 ouv.	5 ouv.		
0,43	0,65	1,29	2,30	3,60	0,864	2,30

Que doit-on payer pour une maison à 3 ouvertures et une porte de magasin ?

1762. — Pour une maison à 5 ouvertures et une porte cochère ?

1763. — Pour une maison à 8 ouvertures ?

*1764. — Pour une maison à 12 ouvertures et une porte cochère ?

445. — Patentes. — La contribution des *patentes* est due par tout individu exerçant un commerce, une industrie, une profession, non compris dans certaines exceptions déterminées par la loi. Elle se compose en général : 1° d'un droit fixe suivant la classe et la population ; 2° d'un droit proportionnel calculé sur un loyer d'habitation ; 3° des centimes additionnels.

446. — Pour le droit fixe, les professions ont été réparties en 8 classes. Voici le tarif pour chacune des 6 dernières classes dans les communes de 2,000 habitants et au-dessous :

Classes............	3°	4°	5°	6°	7°	8°
Droit fixe............	18 f.	12 f.	7 f.	4 f.	3 f.	2 f.
Droit proportionnel...	$\frac{1}{10}$	$\frac{1}{15}$	$\frac{1}{20}$	$\frac{1}{10}$		

La 7° et la 8° classe ne paient pas de droit proportionnel dans les communes de 20,000 h. et au-dessous.

1765. — Calculez le montant de la patente d'un cafetier, 4° classe, dont le loyer est estimé à 150 fr. dans une commune de 1,700 habitants où les centimes additionnels sont 0 fr. 35 :

Droit fixe de 4° classe..................... » ⎫
Droit proportion. au $\frac{1}{15}$ sur le loyer de 150 fr. ⎬
Centimes add. sur ces 2 droits : $19,50 \times 0,35$ ⎭

1766. — Quel est le montant d'une patente de 6° classe avec un loyer de 120 fr., les centimes additionnels étant 0,28 ?

1767. — Montant d'une patente de 7° classe, les centimes étant 0,32 ?

447. — *Prestation.* — Outre les 4 contributions directes, il y a encore l'impôt des *prestations* pour l'entretien des chemins vicinaux ; cet impôt s'acquitte, au choix des contribuables, soit en *nature*, c'est-à-dire en journées de travail, soit en *argent*.

448. — Tout habitant, porté au *rôle* des contributions directes, peut être appelé à fournir chaque année une prestation de 3 *jours* : 1° pour sa personne et pour chaque homme valide âgé de 18 ans au moins et de 60 ans au plus, membre ou serviteur de la famille ; 2° pour chacune des voitures attelées, et pour chacune des bêtes de somme, de luxe, de selle à son service.

449. — Le conseil général détermine chaque année l'évaluation en argent des journées de prestation. Dans les questions suivantes on portera 1 fr. 25 pour chaque journée d'un homme ou d'un cheval ; 1 fr. pour un bœuf ; 0 fr. 50 pour celle d'un âne et 1 fr. 50 pour une voiture.

1768. — Que doit payer en argent, pour ses trois jours de prestation, un cultivateur imposé pour le travail de 3 hommes, de 4 chevaux, d'un âne et de 2 voitures ?

*1769. — Dans une commune où, à cause du bon état des chemins, il n'est exigé que 2 jours de prestation, que devra payer un cultivateur imposé pour sa personne, son fils et un domestique, et qui possède 5 chevaux, une paire de bœufs et 2 voitures ?

1770. — Un fermier devait 27 fr. 50 pour sa prestation, mais, ayant vendu un de ses chevaux et un bœuf, il a obtenu décharge de la somme à laquelle il avait été imposé pour 3 jours de travail de ces animaux ; que lui reste-t-il à payer (*) ?

2° *Contributions indirectes.*

450. — Les *contributions indirectes* comprennent les taxes perçues sur les *boissons*, les *sucres*, le *sel*, le *tabac*, etc., et les taxes qui sont perçues à l'entrée des villes sous le nom d'*octrois.*

451. — Outre les contributions indirectes proprement dites, il y a encore les droits de *douanes* perçus à l'entrée en France sous le nom de droits d'*importation*, et à la sortie sous le nom de droits d'*exportation.*

452. — Tous ces impôts sont réglés par des tarifs. Voici quelques applications relatives aux calculs que doivent faire les buralistes pour la délivrance des congés ou permis de circulation des alcools et boissons.

1771. — Le droit sur l'*alcool* pur ou à 100° étant de 1 fr. 50, que devra-t-on payer : 1° pour 6 lit. 25 d'alcool pur ; 2° pour 14 lit. 60 ?

Dans le calcul, on néglige les fractions de litres inférieures à 50 centil., mais à ce chiffre et au-dessus on ajoute 1 lit. Ici, on comptera donc 6 lit. et 15 lit. — Ajouter en plus 0,20 de timbre. — Les liqueurs et les eaux-de-vie en bouteilles paient le même droit que l'alcool pur.

*1772. — Les *eaux-de-vie* payent également à raison de 1 fr. 50 pour 100°. D'après cela, que doit-on payer : 1° pour 16 lit. 50 d'eau-de-vie à 48° ; 2° pour un baril de 30 lit. à 45° ; 3° pour une pièce de 180 lit. 5 à 52° ?

On trouve la quantité d'alcool en multipliant le degré par le nombre de litres.

*1773. — Le *droit sur les vins* étant 2^f,88 par hectolitre, plus le timbre que coûtera le congé : 1° d'une pièce de vin de 228 lit. ? 2° d'une demi-pièce (114 lit.) ?

*1774. — Un cultivateur devant livrer un tonneau de cidre de 1650 lit. qu'il a vendu, envoie son domestique chercher un congé ; quelle somme doit-il lui remettre si *les droits à payer sont de* 1^f,20 *par hectol.*, plus le timbre ?

(*) Lorsque, par erreur ou par suite de changements survenus dans leur position, les contribuables se trouvent indûment imposés, soit pour les 4 contributions, soit pour les prestations, ils peuvent adresser, dans les 3 mois de la publication du rôle, une réclamation à M. le Préfet. Pour les prestations, ces demandes se font toujours sur papier libre ; pour les autres contributions, elles doivent être rédigées sur papier timbré, lorsqu'elles ont pour objet une cote de 30 fr. et au-dessus. L'avertissement et la quittance des douzièmes échus doivent être joints à la réclamation.

II. — ENREGISTREMENT.

453. —En général, il y a dans chaque canton un receveur chargé de la vente *du papier timbré*, de la perception des *droits d'enregistrement* des actes, des *droits de succession*, etc.

454. — **Enregistrement des actes.** — Les actes sous seings privés, quittances, baux, ventes, etc., doivent être enregistrés dans les **3 mois**, sous peine de payer double droit. Voici le tarif d'enregistrement des actes les plus ordinaires :

Obligations. . . . . . . 1 p. °/₀   Vente d'immeubles. . . . . 5,50 p. °/₀
Quittances. . . . . . . 0,50 p. °/₀   Vente de meubles. . . . 2 p. °/₀
Bail (le droit est calculé sur   Procurations, droit fixe 2 fr.
le total des années de loyer). . 0,20 p. °/₀   Lots,   id.   5 fr.

455. — Il est perçu en outre, à titre d'impôt de guerre, 1 décim (0 fr. 10) par franc de droit (*).

***1775.**—Quels droits payera-t-on pour l'enregistrement d'un bail de 9 ans, et portant un loyer annuel de 870 fr. ?

***1776.** — Un fermier ayant négligé de faire enregistrer son bail dans les 3 mois, se trouve obligé de remplir cette formalité au bout de 2 ans ; que payera-t-il pour le double droit, ce bail étant de 12 ans et le loyer annuel de 675 fr. ?

***1777.** — Un particulier a acheté un champ 2350 fr. ; comme il ne payera pas comptant, quelle somme aura-t-il à payer d'abord pour l'enregistrement de l'acte, puis pour la quittance lorsqu'il remboursera sa dette?

456. — **Droits de succession.** — Les *déclarations de succession* doivent être faites au bureau de l'enregistrement dans les 6 *mois* du décès. Les droits à payer sont :

1 p. °/₀   en ligne directe, c'est-à-dire de père en fils ou petit-fils.
3 p. °/₀   entre époux.
6,50 p. °/₀   entre frères, sœurs, neveux, nièces, oncles et tantes.
7 p. °/₀   entre grands-oncles, grand'tantes, petits-neveux, cousins germains.
8 p. °/₀   entre parents plus éloignés jusqu'au 12ᵉ degré inclusivement.
9 p. °/₀   entre étrangers.
     Le tout avec décime en sus.

457. — Le droit est le même pour les *immeubles* et les *meubles*.

458. — Lorsqu'il s'agit d'une déclaration d'immeubles, il convient de se procurer un extrait de la matrice cadastrale d'après lequel on dresse un état estimatif des biens dont il s'agit. Cet état peut être fait sur papier non timbré ; il doit énoncer le revenu annuel de chaque parcelle ou de chaque propriété. Ce revenu, multiplié par **20**, donne le capital sur lequel les droits sont calculés. Reprenons l'extrait de la page 169 et supposons qu'il s'agisse de déclarer les biens qui y sont portés, on fera alors l'état suivant :

459. — *État des immeubles dépendant de la succession de...* décédé à... le... et situés en la commune de C...

1° Une maison d'habitation composée d'une cuisine, d'une salle, avec chambres et greniers dessus, section A, n° 28 du plan cadastral, estimée à un revenu de...................... 100 fr.

2° Un jardin potager, Sⁿ A. n° 29, estimé à un rev. de 15

3° Une pièce de labour au lieu dit la Guerre,
Sⁿ B, n° 54, estimée.................... id. 30

4° Un herbage nommé les Rues, Sⁿ D, n° 115, estimé. id. 120

5° Une grange au Hamel, Sⁿ C, n° 3, estimée... id. 28

6° Une pièce de labour au Hamel, Sⁿ C, n° 4, estimée.. 56

                 Revenu total.   349 fr.

1778. — Quel capital calculé au denier 20 forme ce revenu de 349 fr. ?

Quels sont les droits à payer, dans la déclaration précédente:
1779. — Par un fils héritant de son père?

1780. — Par un individu héritant de son oncle?

1781. — Par un individu héritant de sa grand'tante?

1782. — Par un individu héritant d'un cousin au 15e degré?

1783. — Par une veuve héritant de son mari par suite de donation?

1784. — Lorsqu'un époux hérite de son conjoint, faute d'héritiers plus proches, le droit est de 9 p. %. Dans ce cas, quel serait le droit à payer?

1785. — Trois frères héritent d'un cousin germain qui leur laisse un revenu annuel de 3460 fr.; que devra payer chacun des frères pour droit de succession?

*1786. — Quatre individus héritent d'un parent à des degrés différents, le 1er pour 1/2, le 2e pour 1/4, et les deux derniers pour chacun 1/8; que devra payer chacun d'eux, le revenu annuel de l'héritage étant 725 fr., et le droit 8 p. % sur le capital?

480. — S'il s'agit d'une déclaration de mobilier, on en fait un état détaillé. Cet état doit être sur papier timbré toutes les fois qu'il n'y a pas eu d'inventaire et que l'une des parties sait signer.

481. — *État des meubles dépendant de la succession de... décédé à... le...*

1º Une armoire..	60 fr.
2º Un lit complet (bois, sommier, matelas, lit de plume, etc.).....	200
3º Un autre lit, vieux...	80
4º Vieux hab.'s...	60
5º Linge (6 pa···es de draps; 25 chemises; autres menus linges)...	95
6º Un buffet de service...	40
7º Deux tables et 12 chaises....................................	35
8º Vaisselle et ustensiles de cuisine............................	55

Certifié exact.   A C..... le....   Total............ 625 fr.
Signature du déclarant.

1787. — Calculez le droit à payer, dans la déclaration qui précède, par un individu héritant de son frère.

III. — HYPOTHÈQUES.

462. — Il existe dans chaque arrondissement un bureau dit des *hypothèques*, où les actes de vente doivent être transcrits et où l'on tient note des inscriptions ou dettes grevant les biens situés dans l'arrondissement.

463. — Quand on dit que quelqu'un emprunte sur hypothèque, cela signifie qu'il garantit la somme prêtée sur ses biens au moyen d'une inscription prise au bureau des hypothèques. C'est un moyen ruineux, ainsi que le prouve l'état suivant des dépenses occasionnées par un prêt de 1000 fr. pour 2 ans à 5 p. %.

1788. — Achevez l'état suivant :

L'*Obligation* coûtera au moins :		
Honoraires du notaire et timbre...........................	10 fr.	60
Enregistrement de l'obligation, 1 p. %, plus le décime......		»
Timbre de l'expédition, 1 feuille de 1 fr. 80...............		·
Coût de l'expédition, 2 rôles à 1 fr. 50...................		»
L'*Inscription* aux hypothèques coûtera 1 p. %, plus le déc...		»
Timbre et bulletin de dépôt.............................	1	35
Salaire du conservateur................................	1	25
La *Quittance* de remboursement coûtera :		
Honoraires du notaire et timbre..........................	5	60
Enregistrement 0,50 p. %, plus le décime................		·
Copie pour le bureau des hypothèques....................	3	»
Certificat de radiation..................................	1	50
Intérêt à ajouter en plus		»
L'*emprunt* coûtera donc, outre le remboursement du capital..		60

IV. — PLACEMENTS DE FONDS.

464. — *Observation importante.* — Quand vous aurez quelques petites économies, placez-les à la Caisse d'épargne (voir p. 105), où elles profiteront d'elles-mêmes et d'où vous pourrez les retirer au fur et à mesure de vos besoins. Si, votre petit pécule grossissant, vous devez rechercher un autre placement, choisissez d'abord la Rente sur l'État (1) (page 104), qui vous donnera un revenu fixe, payé quatre fois par an et qui tiendra votre petite fortune à l'abri de tous les dangers qui peuvent atteindre d'autres valeurs ; choisissez encore les Chemins de fer, le Crédit foncier, qui offrent aussi de sérieuses garanties et de bons profits ; mais défiez-vous de ces entreprises qui promettent de gros bénéfices, et n'oubliez pas qu'on risque de tout perdre en voulant trop gagner. (Voir *Supplém.*, p. 31-32, *Caisse des retraites pour la vieillesse*, etc.)

465. — **Rentes sur l'État.** — Les rentes sur l'État, comme les autres valeurs ci-dessus, se vendent et s'achètent chaque jour à la Bourse à Paris, par l'entremise d'un agent de change (2) auquel la loi accorde $\frac{1}{8}$ p. °/₀ ($\frac{1}{800}$) du capital employé. On paie de plus 0^f,60 de timbre jusqu'à 10000^f, et 1^f,80 au-dessus (3). Si donc on voulait avoir le coût total des rentes dont il est question au prob. n° 1091 et suivants, il y aurait lieu d'ajouter au capital de la rente le courtage et le timbre. En voici un exemple :

1789. — Le cours de la rente 3 p. °/₀ étant 68,50 que coûtera pour tous frais un titre de 150 fr. de rente ? R. Capit. + le courtage (8° de 34^f,25) + le timbre.

466. — **Chemins de fer.** — En fait de valeurs sur les *chemins de fer*, on peut se procurer des *actions* ou des *obligations*.

467. — On appelle *action* une part que l'on prend dans une entreprise dont par suite on subit toutes les chances de bénéfice ou de perte.

468. — On appelle *obligation* un prêt fait dans une entreprise en voie d'exécution, et moyennant un intérêt fixe et un remboursement avantageux.

469. — Il suit de là que le revenu des actions étant parfois incertain et toujours variable, elles conviennent moins aux petits capitaux que les obligations.

470. — Voici le cours de quelques-unes de ces dernières au 15 février 1868 :

Nord.	Midi.	Ouest.	Orléans.
323,50	311,75	313	314,50

471. — Ces obligations sont remboursables à 500 fr. et donnent tous les 6 mois un intérêt de 7 fr. 50, payable sur un petit coupon que l'on détache du titre. Deux tirages déterminent chaque année les obligations qui seront remboursées.

472. — Pour les obligations des chemins de fer comme pour la plupart des valeurs cotées à la Bourse, les titres sont *nominatifs* ou au *porteur*.

473. — Un titre nominatif porte le nom du possesseur ; il paie au moment de l'achat un droit de mutation de 0^f,50 par 100^f de capital, plus le timbre, le tout indépendamment du courtage.

474. — Un titre au porteur est considéré comme appartenant à celui qui le possède : il ne paie que le timbre et le courtage au moment de l'achat ; mais, en déduction des 7^f,50 portés sur chaque coupon, il paie chaque semestre, la 1/2 d'un impôt de 0^f,20 par 100 fr. du cours moyen de l'année précédente.

475. — Les coupons se paient aux comptoirs des Compagnies ; les banquiers se chargent aussi du paiement des coupons moyennant un droit qui ne peut excéder 0^f,10 pour chacun. Il est de plus tenu compte de l'impôt de 3 p. °/₀ (n° 477).

* **1790**. — D'après ce qui précède, que coûterait un titre nominatif de chacune des obligations ci-devant indiquées, au cours du 15 février 1868, et tous frais compris ?

---

(1) L'administration des Caisses d'épargne se charge sans *frais* de l'achat d'une rente sur l'État, pour tout déposant dont l'avoir à la caisse suffit pour acheter un titre de 10 fr. de rente.

(2) On peut, pour l'achat des rentes sur l'État, s'adresser à la Recette de son arrondissement ou même au Percepteur de sa localité.

(3) La loi du 25 août 6871 a élevé le timbre de 2 dixièmes ; le timbre de 0^f,50 est porté à 0^f,60, celui de 1^f,50 à 1^f,80.

1791. — Que coûterait un titre au porteur des mêmes obligations?

1792. — Que reçoit à chaque semestre celui qui possède 3 obligations nominatives de chacune des lignes du Nord, du Midi, de l'Ouest et d'Orléans?

1793. — Que recevrait-il s'il se faisait payer chez un banquier qui retiendrait 0 fr. 05 par coupon?

*1794. — Que recevrait-il si ses titres étaient au porteur (*), 1° au comptoir d'une Compagnie?

*1795. — Lequel donne le meilleur revenu, d'une obligation nominative coûtant 314 fr. 60, ou d'une obligation au porteur coûtant 313 fr. 90?

*1796. — Au cours de 312 fr. 50, combien, pour 4075 fr. 50, aurait-on : 1° d'obligations nominatives? 2° au porteur?

*1797. — Un employé économe a acheté il y a 6 ans 10 obligations du Midi au porteur. Le cours était alors 291 fr. 25. Il va lui être remboursé, à 500 fr., deux de ses numéros sortis au dernier tirage. S'il vend le reste au cours actuel, 311 fr. 75, de combien son capital aura-t-il augmenté?

476. — **Crédit foncier.** — Le *Crédit foncier* a émis plusieurs séries de valeurs, entre autres : 1° des obligations de 500 fr. rapportant 4 p. °/. d'intérêt annuel et participant à des tirages trimestriels qui s'élèvent à 800,000 fr. par an ; ces titres sont cotés à la Bourse; 2° des obligations de 500 fr. à 5 p. °/₀ sans lots ; ces dernières ne sont pas cotées à la Bourse : on s'en procure au pair par l'intermédiaire des Receveurs des finances.

477. — Les obligations foncières, comme toutes les valeurs mobilières, à l'exception des rentes sur l'État, sont soumises à un impôt de 3 p. °/₀ sur leur revenu annuel. (Loi du 29 juin 1872.

478. — Les principales opérations du Crédit foncier consistent en des prêts à longs termes (de 10 à 50 ans) faits aux propriétaires d'immeubles situés en France ou en Algérie, et remboursables par annuités (**).

479. — Ces prêts sont faits non en argent mais en obligations que l'emprunteur reçoit au pair (500 fr.) et qu'il revend lui-même ou par l'intermédiaire de l'Administration.

Supposons qu'un individu emprunte au Crédit foncier 25,000 fr. Il recevra 25,000 : 500 ou 50 obligations qu'il négociera soit à la Bourse, soit par l'entremise du Crédit foncier, moyennant escompte. Dans tous les cas, qu'il revende ses titres plus ou moins de 25,000 fr., il doit cette somme au Crédit foncier et il s'en acquittera par annuités payées tous les 6 mois et calculées à tant pour cent d'après la durée du prêt.

480. — Voici quelques-unes de ces annuités :

Obligations à 4 p. 100 pr.	50 ans	40 ans	30 ans	20 ans	10 ans
Annuité pour 100 fr.	5f.,65	6f.,02048	6f.,71424	8f.,24204	13f.,13488
Obligations à 5 p. 100					
Annuité pour 100 fr.	6f.,06	6f.,4052	7f.,07048	8f.,56724	13f.,42942

(*) On calculera l'impôt au cours moyen de 310 fr., dans cette question comme dans les suivantes.

(**) On appelle annuité une somme fixe que l'on paie à des intervalles égaux en remboursement d'un capital et des intérêts échus. Cette manière d'éteindre une dette ou un emprunt se nomme *amortissement*.

Pour le calcul des annuités, voir le *Supplément*, pages 27 et 43.

1798. — D'après ce qui précède, on demande : 1° quelle somme touchera l'individu dont il vient d'être question, s'il vend ses 50 obligations (4 p. °/₀) au cours de 492 fr.? R. 24600 fr. ; 3° quelle annuité il aura à payer tous les 6 mois s'il s'acquitte en 20 ans?

Il est clair que l'emprunteur recevra 50 fois 492 fr., et qu'il aura à payer chaque année, pour ses 25000 fr., 250 fois l'annuité pour 20 ans, ou 250 fois 8 fr. 24204, et pour 6 mois la moitié du produit.

* **1799.** — Un propriétaire-agriculteur, voulant étendre son exploitation, a besoin d'un capital de 30,000 fr. qu'il se propose d'emprunter en obligations foncières 5 p. °/₀. Sachant que le Crédit foncier lui procurera la vente des titres moyennant un escompte de 1 p. °/₀, il désire savoir : 1° combien il doit demander d'obligations pour toucher au moins 30,000 fr. ; 2° de quelle somme il sera débiteur ; 3° quelle somme il touchera net ; 4° quel sera le montant de l'annuité à payer s'il se libère en 30 ans ?

Problèmes sur l'agriculture.

1800. — En moyenne, on compte 300 quintaux de *fumier* par hectare pour une bonne fumure ordinaire. D'après cela, on demande : 1° le poids du fumier nécessaire pour un champ de 75 ares ; 2° le nombre de voitures pesant chacune 2,000 kil. ; 3° le volume de ce fumier si le mèt. cube pèse 900 kil. ; 4° le prix du fumier à 3 fr. le mèt. cube ; 5° l'épaisseur de la couche de fumier sur le sol, en supposant qu'on pût l'y répandre uniformément?

1801. — Un cultivateur possède un champ où l'*excès d'argile* rendait le travail difficile et les récoltes médiocres. En y portant 120^{m3} de sable qu'il évalue à 0 fr. 75 l'un, il a complétement changé le sol de son champ, et dès la 1ʳᵉ année, il y a récolté 25 gerbes de blé de plus que de coutume. Si ce blé vaut 0 fr. 90 la gerbe, on demande en combien de semblables récoltes le cultivateur rentrera dans ses déboursés ?

1802. — Un individu possède sur le bord de la mer un champ de 45 ares dont le *sol sablonneux* produit à peine pour l'impôt. Un cultivateur intelligent, qui a à sa disposition des terres de route, de déblais, des plâtras de démolition, se charge de rendre le champ fertile à condition qu'il en aura la jouissance gratuite pendant 9 années. Au moyen d'une dépense de 200 fr. le sol du champ se trouve mélangé à un quart de bonne terre sur une profondeur de 0^m,33, et bientôt une récolte de colza produit un bénéfice de 145 fr. En supposant que les récoltes suivantes donnent seulement un revenu moyen de 120 fr., que seront devenus au bout de 9 années les 200 fr. que le cultivateur a déboursés? Qu'aura gagné en fin de compte le propriétaire lui-même ?

* **1803.** — On demande de plus la quantité de terre que le cultivateur a portée sur le champ?

***1804.** — On a préparé pour l'*amendement d'un herbage* long de 198^m et large de 110^m un compost disposé en forme de prisme triangulaire sur une longueur de 70^m, une largeur de 3^m et une hauteur (perpendiculaire du sol à l'arête supérieure), de 2^m,20. Le compost sera porté dans l'herbage au moyen d'un banneau de 1^m,60 de long, 1^m de large et 0,50 de haut. Ceci posé, on demande : 1° le volume du compost ; 2° le nombre de voitures qu'il fournira et, par suite, celui des tas à déposer dans l'herbage ; 3° à quelle distance on devra placer ces tas les uns des autres sur la longueur, si l'on en met 13 sur la largeur; 4° quelle sera l'épaisseur moyenne de la couche sur le sol?

1805. — La *chaux* est un excellent *amendement*, surtout pour les terres argileuses ; on chaule ordinairement tous les 5 ans à raison de 20 hectol. en moyenne par hectare. Dire : 1° la quantité de chaux nécessaire pour 2 hectar. 40 ; 2° le prix de la chaux nécessaire pour le chaulage de 7 h. 78, à raison de 0 fr. 65 le demi-hectol.

1806. — Dans les contrées où l'on trouve des carrières de *marne* on se sert avantageusement de ce calcaire pour amender les terres. La dose à employer varie selon les pays. Un cultivateur demande quelle quantité de mètres cubes il doit faire extraire de sa carrière pour marner une pièce de 3 h. 85, à raison de 150 hectol. par hectare ?

1807. — Le *plâtre* ne réussit pas sur les céréales, mais il produit un bon effet sur le colza et surtout sur les prairies artificielles. Il s'emploie cru ou cuit, pourvu qu'il soit pulvérisé, et on n'en doit pas semer plus de 200 kil. par hectare. Dire la quantité de plâtre à employer sur un champ de colza de 683 ares et ce que coûtera cette quantité à raison de 3 fr. l'hectol. pesant 120 kil.

***1808.** — Les *tourteaux de colza* et mieux encore le *guano*, font merveille sur le colza. Un cultivateur a planté en colza, l'année dernière, et dans les mêmes conditions, deux champs contigus contenant l'un 95 ares et l'autre 125. Après l'hiver, il a semé du guano sur le 1er de ces champs à raison de 5 kil. par are, et à la récolte, il s'est trouvé que le colza ainsi traité a produit à raison de 50 lit. à l'are, tandis que l'autre n'a produit que 35 lit. On demande : 1° le prix du guano employé à raison de 32 fr. les 3100 kil. ; 2° la quantité de colza récoltée dans chacun des champs ; 3° ce que le 2e aurait produit s'il eût été traité comme le 1er ; 4° le bénéfice réalisé par l'emploi du guano sur le 1er champ, le prix du colza étant 27 fr. 50 l'hectol. ; 5° celui qu'aurait produit le guano sur le 2e ?

1809. — Celui qui, au grand détriment de la salubrité publique, laisse couler le *jus de son fumier* ou *purin* sur les chemins, ressemble à un homme qui ferait un trou à sa poche pour perdre son argent. Que perd donc chaque année un cultivateur qui laisse ainsi couler le purin nécessaire à l'arrosage d'une prairie où il ne récolte que 1500 bottes de mauvais foin, valant au plus 15 fr. le cent, tandis que, arrosée de purin, cette prairie produirait au moins 4000 bottes de bon foin valant en moyenne 25 fr. le cent?

*1810. — Les terrains dits *mouillants*, où l'eau est retenue à la surface par certaines couches d'argile, sont, comme par enchantement, transformés et rendus fertiles par le *drainage*. Un propriétaire, voulant profiter de cet avantage, désire savoir ce que lui coûtera le drainage d'une pièce de terre longue de 204^m et large de 132. D'après une étude faite gratuitement par l'administration des ponts et chaussées, un *drain collecteur* ou *gros drain* sera disposé sur la longueur de la pièce, et, sur la largeur, à 12^m les uns des autres, seront disposés de petits *drains*; toutefois, à chaque extrémité, la 1re ligne ne sera éloignée que de 6^m des champs voisins; les gros tuyaux, de 0,32 de long, valent 22 fr. le mille, et les petits de 0,31, valent 18 fr. 50; la main-d'œuvre est estimée à raison de 0 fr. 19 par mètre linéaire. Calculez le prix du travail en ajoutant 50 fr. pour quelques travaux de maçonnerie à l'extrémité des gros drains.

*1811.— Si, par suite du travail précédent, la pièce de terre acquiert seulement une plus-value d'un tiers de son revenu primitif estimé à 1 fr. 15 l'are, à quel taux le propriétaire aura-t-il placé l'argent qu'il a déboursé?

* 1812. — Quelquefois le propriétaire qui fait exécuter des travaux de drainage, se contente de recevoir de son fermier, en plus du fermage, l'intérêt à 5 p. $^0/_0$ du capital employé. Quel serait dans le cas des deux problèmes précédents le bénéfice annuel du fermier?

*1813. — Une terre de 17 hect. 40 cent. était affermée 540 fr.; après un *drainage* qui a coûté 281 fr. par hectare, la plus-value acquise par la terre est de 317 p. $^0/_0$. Calculer le nouveau prix auquel la terre sera affermée, et au bout de combien de temps le drainage sera payé par l'augmentation du prix de la ferme.

* 1814. — Il est toujours avantageux de mettre le blé coupé en *moyettes*, lors même que la moisson n'est pas contrariée par le mauvais temps. La récolte, il est vrai, coûte 0 fr. 10 de plus par are, mais on peut obtenir une plus-value de poids de 5 kil. par double hectol., se traduisant par un profit de 2 fr. 50 à la vente. D'après cela, un cultivateur, partisan du mode en question, désire connaître le profit qu'il en pourra retirer sur une pièce de 3 hect. 15 où il a récolté 1920 gerbes de blé produisant un demi-hectol. pour 9 gerbes.

* 1815. — Dans une année où la pluie a fait perdre à la paille un tiers de sa valeur et déprécié le grain de 7 fr. 50 par double hectol., qu'a gagné le cultivateur, en supposant que 4 gerbes de blé donnent 6 bottes de paille valant en moyenne 30 fr. le cent?

*1816. — Un cultivateur qui jusqu'à ce jour avait semé son blé à la *volée* à raison de 2 hectol. par hectare, vient d'acheter un *semoir* mécanique moyennant 250 fr. Il économisera ainsi $\frac{1}{4}$ de sa semence. Il désire savoir : 1° combien il devra ensemencer d'hectares pour gagner le prix de son semoir, si le blé vaut 28 fr. 50 l'hectol.; 2° en combien d'années, s'il ensemence, terme moyen, 4 hectares chaque année.

*1817. — On peut trouver approximativement *le poids d'un bœuf*
par le procédé suivant : On calcule la surface du cercle obtenu en
mesurant le tour de l'animal à la poitrine, en arrière des pattes de
devant, puis on multiplie la surface du cercle par la longueur de
l'animal, depuis les épaules jusqu'à la pointe de derrière, longueur
que l'on augmente d'un dixième. Le volume en décimètres cubes
représente les kilogrammes. Calculez d'après cette méthode le
poids d'un bœuf dont la circonférence est de 2^m,10 et la longueur
non augmentée, de 1^m,95.

Problèmes donnés lors de l'Exposition universelle.

1818. — Les céréales se sèment de deux manières : 1° à a volée
ou devant la charrue, avec la culture en sillons ; 2° en lignes, avec
le semoir. Un quart environ de la semence est perdu dans le premier cas, faute de pouvoir germer. En supposant qu'on emploie
1 hectol. 50, au prix de 19 fr. l'hectol. par hectare, quand on sème
à la volée, quelle serait l'économie réalisée en se servant du semoir sur une étendue de 12 hectares ?

1819. — Il faut 38 litres de gaz par heure pour avoir la lumière
d'une lampe modérateur dont la mèche a 0,015 de diamètre. Sachant que l'éclairage par le gaz présente une économie de moitié
sur l'emploi des lampes, quelle sera l'économie annuelle d'une
maison qui s'éclaire au gaz 4 heures par jour ? Le gaz coûte 0 fr. 30
le mètre cube.

1820. — Une vache laitière, mise au piquet dans un pâturage,
mange en 24 heures l'herbe de 80 centiares, et, en 92 jours, elle
a produit 1779 lit. de lait contenant 164 kilog. de beurre. On demande la surface du pâturage nécessaire pour produire : 1° un
litre de lait ; 2° un kilog. de beurre.

Problèmes donnés dans les concours d'arrondissement.

*1821. — Un marchand m'assure qu'il vend le sucre 1 fr. 50 le
kilog. ; je lui en demande une demi-livre (250 gr.) ; il m'en donne
200 gr. seulement ; à combien me revient le kilog. ?

*1822. — Un négociant vient de vendre pour 10500 fr. de graines.
Il a gagné 15 p. °/₀ sur le prix d'achat ; combien les graines lui
avaient-elles coûté ?

Problèmes donnés par les commissions d'examen.

*1823. — Une revendeuse achète des œufs 8 fr. le cent ; elle re-
vend la 1/2 à raison de 0 fr. 10 pièce, et la seconde moitié à raison
de 3 pour 0 fr. 20, de cette manière elle gagne 8 fr. 80. Combien
avait-elle acheté d'œufs ?

*1824. — Une mère et sa fille travaillant ensemble à une tapisse-
rie la termineraient en 15 jours ; après que toutes deux y ont travaillé ensemble pendant 6 jours, la fille seule achève la tapisserie
en 30 jours. Combien chacune de ces deux personnes mettrait-elle
de temps pour faire seule cette tapisserie ?

1825. — On veut carreler une chambre avec des carreaux de 0^m,16
de côté ; le mille de ces carreaux coûte 50 fr., la chambre a 5^m,43
de largeur et 6^m,78 de longueur. Quelle sera la dépense, l'ouvrier
demandant 0 fr. 60 par mèt. car. pour poser les carreaux ?

*** 1826.** — Une personne achète pour 10500 fr. deux pièces de terre: la première de 3 h. 20; la seconde de 24 h. 40; la qualité du terrain est la même. A quel prix doit être affermée la première pièce par an pour rapporter 4 p. °/₀ du prix qu'elle coûte ?

*** 1827.** — Trois personnes ont un héritage à se partager en ayant égard aux conditions suivantes : la 1ʳᵉ doit avoir la moitié de la somme; la 2ᵉ le cinquième, et la 3ᵉ les 36000 fr. qui restent. On demande la valeur du legs et la part des deux premiers héritiers.

1828. — Un marchand achète en gros 84 kilog. de sucre à 132 fr. les 100 kilog., et 45 kilog. de savon à 67 fr. les 50 kilog. Il paie comptant et ne donne que 162 fr. 70. Quelle remise lui fait-on pour cent ? Établir la facture de ce compte.

*** 1829.** — Un ouvrier dépense le tiers de ce qu'il gagne pour sa nourriture, le huitième pour son habillement et son logement, et le dixième en menus frais. Il économise chaque année 318 fr. Combien gagne-t-il par an ?

*** 1830.** — Deux cavaliers sont en marche sur un manége de 90ᵐ de tour et vont dans le même sens. Le 1ᵉʳ, qui est à 18ᵐ en avant, fait par seconde 2ᵐ,90, tandis que le 2ᵉ ne fait que 2ᵐ,54. Combien s'écoulera-t-il de temps et quelle distance chacun des cavaliers devra-t-il parcourir jusqu'au moment où ils se rencontreront ?

*** 1831.** — Un billet payable au bout de 3 mois et 6 jours a subi un escompte de 7 fr. 45 (escompte en dehors ou commercial), le taux de l'intérêt étant de 6 p. °/₀ ; quelle est la valeur nominale de ce billet ?

*** 1832.** — Une somme de 496 fr. 50 se compose de poids égaux de monnaie de bronze, d'argent et d'or. On demande pour quelle valeur chacune de ces sommes entre dans la somme donnée.

*** 1833.** — La surface d'un trapèze est 1 hectare 65 ares, sa hauteur est de 55ᵐ et la plus grande base a 44 mèt. de plus que l'autre. On demande les deux bases du trapèze ?

*** 1834.** — Une personne lègue son bien montant à 256000 fr., sous les conditions suivantes : son neveu aura deux fois plus que chacune de ses nièces, ses nièces auront chacune deux fois plus que chacun de ses cousins, ses cousins auront deux fois plus que chacune de ses cousines. Combien revient-il à chacun des héritiers, sachant qu'il y a un neveu, deux nièces, quatre cousins et huit cousines ?

*** 1835.** — On demande la quantité d'argent qu'il faut unir à 247ᵍʳ,5 de cuivre pour avoir un alliage propre à faire de l'argent monnayé au titre de 0,835. Déterminer en francs la somme qu'on obtiendra.

1836. — Un propriétaire lègue une de ses terres à 3 de ses parents; il veut que le 1ᵉʳ ait le ⅕ de cette terre et que le 2ᵉ en ait les ⅖. Il reste alors 38 ares 56 cent. au 3ᵉ héritier. On demande : 1° la contenance totale de la terre, et 2° la contenance de chacune des parts revenant aux deux premiers héritiers.

*1837. — Une personne a placé un capital au taux de 5 p. °/₀. Au bout de 4 ans, elle retire ce capital, y joint les intérêts simples qu'il a produits pendant ce temps, et place le tout au taux de 7 p. °/₀. Alors il se trouve qu'elle a 8500 fr. de revenu. Quelle somme avait-elle placée d'abord ?

*1838. — On a acheté, au prix de 0 fr. 90 le litre, 2 hectolitres 6 litres d'eau-de-vie, à 45° centésimaux, c'est-à-dire contenant 45 p. °/₀ d'alcool pur ; plus, au prix de 1 fr. 20 le litre, 1 hectol. 12ᵛ d'eau-de-vie à 52°. A quel prix a-t-on payé chaque fois le litre d'alcool ? Et si l'on mélange les deux quantités d'eau-de-vie, à combien revient le litre d'alcool contenu dans le mélange ?

*1839. — Un marchand a vendu en détail 650ᵐ d'étoffe, savoir : 150ᵐ pour 740 fr., et le reste à raison de 5 fr. 50 le mètre. A ce marché il a gagné 2 fr. 50 par mètre. A quel prix avait-il acheté primitivement chaque mètre de cette étoffe ?

*1840. — Un orfévre a deux lingots d'or : le premier est au titre de 0,920 et le second au titre de 0,750 ; il veut en faire un lingot du poids de 8ᵏ 1/2 au titre de 0,840. Combien doit-il prendre de kilog. de chaque lingot ?

*1841. — Un négociant a acheté 278 hectolitres de blé. En le recevant, il s'aperçoit qu'une partie est avariée et obtient une réduction de prix égale aux ⅓ du prix convenu d'abord. de la sorte il donne 1112 f. de moins. Quel était le prix de l'hectolitre de blé ?

Problèmes divers.

*1842. — En supposant que vingt petits garçons de la même commune détruisent au printemps chacun 20 nids renfermant en moyenne chacun 5 œufs, quel serait au bout de 8 mois (32 semaines), c'est-à-dire vers la fin de l'année, la valeur en hectol. et en francs du dégât occasionné par les insectes que les oiseaux provenant de ces œufs auraient pu détruire, en admettant 1° que chaque couple d'oiseaux détruise 1500 insectes ou charançons par semaine ; 2° que chaque charançon produise 80 œufs qui, déposés chacun dans un grain de blé, en dévorent le contenu ; 3° qu'il y ait 16000 grains de blé dans un litre ; 4° que l'hectol. de blé vaille 15 fr. ?

*1843. — On estime que dans les 40,000 communes de France, on détruit annuellement environ 100,000,000 d'œufs d'oiseaux. Calculer approximativement, d'après les bases précédentes, le dommage causé à l'agriculture durant un an (52 semaines).

*1844. — Un ouvrier plus sensé que beaucoup d'autres a quitté la ville pour aller demeurer à la campagne. Après une année passée dans sa nouvelle position, il se rend compte comme il suit des avantages qu'il y a trouvés :

A la ville, il payait 100 fr. de loyer pour une chambre et un petit cabinet au 3ᵉ étage ; comme il n'avait ni cave ni jardin, il payait au détail, en moyenne 0 fr. 30 centimes par jour pour un double litre de mauvaise boisson ; 1 fr. 50 tous les 4 jours pour un fagot; deux fois par semaine, 0 fr. 75 pour des légumes; d'un autre côté, sa femme n'ayant aucune commodité pour laver et sécher son linge, il fallait payer au blanchisseur, en moyenne, 4 fr. 50 par mois; le tout si bien que son salaire journalier (2 fr. 75), le peu que sa femme pouvait gagner à la dentelle (environ 6 fr. par quinzaine) et un petit revenu d'une centaine de francs se trouvaient absorbés quand le pain, la viande, quelques menus objets et les effets d'habillement étaient payés.

A la campagne, il paye 60 fr. une habitation commode qui, à défaut d'étages, comporte une jolie cave et est entourée d'une cour et d'un charmant jardin, que l'ouvrier cultive lui-même après sa journée. Il n'achète plus de légumes, il récolte quelques fruits, élève quelques petits animaux de basse-cour, de sorte que sa dépense chez le boucher se trouve réduite de 0 fr. 75 par semaine. Un lot de bois de 50 fr. le chauffe toute l'année; 30 hectolitres de pommes à 1 fr. 10 le demi-hectol. lui ont fourni pour le même temps une boisson excellente; sa femme lave son linge, sans autre dépense que celle du savon (1/2 kilog. par semaine à 0,85 le kilog.). Il est vrai que son salaire journalier est réduit à 2 fr. 25 (il travaille 300 jours par an), mais, pour le reste, sa recette est la même.

Qu'a donc, en fin d'année, gagné l'ouvrier à quitter la ville?

1845. — On demande de plus en combien d'années il aura ainsi économisé le capital nécessaire pour acquérir, au denier 20, sa petite habitation?

1846. — Dans une vente à l'encan, j'ai acheté : 1° une armoire pour 45 fr.; 2° une barrique pour 4 fr. 50; 3° un tonneau pour 35 fr. 75, et 4° une petite table pour 2 fr. 80. Combien dois-je encore, sachant : 1° que j'ai payé 50 fr. comptant; 2° que le notaire prélève 7 c. 1/2 par franc en sus du prix de vente; 3° qu'il exige en outre, pour le crieur, 10 c. par chaque article au-dessous de 5 fr., et 25 c. pour tout article supérieur à 5 fr.?

1847. — Quelle est la valeur réelle ou intrinsèque d'une bague en or pesant 8^{gr},50 et d'une cuillère en argent pesant 30^{gr},25, sachant : 1° que la bague est au 1er titre et la cuillère au 2e; 2° que la valeur du gramme d'or pur est de 3^f,444, et celle du gramme d'argent pur de 0^f,222...?

(Pour les objets d'or, la loi reconnaît trois titres : le 1er à 0,92, le 2e à 0,84, et le 3e à 0,75. Pour les objets d'argent, il y en a deux : 0,95 et 0,80. Chaque objet d'or ou d'argent porte un poinçon qui indique le titre au moyen des chiffres 1, 2 ou 3, visibles à la loupe.)

1848. — En enfonçant verticalement une tige par la bonde d'un tonneau dont le plus grand diamètre est 1^m,20, je trouve que le liquide ne s'y élève plus qu'à une hauteur de 0^m,75. Quelle est, d'après cela, la quantité du liquide restant, sachant que sur une contenance de 1000 litres, 9 dixièmes de hauteur mouillée donnent approximativement 950^{lit}; 8 dixièm. 860^{lit}; 7 dixièm. 750^{lit}; 6 dixièm. 630^{lit}; 5 dixièm. 500^{lit}; 4 dixièm. 370^{lit}; 3 dixièm. 250^{lit}; 2 dixièm. 140^{lit}, et 1 dixièm. 50^{lit}?

(Pour plus de détails, voir *Supplém.*, page 46.)

Notions préliminaires. — Numération.

Qu'appelle-t-on grandeur ou quantité ? 1. — Qu'est-ce que l'unité ? 2. — Quelles sont les unités principales ? 3. — A quoi sert le mètre ? — L'arc ? — Le stère ? — Le litre ? — Le gramme ? — Le franc ? 3. — Qu'est-ce qu'un nombre ? — Citez des nombres. 4. — Qu'est-ce qu'un nombre entier ? 5. — Une fraction ? — Citez des nombres entiers. — Des fractions. 5-6. — *Qu'est-ce que l'arithmétique ? 7. — Qu'est-ce que le calcul ? 8. — Expliquez la différence qui existe entre l'arithmétique et le calcul. 9.*

A quoi sert la numération ? 10. — Quels sont les neuf premiers nombres ? — Comment les nomme-t-on ? 11. — Quel nombre vient après 9 ? 12. — *Combien valent une dizaine, deux dizaines..... neuf dizaines ? 13.* — De quoi se composent les nombres depuis 10 jusqu'à 100 ? — Avec combien de chiffres les écrit-on ? — L'un pour..... ? — L'autre pour.... ? 14. — Quel nombre vient après 99 ? 16. — De quoi se composent les nombres depuis 100 jusqu'à 1000 ? — Combien emploie-t-on de chiffres pour les écrire ? — Que représente chacun de ces chiffres ? — Comment les place-t-on ? 18. — A quoi servent les zéros dans les nombres 10, 100, 200, etc. ? 15-19. — Quel nombre vient après 999 ? 20. — Combien font 1000 fois 1000 ? — Mille millions ? — Mille billions ? — Qu'est-ce qu'un million ? — Un milliard ? — Un billion ? 21. — Comment lit-on un nombre entier ? 22. — Comment écrit-on en chiffres un nombre entier ? 23. — *De quoi se composent les différentes tranches ? — Énoncez les différents ordres d'unités, 23. — Dites le principe de la numération parlée. 24. — Dites le principe de la numération écrite. 25. — Comment, avec 10 chiffres, peut-on représenter tous les nombres ? — Dans un nombre, que représente le 1er chiffre à droite ? — le 2e ? — le 3e ? — le 4e ? — le 5e, etc. ? Que conclut-on de là ? 26.*

Qu'appelle-t-on décimales ou fractions décimales ? 27. — Comment s'appellent les parties 10 fois plus petites que l'unité ? — Les parties 1000 fois plus petites, etc. ? — Combien faut-il de *dixièmes* pour faire une unité ? — de *centièmes* ? — de *millièmes* ? etc. 28. — *Expliquez la différence qui existe entre une dizaine et un dixième. — entre un centième et une centaine. 29.* — Qu'appelle-t-on nombre décimal ? — Citez des nombres décimaux. 30. — Comment lit-on un nombre décimal ? 31-32. — Où se placent les dixièmes ? — les centièmes ? — les millièmes, etc. ? 32. — Qu'appelle-t-on chiffres décimaux ? 33. — Comment rend-on un nombre entier 10 fois plus grand ? — 1000 fois plus grand ? 34. — Un nombre décimal 100 fois plus grand ? — 10000 fois plus grand ? 35. — Un nombre entier 10 fois plus petit ? — 100 fois plus petit ? 36. — Un nombre décimal 1000 fois plus petit ? — 1000000 de fois plus petit ? 37. — Qu'arrive-t-il lorsqu'on écrit un ou plusieurs zéros à droite d'un nombre décimal ? 38.

Addition, soustraction, multiplication, division.

Quelles sont les opérations fondamentales de l'arithmétique ? 39. — Qu'est-ce que l'addition ? — Comment s'appelle le résultat de l'addition ? 40. — Comment additionne-t-on plusieurs nombres ? 41. — *Qu'appelle-t-on preuve d'une opération ? 42.* — Comment se fait la preuve de l'addition ? 43. — Comment se fait l'addition des nombres décimaux ? 44. — Qu'est-ce qu'un problème ? 45. — Comment reconnaît-on qu'il faut faire une addition pour résoudre un problème ? 46.

Qu'est-ce que la soustraction ? — Comment s'appelle le résultat d'une soustraction ? 47. — Comment fait-on la soustraction ? 48. — Que fait-on lorsqu'un chiffre du nombre inférieur est plus grand que celui qui est au dessus ? 49. — Comment fait-on la preuve de la soustraction ? 50. — Comment fait-on la soustraction des nombres décimaux ? 51. — Si l'un des nombres a moins de chiffres décimaux que l'autre, que fait-on ? 52. — Comment reconnaît-on qu'il faut faire une soustraction pour résoudre un problème ? 53.

Qu'est-ce que la multiplication ? — Comment s'appelle le résultat d'une multiplication ? 54. — Quel nom donne-t-on au multiplicande et au multiplicateur ? 55. — Combien font 2 fois 2 ? — 2 fois 3 ? etc., 56. — *Com-*

bien de cas peut présenter la multiplication? 56. — Comment fait-on la multiplication lorsque le multiplicateur n'a qu'un seul chiffre? 57. — Lorsque le multiplicateur a plusieurs chiffres? 58. — *Que fait-on lorsque, dans le multiplicateur, il se trouve des zéros entre les autres chiffres?* 59. — Qu'arrive-t-il lorsqu'on multiplie l'un des facteurs par 2, 3 ou 4? — Lorsqu'on divise l'un des facteurs par 2, 3 ou 4, etc.? — Lorsqu'on multiplie l'un des facteurs par 2, 3 ou 4 et qu'on divise l'autre par 2, 3 ou 4, etc.? — Qu'arrive-t-il lorsqu'on multiplie ou qu'on divise à la fois les deux facteurs par 2, 3 ou 4, etc.? 60. — *Que fait-on lorsque l'un des facteurs ou tous les deux sont terminés par des zéros?* 61. — Qu'est-ce faire que multiplier un nombre par 10, 100, 1000, etc.? — Comment fait-on dans ce cas? 62. — Comment fait-on la preuve de la multiplication? — *Sur quel principe s'appuie cette preuve?* Note. 63. — *Comment fait-on la preuve par 9?* 64. — Comment se fait la multiplication des nombres décimaux? 65. — Si le produit avait moins de chiffres qu'il ne doit y avoir de décimales, que ferait-on? 66. — Quand fait-on une multiplication pour résoudre un problème? Quand on connaît le prix d'un mètre, comment trouve-t-on le prix de plusieurs mètres? 67.

Qu'est-ce que la division? — Comment s'appelle le résultat de la division? 68. — Dites une autre définition de la division? 69. — *Comment dit-on encore?* 70. — Comment divise-t-on un nombre par 2, 3, 4, etc.? 71. — Comment fait-on une division lorsque le diviseur a plusieurs chiffres? 72. — *Comment s'y prend-on pour trouver combien de fois un dividende partiel contient le diviseur?* 73. — *Comment reconnaît-on qu'un chiffre placé au quotient est trop fort? — Qu'il est trop faible?* 74. — *Qu'il est exact?* 75. — *Que faut-il faire lorsqu'un dividende partiel ne contient pas le diviseur?* 76. — *Peut-on savoir, sans faire la division, de combien de chiffres se composera le quotient?* Note. — Que fait-on lorsque la division donne un reste? 77. — Quand le dividende est plus petit que le diviseur? 78. — *Qu'arrive-t-il lorsqu'on multiplie le dividende?* 79. — *Lorsqu'on le divise?* 80. — *Lorsqu'on multiplie le diviseur?* 81. — *Lorsqu'on divise le diviseur?* 82. — *Lorsqu'on multiplie ou qu'on divise à la fois le dividende et le diviseur?* 83. — Que résulte-t-il de là? 84. — Qu'est-ce faire que diviser un nombre par 10, 100, 1000, etc.? — Que fait-on dans ce cas? 85. — Comment se fait la preuve de la division? 86. — Comment fait-on la division des nombres décimaux? 87. — *Ne savez-vous pas une autre règle qui s'applique à tous les cas?* 87 bis. — Quand fait-on une division pour résoudre un problème? — Quand on connaît le prix de plusieurs mètres, comment trouve-t-on le prix d'un seul? — *Quand on connaît un produit et l'un des facteurs, comment trouve-t-on l'autre?* 88.

Système métrique.

Qu'est-ce que le système métrique? 98. — Pourquoi l'appelle-t-on légal? 99. — Nommez les 6 unités principales. 100. — Quels mots emploie-t-on pour indiquer les mesures de 10 en 10 fois plus grandes? 102. — Les mesures de 10 en 10 fois plus petites? 103. — Qu'appelle-t-on multiples? 104. — Sous-multiples? 105. — Dans les nombres métriques, où se placent les myria, les kilo., etc.? 106. — Comment lit-on un nombre représentant des unités métriques? 108. — Comment l'écrit-on? 110. — Comment fait-on l'addition et la soustraction des nombres métriques? 111. — La multiplication et la division? 112.

Qu'est-ce que le mètre? 114. — Tracez une ligne d'*un mètre*, d'un *décimètre*, de 25 *centimètres* de longueur, etc — Nommez les multiples du mètre. 115. — Les sous-multiples. 116. — Les mesures itinéraires. 117. — Les mesures effectives de longueur. 118. — *Comment sont construits le double décam., le décam , et le demi-décam.?* 120. — *Le double mètre, le mètre, et le demi mètre?* 121. — *Le double décim. et le décim.?* 122. — Qu'est ce que l'are? 124. — *Comment l'are dérive-t-il du mètre?* 125. — *Qu'est ce qu'un carré?* 126. — Nommez le multiple de l'are. 127. — Le sous-multiple. 128. — Indiquez le rapport de l'are aux mesures agraires les plus usitées dans votre localité.

Dites les multiples du mètre carré. 131. — *Les mesures topographiques.* 132. — *Les sous-multiples du mètre carré ?* 133. — *Qu'est-ce que le mèt. carr.? le décim. carré? le centim. carré? le millim. car.?* 130-135. — *Faites voir qu'un mèt. car. vaut 100 décim. car.* 136. — Qu'est-ce que le stère? 148. — *Comment dérive-t-il du mètre?* 149. — *Qu'est-ce qu'un cube? 150. — Un mètre cube ? 151.* — Nommez le multiple du stère. 152. — Le sous-multiple. 152. — Que mesure t-on au stère entassé? 155 — Quelles sont les mesures autorisées pour le bois tassé? 156. — Que mesure-t on au stère plein? 157. — Indiquez le rapport du stère, ou mètre cube, aux mesures de solidité les plus usitées dans votre localité.

Nommez les sous-multiples du mètre cube. 163. — *A quoi servent le mèt. cub. et ses sous-multip.?* 164. — *Faites voir qu'un mètre cube vaut 1000 décim. cub.* 166. — Qu'est-ce que le litre? 178. — *Comment dérive-t-il du mètre?* 179. — Nommez les multiples du litre. 180. — Les sous-multiples. 181. — Toutes les mesures effectives de contenance. 182. — Les grandes mesures. 184. — Les mesures en étain. 185. — Les mesures pour le lait. 186. — Pour l'huile. 187. — Pour les grains. 188. — Indiquez le rapport du litre aux mesures de capacité en usage dans votre localité.

Qu'est-ce que le gramme? 190. — *Comment dérive-t-il du mètre?* 191. — Nommez les multiples du gram. 192. — Les sous-multiples. 193. — Qu'est-ce que le quintal métrique? — Le tonneau de mer? 194. — Nommez les 3 sortes de balances. 196. — Les poids effectifs. 197. -- Les poids en fer. 198. — Les poids en cuivre. 199. — Les petits poids. 200. — Les gros poids. 201 — Les poids moyens. 202. — Quels poids sont nécessaires pour peser 500 gr., ou une livre ancienne? — 250 gr. ou une demi-livre? — 125 gr. ou un quart de livre? — Montrez et figurez tous ces poids.

Qu'est-ce que le franc? 206. — *Comment dérive-t-il du mètre? 207. — Le franc a-t-il des multiples? 208. — Des sous-multiples? 209. — Nommez les pièces d'or. — d'argent. — de bronze. 210. — De quoi se composent les pièces d'or et d'argent? 211. — Les pièces de bronze? 212.* — Comment trouve-t-on le poids d'une somme en argent? 220. — *D'une somme en or? 221-222-223. — D'une somme en bronze? 226. — Combien une somme en bronze pèse-t-elle de fois plus que la même somme en argent? 227.* — Dites le rapport du franc à l'écu et à la pistole.

Règles de trois, d'intérêt, etc.

Qu'est-ce que la règle de trois? 228. — Comment fait-on une règle de trois? 229. — *Dans cette opération, comment s'indique la division? — Comment fait-on les multiplications? — les divisions? 230. — Comment peut-on parfois simplifier les calculs? (note, page 91). — Comment se fait-il qu'en agissant ainsi le résultat ne soit pas altéré? (n° 82).* — Qu'est-ce que la règle de trois composée? 231. — Comment fait on une règle de trois composée? 232.

Quel est le but de la règle d'intérêt? — Comment nomme-t-on la somme prêtée? 234. — Qu'est-ce que le taux? 235. — *Que signifient ces expressions 5 p. °/₀, 4 et demi p. °/₀, etc.? 236.* — Comment trouve-t-on l'intérêt d'un capital pendant un an? 237. — Pendant plusieurs années? 238. — Pendant un ou plusieurs mois? 239. — Pendant un ou plusieurs jours? 240. — *Lorsque le taux est 6 p. °/₀, que suffit-il de faire? — Sur quoi est basée cette méthode? 241. — Indiquez comment, par un procédé semblable, on peut trouver l'intérêt à 5, à 4, à 3 p. °/₀. 242. — Dites comment on pourrait encore trouver l'intérêt à 5; à 4 1/2; à 4; à 3.* 243.

Dans les opérations commerciales, combien compte-t-on de jours dans l'année? — dans le mois? 242 (note). — Comment se résolvent les questions concernant la recherche du taux, du capital et du temps? 244. — Qu'appelle-t-on denier? — A quel taux correspond le denier 20? — Le den. 25? 248. — Comment calcule-t-on l'intérêt par le denier? — Que fait-on si le temps est exprimé en mois ou en jours? 249. — Qu'appelle-t-on rentes sur l'État? 250 — Quelles sont les différentes sortes de rentes sur l'État? — Qu'appelle-t-on cours de la rente? 252. — Quand dit-on que la rente est au pair? 253. — Comment se résolvent les questions sur la rente? 254.

Qu'entend-on par intérêt composé? 255. — Quelle institution offre une utile application de l'intérêt composé? 256. — A quoi servent les Caisses d'épargne? 257. — Quelles sommes peut-on recevoir dans ces caisses? 258. — De quel jour de chaque mois compte l'intérêt? 259. — Quel est le taux? — Calcule-t-on l'intérêt des centimes? 260.

Qu'appelle-t-on escompte? 261. — Qu'est-ce que l'escompte commercial? 262. — Comment se calcule l'escompte? 263. — *Quelle est la différence entre l'intérêt et l'escompte? 264. —* Comment calcule-t-on l'escompte des factures, les droits de commission, etc.? 265.

Quel est le but de la règle de société? — Qu'appelle-t-on mise? 266. — Comment fait-on une règle de société? 267. — *Quelle précaution doit-on prendre lorsque la division ne se fait pas exactement? 268. — N'y aurait il point moyen de ne faire la division qu'en dernier lieu? 269. — Que ferait-on si les associés n'avaient pas laissé leur mise pendant le même temps? 270.*

Qu'appelle-t-on moyenne? 271. — Comment trouve-t-on la moyenne de plusieurs quantités? 272. — Qu'est-ce que la règle de mélange? 273. — Comment trouve-t-on le prix moyen de plusieurs substances mélangées? 274. — *Quel est un autre but de la règle de mélange? 275. — Comment opère-t-on dans ce cas? 276. — Que fait-on si le total du mélange est donné dans le problème? 277.*

Toisé.

Qu'est-ce que le toisé? 278. — Qu'est-ce qu'une ligne? 279. — Une ligne droite? 280. — Une ligne brisée? 281. — Une ligne courbe? 282. — Une horizontale? 283. — *Comment s'assure-t-on qu'une ligne est horizontale? 284.* — Qu'est-ce qu'une verticale? 285. — *Comment vérifie-t on l'exactitude d'une verticale? 286. —* Qu'appelle-t-on parallèles? — *Comment trace-t-on des parallèles? 287. —* Qu'est ce qu'un angle? 288. — *Qu'appelle-t-on côtés de l'angle, sommet de l'angle? 289-290 — De quoi dépend la grandeur d'un angle? 291. —* Qu'est-ce qu'une perpendiculaire? 292. — Qu'est-ce qu'un angle droit? — *De quels instruments se sert-on pour tracer les perpendiculaires? 203. —* Qu'est-ce qu'une oblique? 294. — *Comment s'appelle un angle plus grand que l'angle droit? — Un angle plus petit? 295.*

Qu'est-ce qu'une surface? 296. — Qu'est-ce que mesurer une surface? — *Donnez des exemples. — Existe-t-il des mesures effectives pour les surfaces?* 297. — A quoi se réduit la mesure de toutes les surfaces? 298. — Qu'appelle-t-on parallélogramme? 299. — *Qu'appelle-t-on base et hauteur? 300. — Comment se nomme le parallélogramme dont les angles sont droits? 301. — — Celui dont les angles sont droits et les côtés égaux? 302. — Celui dont les 4 côtés sont égaux? 303. — A quoi un parallélogr. est-il équivalent?* 304. — Comment trouve-t-on la surface d'un rectangle? 305. — *A quoi est égale la surface d'un parallélogr.? 306. — Quel cas particulier présente le carré? 307. —* Qu'appelle-t-on trapèze? 308. — *A quoi un trapèze est-il équivalent? —* Comment trouve-t-on la surface d'un trapèze? 310. — *N'y a-t-il pas un autre moyen? 311.*

Qu'appelle-t-on triangle? 312. — *Quel nom prend un triangle lorsque ses 3 côtés sont égaux? 313 — Lorsque 2 côtés sont égaux? 314. — Lorsque les 3 côtés sont inégaux? 315. — Qu'est-ce qu'un triangle rectangle? 316. — A quoi tout triangle est-il équivalent? 317 —* Comment trouve-t-on la surface d'un triangle? 318. — *Quelle est la base d'un triangle? — la hauteur? 319. — Qu'entend-on par polygone? 320. — Combien y en a-t-il de sortes? 321. — Qu'est-ce que les polygones réguliers? 322. — Comment peut-on les décomposer? 323. — Comment en calcule-t-on la surface? 324. — Qu'est-ce que les polygones irréguliers? 325 — Comment mesure-t-on un polygone quelconque? 336. —* Qu'est-ce qu'un cercle? 327. — Qu'est-ce que le diamètre? 328. — Le rayon? 329. — Quand on connait le diamètre, comment trouve-t-on la circonférence? 330. — Comment trouve-t-on la surface d'un cercle? 332.

Qu'est-ce qu'un corps? 333. — Qu'est-ce que mesurer un corps? — *Donnez des exemples. 334. —* A quoi se réduit la mesure de tous les corps? 335. — Qu'est-ce qu'un prisme? 336. — Comment en trouve-t-on le volume? 337. —

Comment toise-t-on un mur, un bloc de pierre? — Que fait-on pour le cube? 338. — Qu'est-ce qu'un cylindre? 339. — Comment trouve-t-on la surface latérale? — A quoi équivaut cette surface? — Donnez des exemples. 340. — Comment trouve-t-on le volume d'un cylindre? 341. — Qu'est-ce qu'une pyramide? — Donnez un exemple 342. — Qu'est-ce qu'un cône? 343. — Comment en trouve-t-on la surface latérale? 344. — Le volume? 345. — Qu'appelle-t-on pyramide tronquée? 346. — Cône tronqué? 347. — Comment trouve-t-on le volume d'un cône tronqué? 348 et note. — Qu'est-ce qu'une sphère? 349. — Comment en trouve-t-on la surface? 350. — Le volume? 351. — Comment trouve-t-on le volume des corps irréguliers? 352. — Quelles mesures prend-on pour trouver la contenance d'un tonneau? — Comment calcule-t-on cette contenance? 353.

Racines.

Qu'appelle-t-on carré d'un nombre? 354. — Racine carrée? 355. — Dites les carrés des 9 premiers nombres. 356. — Comment extrait-on la racine carrée des nombres entiers? 358. — Comment voit-on qu'un chiffre placé à la racine est trop fort? 359. — Qu'il est trop faible? 360. — Qu'il est exact? 361. — A quoi est égal le nombre des chiffres de la racine? 363. — Que peut-on faire lorsqu'il y a un reste? 364. — Comment fait-on la preuve? 365. — Comment extrait-on la racine carrée d'un nombre décimal? 366.

Qu'appelle-t-on cube d'un nombre? 367. — Racine cubique? 068. — Dites les cubes des 9 premiers nombres. 369. — Comment extrait-on la racine cubique? 271. — Comment voit-on qu'un chiffre placé à la racine est trop fort? 372. — Qu'il est trop faible? 373. — Qu'il est exact? 374. — Que peut-on faire lorsqu'il y a un reste? 377. — Comment extrait-on la racine cubique d'un nombre décimal? 379.

Fractions ordinaires.

Qu'est-ce qu'une fraction? 380-381. — Combien y a-t-il de sortes de fractions? 382. — Qu'est-ce que les fractions décimales? 383. — Comment se représentent les fractions ordinaires? 384. — Comment se nomme le terme supérieur? — Le terme inférieur? 385. — Comment lit-on une fraction? 386. — Qu'indique le numérateur? — Le dénominateur? 387. — Que suit-il de là? 388. — Qu'arrive-t-il quand on augmente le numérateur? Quand on le diminue? Quand on augmente le dénominateur? Quand on le diminue? 389. — Qu'arrive-t-il si l'on ajoute un même nombre aux deux termes d'une fraction? — Et si on en retranche un même nombre? 390. — Qu'arriverait-il s'il s'agissait d'une expression fractionnaire? 391. — Quel rapport y a-t-il entre une fraction et le quotient d'une division? 392. — Que suit-il de là? 393. — Comment rend-on une fraction 2, 3, 4, etc. fois plus grande? 394. — 2, 3, 4, etc. fois plus petite? 395. — Qu'arrive-t-il quand on multiplie ou qu'on divise les deux termes par un même nombre? 396.

La valeur d'une fraction dépend-elle de la grandeur des nombres qui l'expriment? 397-398. — Qu'est-ce que simplifier une fraction? 399. — Que fait-on pour simplifier une fraction? 401. — Qu'appelle-t-on nombre premier? Et nombres premiers entre eux? Comment reconnaît-on qu'un nombre est divisible par 2? Note 1° Par 3? 2° — Par 4? 3° — Par 5? 4° — Par 6? 5° — Par 8? 6° — Par 9? 7° — Par 10? 8°. — Que fait-on pour réduire tout d'une fois une fraction à sa plus simple expression? 402. — Qu'appelle-t-on plus grand commun diviseur? 403. — Comment trouve-t-on le plus grand commun diviseur des termes d'une fraction? 404. — Comment réduit-on des entiers en fractions? — S'il y a une fraction jointe aux entiers? 405. — Que faut-il pour qu'une fraction soit égale à l'unité? — Quand une fraction est-elle plus grande que l'unité? — Qu'est-ce qu'une expression fractionnaire? 406. — Comment extrait-on les entiers contenus dans une expression fractionnaire? 407. — Qu'est-ce que la réduction des fractions au même dénominateur? 408 —

Comment réduit-on deux fractions au même dénominateur ? 409. — Que fait-on s'il y a plus de deux fractions ? 410. —*Ne peut-on point parfois simplifier la réduction des fractions au même dénominateur ? 411-412.*

Comment se fait l'addition des fractions ? 413. — S'il y a des entiers joints aux fractions, que fait-on ? 414. — Comment se fait la soustraction des fractions ? — Que fait-on lorsqu'il y a des entiers joints aux fractions ? 416. — Et si la fraction du nombre inférieur était plus grande que celle du nombre supérieur, que ferait-on ? — Comment ajoute-t-on une unité à la fraction ? 417. — Comment multiplie-t-on une fraction par un entier ou un entier par une fraction ? 419. — Une fraction par une fraction ? 420. — Que fait-on lorsqu'il y a des entiers joints aux fractions ? 421. — *Qu'est-ce faire que multiplier un nombre par une fraction ?* 418. — *Qu'appelle-t-on fractions de fractions ?* 422. — *Comment trouve-t-on la valeur d'une suite de fractions de fractions ?* 423. — Comment divise-t-on une fraction par un entier ? 424. — Un entier ou une fraction par une fraction ? 425. — Que fait-on s'il y a des entiers joints aux fractions ? 426. — *Quand on connaît une partie d'un nombre et la fraction qui exprime cette partie, comment trouve-t-on le nombre tout entier ?* 427. — Comment réduit-on une fraction décimale en fraction ordinaire ? 428. — Une fraction ordinaire en fraction décimale ? 429.

Notions complémentaires.

Qu'entend-on par contributions directes et par contributions indirectes ? 437. — Combien y a-t-il de sortes d'impôts directs ? 438. — Comment est établi l'impôt foncier ? 439. — Qu'est-ce que le cadastre et la matrice cadastrale ? 439-440. — Qu'appelle-t-on centime le franc ? 441. — Qu'entend-on par mutation ? Note. — Qui est tenu de payer la cote personnelle ? Que représente cet impôt ? 442. — Comment est établi l'impôt mobilier ? 443. — L'impôt des portes et fenêtres ? 444. — Par qui est due la contribution des patentes ? De quoi se compose-t-elle ? 445. — Combien y a-t-il de classes de patentes ? Qu'offrent de particulier les deux dernières classes ? 446. — A quoi sert l'impôt des prestations ? Comment s'acquitte cet impôt ? 447. — Qui est passible de la prestation ? 448. — Que doit faire celui qui se trouve indûment porté au rôle des 4 contributions ou des prestations ? Note. — Que comprennent les contributions indirectes ? 450. — Qu'entend-on par douanes ? 451. — Quel est le droit de circulation sur les alcools, les eaux-de-vie, les liqueurs, les vins, le cidre ?

Quelles sont les attributions du receveur de l'enregistrement ? 454. — Quel est le délai accordé pour l'enregistrement des actes sous seing privé ? — Que paye-t-on p. % pour une obligation ? une quittance ? etc. 454. — Qu'est-ce que l'impôt du décime ? 455 et note. — Quel est le délai accordé pour une déclaration de succession ? Quels sont les droits à payer par un fils héritant de son père ou de sa mère ? par une femme pour son mari ? etc., 456. — Dites ce que vous entendez par immeubles et par meubles, et indiquez la marche à suivre pour une déclaration d'immeubles. — Puis pour une déclaration de meubles. 458-459-460-461.

Qu'est-ce que le bureau des hypothèques ? 462. — Expliquez ce qu'on entend par un emprunt sur hypothèque. Est-ce une opération avantageuse ? 463.

Indiquez les modes de placement de fonds les plus sûrs. 464. — A qui peut-on s'adresser pour l'achat de rentes sur l'Etat ? 465 et note. — Quel droit a-t-on à payer ? Quelles sont les valeurs émises par les chemins de fer ? 466. — Qu'est-ce qu'une action ? 467. — Une obligation ? 468. — Comment se paye le revenu d'une obligation ? Comment se rembourse-t-elle ? 471. — Qu'est-ce qu'un titre nominatif ? — Un titre au porteur ? 472-473. — Parlez des avantages et des inconvénients de ces divers titres. — Des droits à payer. 469-473-474. — Parlez des diverses valeurs émises par le Crédit foncier. 476. — En quoi consistent les principales opérations de cet important établissement ? 478.

5826-82. — Coaseil. Typ. et stér. Casta.